| 中国当代研学丛书 |

哲学

# 自然科学的现代性逻辑

贾向桐 | 著

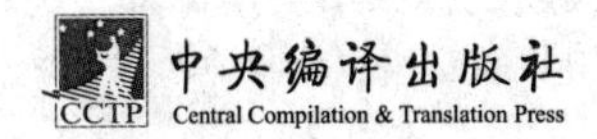

中央编译出版社
Central Compilation & Translation Press

**图书在版编目(CIP)数据**

自然科学的现代性逻辑 /贾向桐著. —北京：
中央编译出版社,2020. 3
ISBN 978-7-5117-3845-5

Ⅰ. ①自…
Ⅱ. ①贾…
Ⅲ. ①自然科学—研究
Ⅳ. ① N3

中国版本图书馆 CIP 数据核字(2020)第 012569 号

自然科学的现代性逻辑

---

**出 版 人:** 葛海彦
**责任编辑:** 李易明
**责任印制:** 刘 慧
**出版发行:** 中央编译出版社
**地　　址:** 北京西城区车公庄大街乙 5 号鸿儒大厦 B 座(100044)
**电　　话:** (010)52612345(总编室)　(010)52612352(编辑室)
(010)52612316(发行部)　(010)52612346(馆配部)
**传　　真:** (010)66515838
**经　　销:** 全国新华书店
**印　　刷:** 三河市华东印刷有限公司
**开　　本:** 710 毫米 × 1000 毫米　1/16
**字　　数:** 314 千字
**印　　张:** 17. 5
**版　　次:** 2020 年 3 月第 1 版
**印　　次:** 2020 年 3 月第 1 次印刷
**定　　价:** 95. 00 元

---

**网　　址:** www. cctphome. com　**邮　　箱:** cctp@ cctphome. com
**新浪微博:** @ 中央编译出版社　**微　　信:** 中央编译出版社(ID: cctphome)
**淘宝店铺:** 中央编译出版社直销店(http: //shop108367160. taobao. com)(010)55626985

---

**本社常年法律顾问:北京市吴栾赵阎律师事务所律师　闫军　梁勤**
凡有印装质量问题,本社负责调换,电话:(010)55626985

# 序:自然科学与现代性

当代社会处于一个充满机遇、风险和变革的时代,“科学”与“现代性”(modernity)成为近代以来的哲学家和思想家们普遍关注和讨论的重要问题,随之许多以“现代性”“科学”为主题甚至标题的论著大量涌现。自然科学(包括技术)在现代性话语中占据了极其重要的地位,从胡塞尔、维特根斯坦到德里达、福柯、哈贝马斯等几乎所有20世纪最重要的哲学家们,都对现代性与科学问题投入极大的关注力。每提及“现代性”,人们往往会把现代性同社会的现代化、人类观念和文化的现代化(韦伯)等联系在一起。① 这种理解本身是没有什么问题的,它主要着眼于启蒙理性维度的思考,但仅仅关注于此还不够深入和精确,因为我们还没有涉及现代性另一个更深层次的因素:现代性的“生活世界”基础——现代性亦源于现代“社会劳动生产”。在对现代性的二维理解中,自然科学是一个不可或缺的关键要素。事实上,自然科学的产生与发展表现为现代性逻辑的展开,它是现代性运动的典型产物。可以说,我们对现代性的理解不能缺少自然科学这个维度,否则这种思考本身就没有抓住现代性的实质,正如海德格尔所言:“科学乃是现代的根本现象之一。”②一方面,没有自然科学维度的现代性,是不完全和不可能的,在自

---

① 例如马克斯·舍勒曾指出,要理解现代性的独特内涵,相对于其中蕴含的时间性问题,“现代社会的性质和质态,这是更具有意义的问题”([德]马克斯·舍勒:《资本主义的未来》,罗悌伦译,生活·读书·新知三联书店1997年版,第207页)。现代性主要表征的是自启蒙运动以来所形成的现代社会整体结构的特征和性质。而吉登斯则强调说,“我们必须从制度层面来理解现代性”。参见[英]安东尼·吉登斯:《现代性与自我认同》,赵旭东等译,生活·读书·新知三联书店1998年版,第1页。

② [德]海德格尔:《海德格尔选集》,孙周兴选编,上海三联书店1996年版,第889页。

然科学中隐含和映射着现代性的基本精神与逻辑;①另一方面,在现代性中亦蕴含了自然科学存在和发展演变的内在逻辑,简言之,现代性构成我们理解近代以来自然科学的一把钥匙。因此,在这里我们试图将现代性与科学紧密结合在一起来进行解读:一方面,从现代性的视角透视现代自然科学的内核与特质,解析自然科学的特点、演绎脉络与发展轨迹;另一方面,亦从自然科学的角度进一步理解现代性乃至现代社会,并更深入思考现代性的本质与问题。

## 一、启蒙现代性与近代自然科学的兴起

对现代性的理解,人们一般是从启蒙理性角度开始的,黑格尔指出,"普遍的概念都是建筑在现实意识上——就是建筑在'自然的各种法则'和正与善的内容上——我们把它叫作理性。认识这些法则的合法性,我们叫启蒙"②,现代性观念正是源于这种近代意义上的"启蒙运动",一种新的时代观念,它意味着与传统的割裂以及欢呼新时代的到来,"将其自身从古典时代解放出来——无知、轻信、迷信的过去——现在,他们对新世界和新宇宙不知疲倦的好奇和不安。他们不再对来世感兴趣;而只对他们的这个自然的、社会的、政治的和法律的世界有意"③。启蒙现代性告别传统时代的武器主要表现为一种理性精神的兴起,更确切来说,理性精神特别是主体理性构成了人类认识和存在的可靠根据,主体性观念成为"现代性的根基"。自然科学的产生与发展以启蒙理性为基础,蕴含于现代性逻辑的展开之中,现代性规定了近代自然科学及其文化精神的内在特质。进而言之,自然科学的特质是现代主体理性运演的产物,它主要表现为数学主义、经验主义和功利主义等几个方面。现代性逻辑中的理性精神既推动了近代自然科学的产生与发展,也决定了自然科学在当代社会中的位置以及随后出现的一系列现代性的悖论问题。

为此赫勒指出,"现代性中只有一种支配性的想象机制(或世界解释),这就是科学。技术想象和思想把真理对应理论提升为唯一支配的真理观念,并把科学提升到支配性世界解释的地位。因此我们现代的'世界图景'作为整体是由作为意

---

① 当然,这里不是要把现代性等同于自然科学发展的结果,我们同意这一观点:"马克思论述欧洲现代化的重要之处,在于他没有把欧洲的现代化归因于工业革命和技术变革(就像关于马克思的读物那样),而是认为技术的变化与革新乃是由社会制度、习俗和社会行为的变化所引起的。"参见[美]塞缪尔·亨廷顿:《现代化:理论与历史经验的再探讨》,罗荣渠编,上海译文出版社 1993 年版。

② [德]黑格尔:《历史哲学》,王造时译,上海书店出版社 1999 年版,第 453—454 页。

③ Henry Steele, *The Empire of Reason: How Europe Imagined and America Realized the Enlightenment*, Ancher Press, 1977, p. 1.

识形态的科学所造就的"①。在某种意义上我们可以说,科学是与现代性是同质的。从现代性与自然科学的产生角度来看,它们面对的是同样的敌人——宗教神学,新的文化、新的知识都是这场革命的直接结果。于是,在韦伯那里现代性表现为自然的"祛魅"过程,也即宗教世界观图景的消除和向世俗社会的转变,在这一新的社会文化的形成与发展过程中,逐渐形成了许多不同于传统社会的相互分离的领域。从这个角度看,现代性是要颠覆传统社会文化的桎梏,这一过程以及表现出来的特征就是"自然的祛魅"。② 这样一来,现代性通过去祛魅就取消了传统生活中关联到的神秘启示和彼岸定向,开始以自我信赖的生活实践为新的基础和开端,这逐渐形成了迥然不同的现代市民生活。随着现代性的发展,自然科学也在不断取得巨大成功,在这种情况下传统社会中宗教的中心地位不断下降,从此再也不能与其一统天下时的情况相比了,传统宗教对社会秩序和人心秩序的双重整合能力随之迅速失去了控制力,这意味着人们从宗教的神圣律条的约束和管制之下逐步解放出来,新的社会秩序正在悄然确立。自然科学这种新的知识形态以及新的理性精神被认同,随之发展壮大起来,并日益成为新社会的支柱。

但在启蒙运动颠覆了传统文化观念之后,人们的认知与价值观等也已失去了以往的依据和意义。惠勒(W. Wheeler)这样描述新出现的基本状况:"如果说有一件事是现代社会所要急需关心的,那就是'实在'问题。可以想象一下18世纪发生的启蒙运动,人们一直试图弄清楚这个真实世界的样子",但是,"人们其实不善于处理这种实在的问题,或者说还是从中获得某种信念的需要。但对于许多人来说,现代性的经历总是沮丧令人不快的:人们发现自己没有依靠,所要'面对的实在'的要求有些让人难以承受;所以在某种意义上我们是自由的,确实没有什么传统或者迷信的束缚,也没有宗教方面的偏见,也可以不说出来我们不愿意的事……可是另一面,我们正在经历着的自由也是异化的,没有依据的。因为我们不再受到什么的限制,这样我们也就无所依靠了"③。人们在卸去传统重担的同时,也失去了稳定和平衡人类心灵的压舱石,新的时代问题是现代性如何重新确立新的阿基米德点,以便真正取得这场革命性的胜利。我们面对着吉登斯类似的描述情况,"现代性以前所未有的方式,把我们抛离了所有类型的社会秩序的轨

① [德]阿格尼丝·赫勒:《现代性理论》,李瑞华译,商务印书馆2005年版,第104页。

② 大卫·格里芬在《后现代科学——科学魅力的再现》中写道:"自然的祛魅的含义是什么?从根本上讲,它意味着否认自然具有任何主体性、经验和感觉。"所谓祛魅,即disenchantment of the world,指人类社会的现代化过程,也是自然祛魅的过程,传统社会中的价值关怀和对自然世界的神秘感(人类对它的敬畏之情)的消失过程。

③ Wendy Wheeler, *A New Modernity*? Lawrence & Wishart London, 1999, p. 1.

道”，主体理性精神起着关键作用，“形成了其生活形态”。① 这是现代需要解决的必然问题，而且，这个问题也是能够解决的，因为这是人类理性本身就具备的基本能力，“普遍理性可以揭示世界的必然规律”②。

现代性是以主体理性为内在支架的。文艺复兴以来人们所推崇的“人”更多只是经验、自然意义上的人，正如《十日谈》等著作中所描述的人是作为肉体、冲动与理性并存的人，这种对人的理解与中世纪的观念形成了巨大差异，同时这也是作为一种以人为本位的新文化意识的形成过程。文艺复兴的一个重要贡献正是在此过程中奠定了人文主义精神的基础，而之后的科学精神也自然孕育于其中，这种人文主义自然而然肯定了人在新文化中的核心地位，它是现代性的结构中心。在现代性对人中心化的确认中，人的观念也逐渐从经验意义开始抽象化和形而上化，与经验相对的理性观念在摆脱信仰桎梏的背景下重新界定人的本质，因为当人们在反复追问和反思培根意义上的知识何以可能时，由此功利和理性维度成为两大支柱。

一方面，近代启蒙运动意味着“人的发现”，这个“人”从自然人走向理性的人，笛卡尔开创的“我思故我在”的主体理性哲学的认识论理路发展起来，“从笛卡尔起，哲学一下转入了一个完全不同的范围，一个完全不同的观点，也就是转入了主观性领域，转入了确定的东西”③，由此也拉开了现代性思想的序幕。自此，“理性是世界的灵魂，寓于世界之中，是世界的内在东西，是世界最固有、最深邃的本性，是世界的普遍东西”④。可以说，现代性是伴随着近代主体意识的觉醒而产生的，近代科学则正是这种理性精神内在逻辑展开的产物，而“作为这种最高实在”的“纯粹自我”则构成现代性的灵魂和基础⑤，主体理性的确定性完全能够为人类知识乃至生活奠定可靠基础。为此，康德在总结启蒙理性时说，“启蒙运动就是人类脱离自己加之于自己的不成熟状态，不成熟状态就是不经别人的引导就对运用自己的理智无能为力。当其原因不在于缺乏理智，而在于不经别人的引导就缺乏勇气与决心去加以运用时，那么这种不成熟状态就是自己加之于自己的了。要有勇气运用你自己的理智，这是启蒙运动的口号”⑥，在理性主义精神的导引下，现代性的逻辑随着现代社会与文化的发展而逐步展开，它们构成一个新的统一体。

---

① ［英］安东尼·吉登斯：《现代性的后果》，田禾译，译林出版社 2000 年版，第 4 页。
② Ronald Schleifer, *Modernism and Time*, Cambridge University Press, p. 44.
③ ［德］黑格尔：《哲学史讲演录》，贺麟、王太庆译，商务印书馆 1978 年版，第 63 页。
④ ［德］黑格尔：《逻辑学》，梁志学译，人民出版社 2000 年版，第 69 页。
⑤ D. Kolb, *The Critique of Pure Modernity*, Chicago: The University of Chicago Press, 1986, p. 7.
⑥ ［德］康德：《未来形而上学导论》，庞景仁译，商务印书馆 1978 年版，第 22 页。

另一方面,功利性成为理性的核心内涵之一,也构成人实践行为的内在本质的规定性,“知识就是力量”的时代口号逐渐在启蒙运动时期内化于现代性观念之中,“现代的理性主义和世俗化观念变化的决定性突破发生在17世纪的最后十年到18世纪之初之间”①。从此,为“科学而科学”的传统科学观念渗透进了新的力量观念,古希腊纯粹无功利的科学知识理想逐渐转向功效性的新观念,柏拉图式的静观理性转变为一种介入化的实践理性,原来已经被亚里士多德摒弃在实践之外的技艺回到逻各斯之内,合乎创制精神的理性内涵受到现代性的肯定。这样,人类认识可能性的根据诉诸人本身,而且是最后落脚在人的能动性的主体理性方面,不再像传统认识论那样被看作仅由纯粹客体方面所决定的,相反“认识”在于主体的理性能力的建构性。当然,从原则上说,启蒙现代性的理性还是一种有限的理性能力,但这种主体理性具有先天的认知的功能,正如后来康德所理解的那样,认知主体通过先验化的理性能力为知识的合理性奠定基础,这通常被解读为构成自然界法则的先验范畴,正是主体理性使得人类的认识活动具有了客观性与普遍必然性,人类的理性能力从而成了知识客观性的最终基础,虽然理性能力只能限定于某些层面(如康德的现象界)。近代哲学从经验论到唯理论,再到康德通过“哥白尼式革命”的自然科学为代表的人类知识以合理性依据,就此,现代主义以人类的理性为基础初步实现了主体对自然界的“立法”,也论证了近代科学知识的合理性。

从此,主体理性便成为人类认识(科学知识)走向确定性和客观性的根本保障与可靠方法。现代性的核心观念正是这种“理性主义”精神,它表达了近代以来认识论的这样一个最基本的哲学理念,即人类理性与知识具有同质性,换言之,科学知识本身就是理性的产物,这一点也成为哲学认识论的理论依据和方法论前提。在康德之后,认识论的发展经过费希特的自我哲学、谢林、黑格尔等经典哲学家,进而为近代哲学揭示了主体理性在知识论中的地位与价值。这种理智主义哲学认识论认为,人类的理性是至高无上的,具有绝对的和超历史的属性,也即“理性能够统治一切”,从而主体理性构成了人类认识和存在的可靠根据,进一步说主体性的观念成为“现代性的根基”,也是近代自然科学的形而上学根源所在。

所以,哈贝马斯将近代以来的认识论哲学称为“一种基于主客二分的意识哲学”,这是很有见地的,这种意识哲学的“理性概念,凭借这种概念,我们把世界中所有的条件都转化为考察对象。这样,就出现了一种新型的综合”,表象世界在主

---

① Jonathan Irvine, *Radical Enlightment: Philosophy and the Making of Modernity*, Oxford University Press, 2001, p. 29.

体理性综合能力的作用下成为“遵循自然法则的自然科学的对象领域”。① 近代哲学以个人的主体意识和感性活动为理论基点，以主体理性原则为知识确定性的基础，由此现代性就可以不再借用古典时代的某种外在的“阿基米德点”，而是从人本身中发现了能为自然立法的逻辑原点——一种先验的主体性。所以，现代性逻辑之中认识论本身是完全可以自足的，从此理性成为现代性的核心理念，它也进而构成了传统形而上学与自然科学所追求的确定性和自明性的源泉，并成为概念、定义等理性思维形式得以确立的基础。

但从历史发展的总体情况来看，现代性所预设的主体理性还是没有完全遵循康德“理性有限论”的理解，却逐渐赋予了理性以超越性的、无限的认知功能。随着科学技术在现代生活中不断取得的巨大成功，人类的自信心也由此急剧膨胀，“理性”成为科学时代的口号。人由于其拥有的独一无二的理性特质而自傲，并逐渐由理性的成功而产生凌驾于世界之上的感觉，以为便可以用超然的眼光，即普特南所谓“上帝之目”来看待自身及周围环境。人们甚至认为可以凭借人类理性的无限能力就能够彻底理解外部实在和内在心灵。可见，科学现代性实践的整体工程正是奠基于人类理性的自由创造能力，特别是这种创造活动存在的无限可能性方面。在此基础上，人们还进一步乐观地认为，人类理性能够而且也正在不断地改造自然，进而推动社会的发展，最终可以实现人类是人与自然环境的双赢。在现代性逻辑的作用下，自然世界通过主体理性被表象为图像了，随后理性主义对人们生活和精神世界的全面渗透形成了现代社会的基本形态，这造成了人们世界观也随之理性化和去神化，也就是“世界的祛魅”。莫里斯·克莱因为此也写道，“人不应该作为一个原罪者，因而人的尊严又重新得到了肯定。最重要的是，人的精神得到了解放，可以自由自在地在世界里尽情遨游”。这造成的一个积极思想是“回归自然”，“转而把大自然本身作为知识的真正源泉”。② 以人的主体理性为基础探索自然的奥秘成为现代性对人类认知的决定性影响，在此意义上，启蒙现代性构成近代自然科学兴起与发展的关键逻辑链条；从另一个角度来看，现代社会才是自然科学的存在条件，“简言之，现代科学是属于世界的，并且构成现代社会秩序的一个必要部分”③。

---

① ［德］哈贝马斯：《后形而上学思想》，曹卫东、付德根译，译林出版社2001年版，第147页。

② ［美］M. 克莱因：《古今数学思想》，张理京等译，上海科学技术出版社1979年版，第102页。

③ E. Huff, *The Rise of Early Modern Science*, Cambridge University Press, 2003, p. Xiv.

## 二、自然科学的现代性精神基础

从根源上说,启蒙理性也试图发展成为一种自足性的话语体系,进而使得人类的一切认识和实践问题都可在这种话语模式之中迎刃而解。启蒙主义所理解的理性只能追溯到人而非上帝,而这种最初理解的人只是孤立的个体,那么理性也就是孤立的个人的理性,这意味着现代性要用个体主义理性取代上帝充当驾驭新社会的基本精神价值,由此人们就无意中赋予有限性的个人的理性以超负荷的使命。黑格尔早就看到了这一点:启蒙运动的学者们虽然强调理性的能动作用,但他们只是达到了知性的层次,只是在思维中明确地区分了事物,隔离了事物,却没有揭示事物的相互联系和辩证发展,没有抵达真正的理性。① 正如前文所言,这种知性理性被人们理解成其无法胜任的大全的理性,不同于宗教世界的现代社会的核心要素,可是实际上,"现代社会的生成基于两个因素:经济生活变动的实在性因素和社会知识变动的理念性因素",这意味着现代性所要强调的理性精神,也即"理念性因素",事实上是无法脱离某种特定的社会与历史内涵的,换句话说它是建立在相应社会实践生活基础之上的,由此,这就又涉及现代性的另一层含义——"经济生活变动的实在性因素"。② 可见,现代性作为一种新的认识与价值形态,其产生和发展并非偶然性的,它背后还有着深刻的"生活世界"基础,正是整个近代社会的市场化和工业化同新的知识观念一起,事实上共同构成了现代性逻辑的历史前提与基本框架。

近代社会的工业化和市场化特征深刻体现了现代性的基本展现形态,规定着社会具体运行的复杂性结构,资本主义工商业的社会模式背后的理性原则至关重要,现代性的基本精神正是这种社会生活的超越性反映。而现代性的新知识观则在现代社会中逐渐趋向隐没,但其仍对工业化的生产以及市场化的分配起着潜移默化的作用,马克思很清楚地看到了现代性的形而上学基础预设,"哪怕是最抽象的范畴,虽然正是由于它们的抽象而适用于一切时代,但是就这个抽象的规定性本身来说,同样是历史条件的产物,而且只有对这些条件并在这些条件之内才具有充分的适用性"③。因此,我们对现代性的讨论还不应止步于此,而是要深入现代资本主义社会本身,从其生产方式、消费形式、生产力样态等多维度进一步理解,并从社会历史深处深刻解剖和反思现代社会本质,从而将现代性的逻辑与社

---

① [加]查尔斯·泰勒:《黑格尔》,张国清、朱进东译,译林出版社 2002 年版,第 616 页。

② 刘小枫:《现代性社会理论绪论》,上海三联书店 1998 年版,第 206 页。

③ 《马克思恩格斯选集》第 2 卷,人民出版社 1995 年版,第 23 页。

会工商业统一起来，因此吉登斯说："在最简单的形式中，现代性是现代社会或工业社会的缩略语。"①

现代性逻辑在近现代社会的展开主要表现为工业化大生产的发展，而自然科学与技术则构成这一现象背后的强力支撑，并对传统社会进行了全方位的彻底消解。建构与解构成为现代性的双重功能，这也是我们理解马克思著名断言的基础："这就是资产阶级时代不同于过去一切时代的地方。一切固定的僵化的关系以及与之相适应的素被尊崇的观念和见解都被消除了，一切新形成的关系等不到固定下来就陈旧了，一切神圣的东西都被亵渎了。人们终于不得不用冷静的眼光来看他们的生活地位、他们的相互关系。"②科学(技术)形成现代性逻辑得以实现的强力后盾，在科学技术对主体理性的彰显下，现代性中的主体理性形而上学思维亦是社会生产实践的客观体现形式。

还需注意，现代性的启蒙理性精神在实质上只是一种可能的潜在性，这种逻辑的真正实现还有赖于其与新的社会实践相适应，而资本主义社会的大生产恰恰满足了这种条件，并凸显出与新型社会一致的规范性特征。但这种现代性精神并不会止步于此，由于资本的拜物教属性，理性精神同样会出现这种拜物趋向，并倾向于无限制的扩展。弗里斯比曾指出："现代性的辩证法仍旧被庸俗政治经济学所掩盖，对生活在资本主义关系中'魔魅世界'的当事人来说，它仍然是隐而不显。永恒的、自然的以及和谐的一面掩盖了过渡的、历史的和对立的一面。"③近代以来，人类的经济实践活动蕴含和体现着现代性逻辑中的各种社会关系，而且还是其"重要起源"。在此意义上，我们可以说，现代性与人类经济活动中的经济性密切相关，进而言之，"现代性辩证法仍被庸俗政治经济学所掩盖"，而只有"国民经济学才应该被看成私有财产的现实能量和现实运动的产物(这种国民经济学是在意识中形成的私有财产的独立运动，是现代工业本身)、现代工业的产物，而另一方面，正是这种国民经济学促进并赞美了这种工业的能量和发展，使之变成意识的力量"。④

现代性作为近代社会所形成的一种具有决定性意义的构成力量，它使人类进入一个崭新的历史时代，并构成了我们当下的存在——整个现代社会。社会"现

---

① [英]安东尼·吉登斯、克里斯多弗·皮尔森:《现代性——吉登斯访谈录》，尹宏毅译，新华出版社2001年版，第60页。

② 《马克思恩格斯选集》第1卷，人民出版社1995年版，第275页。

③ [英]弗里斯比:《现代性的碎片》，卢晖临、周怡、李林艳译，商务印书馆2003年版，第37—38页。

④ 《马克思恩格斯全集》第42卷，人民出版社1972年版，第112页。

代性”的最突出特征就是工业化(工业主义),它借助科学的经济力量实现了人类社会由农业文明向工业文明的过渡,随之,市场经济和工业生产成为现代社会生活的基础。所以,正如布克哈特所认为的那样,在资本与工商业发展的基础上人的主体理性精神“进入了一个新视野”,这是一个为理性计算所支配的功利性,作为这种现代效果的表现是在利润或资本的支配性影响下,主体原则和理性主义更加迅速结合并给人类带来了巨大利益,而且这也不必冒着直接与他人发生冲突的危险。正如韦伯所判断的,抽象的主体性作为一种资本主义精神“在现代性过程中”之所以能够起到关键作用,资本与“现代技术的结合”才产生了如此强大的动力。现代性、科学与技术是相互成全、相互融汇的。① 一方面,社会经济合理性的实现依赖于现代技术和科学的发展状况,“资本主义的独特的近代西方形态一直受到各种技术可能性的发展的强烈影响。其理智性在今天从根本上依赖于最为重要的技术因素的可靠性。然而,这在根本上意味着它依赖于现代科学,特别是以数学和精确的理性试验为基础的自然科学的特点”②。另一方面,这些科学以及技术“又在其实际经济应用中从资本主义利益那里获得刺激”,所以这两方面是一体的。不只如此,“经济合理性”还依赖于“现代社会内在的文化精神”,即宗教改革运动以来的世俗化和理性化的经济理性,也就是韦伯所谓的新教伦理精神,“这种世俗的新教禁欲主义与自发的财产享受强烈地对抗着;它束缚着消费,尤其是奢侈品的消费。而另一方面它又有着把获取财产从传统伦理的禁锢中解脱出来的心理效果。它不仅使获利冲突合法化,而且把它看作上帝的直接愿望。正是在这个意义上,它打破了获利冲动的束缚”③。事实上,在现代社会中人的主体性原则和理性主义之所以能够在现代性展开过程中发挥出如此大的作用,并不是因为单纯理性精神自身的自然展现,这种真实的现实情况不仅仅存在理论的可能性,而且其背后还有着深刻的社会根源作为动力系统。这就是资本逻辑的统治力量,而这种资本力量的实现,还需主体理性凭借培根意义上的新“知识”来具体建构新的社会运行模式,并维持现代性的现实化。④

这样来看,仅靠近代主体理性和数学主义的复兴,近代自然科学(技术)还是

① 黄力之:《现代性的资本逻辑》,载《上海大学学报》,2008年第2期。

② [德]马克斯·韦伯:《新教伦理与资本主义精神》,于晓、陈维刚等译,生活·读书·新知三联书店1987年版,第13—14页。

③ [德]马克斯·韦伯:《新教伦理与资本主义精神》,于晓、陈维刚等译,生活·读书·新知三联书店1987年版,第134页。相关具体分析参见田鹏颖:《现代性悖论的消解与社会技术的创新》,载《求是学刊》,2007年第1期。

④ 黄力之:《现代性的资本逻辑》,载《上海大学学报》,2008年第2期。

发展不起来的，适当的社会环境与社会动力亦是其中不可或缺的重要环节。马克思指出，“只有在资本主义制度下自然界才不过是人的对象，不过是有用物，它不再被认为是自为的力量；而对自然界的独立规律的理论认识本身不过表现为狡猾，其目的是使自然界（不管是作为消费品还是作为生产资料）服从于人的需要”①。我们对自然科学以及科学化的技术的兴起的认识，还必须深入到当时的社会环境，特别是当时社会生产、资本状况等情况来进行了解。在这一过程中，随着科学、技术与现代形式的相互补充性融合，新的知识与真理观念形成，科学与技术在现代社会中“共同发明或创造着真理”，这就是工业化生产的知识工程，当然，反言之，科学与技术的现代性特征，也同样“反映了社会转变的复杂过程”②。

简单而言，现代性中的“资本”与理性形而上学的联盟，才将一切现代社会价值都抽象化为“交换价值”，进而把人和自然界都客体化为对象性的物质资料，并放置在了现代工业与经济运行的传送带上。进一步，资本与理性形而上学的联盟把功利“经济价值”普遍化和意识形态化，这种新意识形态确定后又反过来服从和服务于资本的需求，并融合为资本的一种自我意识，这形成现代性的核心价值。于是，马克思说，“宗教、家庭、国家、法、道德、科学、艺术等，都不过是生产的一些特殊的方式，并且受生产的普遍规律的支配”③，商品交换在这种情况下构成了现代性的内在根本动力，现代性的基本价值观也由此蕴含于整个社会生产中，并为商品生产活动所进一步普遍化。古典政治经济学以实证的形式有力反映出了现代性的这一特点，以资本的生产与销售为基础的经济生活与现代性逻辑是相一致的，在此意义上，“近代经济学是对于欲望满足的客观研究”④。现代性由此开启了人类社会发展的一个新时代：它使得以民族性和地域性为中心的个人和社会向世界的历史性、全球性交往的现代化社会转变。从文明发展的形态来看，现代社会体现的是科学技术理性为基础的世俗文明，资本借助理性化、形式化和数学化的形而上学，特别是形而上学中的技术理性精神，将其蕴含的理性力量转化为空前巨大的社会生产力，所以对理性功利的追求成为工业文明本身的本质内核。

进而言之，现代性的功利主义思想对近代自然科学的产生和发展起到了关键作用，这也是科学技术与现代社会相契合的重要原因。以“人的发现”为口号的文艺复兴运动，恰如前文所言人文主义价值观念构成新时代区分于传统社会的重要

---

① 《马克思恩格斯全集》第46卷，人民出版社1979年版，第393页。

② Gyorgy Markus, *Culture*, *Science*, *Society*: *The Constitution of Cultural Modernity*, Brill, 2011, p. 147.

③ 《马克思恩格斯全集》第3卷，人民出版社1960年版，第298页。

④ ［英］惠特克：《经济思想流派》，徐宗士译，上海人民出版社1974年版，第72页。

标杆,现代性用世俗化取向取代神圣性追求,正是世俗利益引导了对传统的超越,以人为本的主体意识觉醒是启蒙运动得以发展的新逻辑。现代性中主体理性原则的确立,事实上肯定了近代主客体的二分,这意味着对作为其对象纯粹客观性的某种形式的认可,正如笛卡尔传统把自我的主体理性预设为一种自明的前提,而现代性视角下的客体对象世界或自然界就被剥夺或失去了"生命力"从而沦为"有用物"。现代社会的商品资本又加强和深化了这一趋势,因为资本的形而上学本质就在于将一切价值都抽象化为商品的交换价值,现代性推动下的资本甚至会将人以及周围的各种事物都客体化为有用的资源。由于现代世界是理性形而上学与世俗主义相联合的一种产物,世俗化和功利化在现代社会中天然就获得了合理性,而且构成现代性展开的基本要素。这样一来,为古希腊传统所鄙弃的世俗功利精神也随之合理化了,堂而皇之成为新时期的基本价值观念。功利主义联合以往受其排斥的抽象化、形式化和数学化的形而上学,形成了现代的科学技术,功利主义资本得以借助形而上学的理性力量实现了现代化的全球化,以及科学技术的全球化和普遍化。在这方面,培根这位"现代主义规划"的理论奠基人表现得最为突出:"希望有一种哲学或科学能够通过自己的实践产生出哲学家或科学家统治社会所必须的力量;或者,若不能直接统治,至少能够抢先一步让科学占据统治地位,防止宗教和宗教破坏社会。"①从此,"知识就是力量"普遍化为现代性的标准价值观,它彻底取代了亚里士多德传统"为知识(科学)而知识(科学)"的知识理想,并且最终导致科学与技术的"联姻"。

所以,怀特海进一步认为,"现代科学和实际世界保持密切联系,因而在思想上增加了动力"②。正是这种实用主义态度使得现代性把近代人从"沉思的生活"中摆脱出来,进而转向行动和现实的社会生活而不再满足于纯粹的精神需求,从此,人们渴望获得一种能够实际运用的科学知识,即笛卡尔所言的"使人成为自然的拥有者和主宰者的科学",为此尼赫鲁(Jawaharlal Nehru)说:"只有科学可以解决饥饿和贫穷问题、不卫生和文盲问题、迷信和习俗传统问题……未来属于科学和与科学为友的人。"③现代性孕育的这种经验主义、自然主义价值观反映在人们对待科学知识的态度上,就主要表现为开始强调科学知识的世俗价值,这逐渐形成了一种新的实用的、功利的科学观。所以,不是近现代科学决定了现代性的本质,而是现代性对自然与人类社会世界的规约方式(也即社会生产方式)决定了近

---

① [英]培根:《论古人的智慧》,李春长译,华夏出版社 2006 年版,第 171 页。

② [英]怀特海:《科学与近代世界》,何钦译,商务印书馆 1989 年版,第 13 页。

③ Stephen Gaukroger,"Science,Religion and Modernity",*Critical Quarterly*,2005,4 ,p. 2.

代以来自然科学的本质,而现代性理论正是意在描述和分析这些历史条件。①

### 三、现代性的双重意义对自然科学逻辑的影响

现代性以数学(几何学)和主体理性的联盟为支点,借助功利主义实现了近现代自然科学的产生和发展。但自然科学的基本模式还是一种主、客体二分的近代认识论样态,这一特征决定了科学的表象主义本质,罗蒂在描述表象主义时指出,"俘获住传统哲学的图画是作为一面巨镜的心的图画,它包含着各种各样的表象(其中有些准确,有些不准确),并可借助纯粹的、非经验的方法加以研究。如果没有类似于镜子的心的观念,作为准确再现的知识观念就不会出现"②。由于这种表象主义得以成立的基础就在于近代哲学主客二分传统的确立,二元论正是现代性逻辑得以展开的根本前提。在主体和客体的严格区分下,认识论的本质主义在表象观念中获得了支持点,认知表象就是我们产生外部事物意象(如反映、图像、表象和报告等形式)所通过的方式,这样,认知表象不但是自然科学,而且是所有建立在客观主义认识论基础上人类实践活动的直接反映。表象主义试图借助客观的科学方法(最主要的是数学)这一媒介去寻求同实在相符合的知识,并宣称由此获得了某种超越认知活动对象的特性客观真理。随着现代性的发展,这种表象主义将传统科学观的反映论一直保持和延续下来,产生了近代以来唯理智主义的科学观,一种强调静观、"上帝之目"形式的神圣科学观。

现代性主体理性化的展开,人类社会各个领域的分离发展成为新的趋势,诸多独立学科从此如雨后春笋般地兴起。学科的独立化和分工发展成为主流,人们在追求人类生活的最大利益化、合理化和完美化时,现代性意义上的知识起到了支配作用,从此道德和艺术审美等领域的研究只能跟随在自然科学的身后,自然科学的整个构成模式由此也贯穿和渗透于现代社会生活的各个层面。自然科学的唯理性标准不仅支配着科学本身,而且也成为现代社会衡量一切的唯一的最高标准,以至于像恩格斯所说的任何现存物,包括宗教、社会、艺术等都要受到人类理性无情的审核和批判,一切都必须在人类理性的法庭面前为自己的存在合理性辩护。简而言之,理性原则成为现代社会的核心价值观念,现代性的实现主要表现为作为主体的人对作为图像的对象世界的操作乃至征服过程。海德格尔认为正是在这一过程中产生了决定现代性本质的人本主义和技术主义,也正是因为以

---

① Thomas J. Misa, Philip Brey, and Andrew Feenberg, *Modernity and Technology*, The MIT Press, 2003, p. 33.

② [美]理查德·罗蒂:《哲学和自然之镜》,李幼蒸译,商务印书馆版2003年版,第9页。

主体理性为基础的人本主义和客观主义的相互作用,才从根本上促成了现代性的实现,技术化的科学(知识)为此打下了牢固基础。再进一步说,新型的科学凭借与技术的联盟才确定了自己在现代社会中的位置,"如果说现代性是由技术塑造的,那么反之也成立:技术是现代性的创造物"①。

与之相对,现代性的基本矛盾也集中表现为功利化理性形而上学的极端扩展和价值理性的相对萎缩的张力问题,这种不平衡性造成了现代性本身(当然包括工业主义)发展的有限性。因此马克斯·韦伯把现代性解释为"工具理性日益增长的历史性趋势",而海德格尔也把现代性理解为"技术主宰一切",他们都不约而同地强调了现代社会文化中技术理性的突出支配地位,技术理性成为现代性运动中的核心文化理念。现代性的理性主义、个人主义和功利主义精神将中世纪以来"超世的天国"拉回到了现实活生生的世界,世俗生活重新成为人们普遍关注的中心。面对现实世界,人们借助现代性中的理性主义(即韦伯所说的"工具合理性")去谋划自己的现世生活,在获得享受和幸福的过程中,人们不断乐观地强调主体的能动性,并将相对的诸多自然客体看作可以被主体认知、把握、操作乃至改变的征服对象。所以,"征服自然"和"改造自然"成为时代的口号。但"实质的合理性"即通常我们所说的价值理性,却同时被大大压制了,但人们的行动特别是经济行为不能只以理性形式计算为核心,文化的统一性要求人的伦理、审美等价值需求是和技术理性并行的,但文化领域的分离造成了两种理性的失衡,或者说技术理性的过分膨胀造成了现代文化和技术的危机。

科学技术就如同现存其他制度一样,成为政治统治的工具,它有效窒息了人的解放需求、扼杀人的批判意识、遏制社会质变,使现存社会的经济、政治、思想文化日益一体化而成为"单向度的社会"②。这种理性与文化的不平衡性从长远来看,也将阻碍技术理性乃至现代社会工业主义本身的发展,这是因为"如果人们缺乏公众智慧,那么对技术的掌握或许只会带来灾祸",这种"对公众智慧的缺乏,也会对人自身和其他生命以及地球本身造成威胁。而且当前的生态危机已经证明了这一点"。③

进一步而言,这种分离和矛盾状况也造成了日常生活的被动性,科学世界与人类生活世界的分离。在现代性对有序化、确定性和普遍性的追求过程中,也对

---

① Thomas J. Misa, Philip Brey, and Andrew Feenberg, *Modernity and Technology*, The MIT Press, 2003, p. 33.

② [美]马尔库塞:《单向度的人》,张峰、吕世平译,重庆出版社1993年版,第135页。

③ A. Anderson, "Why Prometheus Suffers: Technology and The Ecological Crisis", *Society for Philosophy & Technology* (1), pp. 1 - 2.

整个现代社会体制和文化形态做了实质性的规定,文化的理性主义、生活的合理化以及政治的文官化和民主化为其核心指向,在理想的现代性社会中一切社会运行井井有序,各种社会问题都在中立客观的社会秩序中迎刃而解。但这种理想化也是消磨掉个性和多样化的过程,一切社会存在恰如合适的机器零件有条运转在一部大的社会机器上,科学与技术公正指挥着社会的发展与进步。可见,这种理想化也暗示了现代科学(技术)的非人性化一面,“自然科学必然会引起生活世界的非人化和现代化,进而导致生活世界意义的丧失”①。与技术理性的极度发展相对,人类的人文精神在强大技术体制下日趋萎缩,现代性价值观凸显了物质经济的效率维度,而物质取向优先于精神取向,这些导向注定现代性社会会忽视人的存在价值和生活的精神意义,伦理价值和人文价值开始成为附属性的装饰内容。

这样看来,现代性哲学中主体理性的扩展,确实像马克思所说的使“哲学家们把思维变成一种独立的力量”,现代性预设人们通过理性的方式(如逻辑、数学和科学语言)就可以把握世界,自然世界也只有在主体理性和语言中才能向人们敞开并展现自己,所以,现代性表象主义所建构的自然世界也只是抽象的“意识世界”。但问题恰如马克思所指出的,“无论思想或语言都不能独自组成特殊的王国,它们只是现实生活的表现”②。事实上,马克思为超越这种表象主义科学观以及现代文化生活的分化提出了新的理路:这就是用实践理性取代传统的意识哲学,从单纯理性回归前科学的“生活世界”,以恢复理性的多维角度,并用现实生活世界的丰富性取代现代性功利主义以及理性的单维性理解。简单而言,只有用实践论的科学观去取代表象主义的科学观,以超越作为纯粹知识形态的科学精神观念去包容和容纳科学的物质、社会和时间的维度,我们才能真正揭示自然科学前现代性的“生活性质和根源”。

再从现代性的历史性视角来看,现代性的深层的社会工业主义的运行模式及其理论基础也都是存在局限性的,即在现代性逻辑中,科学与技术对工业主义发展的支持不一定是不可持续的。在现代性观念的影响下,工业主义的经济活动处理人类活动与周围环境关系的模式是:直接从自然界不断获取资源,然后通过技术加工成为产品,同时再不加处理(也是一种技术加工)地向周围环境排放各种废弃物,并由此获得利润,这在物质流动形式上呈现为一种“资源—产品—污染排

① [德]哈贝马斯:《后形而上学思想》,曹卫东、付德根译,译林出版社 2001 年版,第 154—155 页。

② 《马克思恩格斯全集》第 3 卷,人民出版社 1972 年版,第 525 页。

放”的线性、封闭式的经济过程。所以,在约翰·格雷等人看来自由市场体制以自由放任主义的经济学理论为指导原则,以最大程度的经济效益为追求目标,但却置经济利益以外的社会整体效益于不顾。从这种古典式的经济学理论基础来看,工业经济理论有两个基本假设:一是技术万能论;一是自然资源的无限论。人们把技术当作一种完全独立于人类自我设定目标的自主性力量,这种力量是迄今为止最为强大的革命推动力,它具有中立性和革命性的双重属性,是理想的万能武器,人类社会发展中遇到的一切难题都可以通过科学与技术的进步予以解决。另外一个自然资源无限量的基本预设就是强调地球上的自然资源是可以无限持续加以开发利用的,即“取之不尽,用之不竭”,这样,人类以自然为生产资料的经济生产活动才可以无限制地进行下去,这种观念没有考虑到人类生产过程中会面临的资源危机和生态危机的可能性问题。海德格尔对技术的评判揭示了这一问题,在现代性逼迫下人类的生产,已不属于他自己,已被架在现代性社会置成的“座架”之上的人类发展面临着根本性的危机,事实上我们也已经意识到现代性逻辑中工业经济发展的不可持续性特征越来越明显了,自然科学与技术的有限性成为当代现代性批判思想的重要来源:现代性技术“带来了新的目的——工具关系”,这在现代社会的发展中就成为“问题解决者”,同时也成了新“问题的制造者”。①

法兰克福学派进一步讨论了技术异化与理性问题。其中,卢卡奇的相关分析很有代表性,他特别将技术的异化与理性精神中的计算理性联系起来进行比较,在他看来,现代的“合理化计算”是“建立在被计算和能被计算的基础上的合理化原则”,这种“合理的计算的本质最终是以在对人的计算”这一技术理性基础之上的,如此的合理化过程,才造就了“生产过程的机械化和合理性加强”,这样,“最终的商品不再是劳动过程的对象,后者转为合理性的客观综合的专业体系,这一体系的统一是由抽象的计算所决定的”②。技术理性的这种极端发展和现代性逻辑的作用密切相关,“生产和分配过程中的固有倾向”,商品生产的发展和工具理性的扩张二者之间的张力问题构成现代社会的重要矛盾。③“由于劳动被逐渐地理想化和机械化”,人们“丧失的热情也越来越多。他的意志的沦丧日益加重”。④

---

① Thomas J. Misa, Philip Brey, and Andrew Feenberg, *Modernity and Technology*, The MIT Press, 2003, p. 232.

② [匈]卢卡奇:《历史和阶级意识》,张西平译,重庆出版社 1990 年版,第 98 页。

③ 这样一来的“结果就是劳动过程日益合理化和机械化,生产者由于被局限为孤立的、抽象的原子”,“随着劳动被逐渐地理性化和机械化,人在这个过程中活动力的减少”,“根据理性的扩张改变了整个社会面貌”(可见《西方技术批判理论及其启示》,第 48 页)。

④ [匈]卢卡奇:《历史和阶级意识》,张西平译,重庆出版社 1990 年版,第 99 页。

在现代性这一深层意义上,我们就可能更好地理解海德格尔的断言:人本主义为技术主义提供了前提并相互作用。① 因为现代性的人本主义把人放到了主体的位置上,从而从根本上改变了人与人以及其他一切存在者的关系,正是这种人与人之间(以及其他存在者)关系的改变使得技术主义成为可能。

---

① 所谓"技术主义",在海德格尔那里简单地说就是指人以技术的方式来对待和处理一切存在者,其中也包括人自身在内。在某种意义上,技术主义构成了现代社会的一个核心理念,这也决定了现代人类生活的种种困境和悖论,预示着"人本主义"。

Contents

# 目 录

# 第一章　自然科学产生的现代性逻辑

“现代性降生之时,历史想象和技术想象都处在萌芽之中。现代的这两种想象机制在一种持续不断的相互作用中并生。如果我们被框范,我们是受到两个不同框架的框范,它们并不完全契合。”①现代性作为近代以来社会历史现象的内在规定性,构成了西方文化的时代精神和基本特质。为此福柯指出,康德批判哲学标志着现代性的开始,自此以后,现代性问题就几乎成为每位哲人不得不面对、无法跨越的时代难题。于是,反思现代性成为近现代哲学思考的重要出发点和讨论议题,这是一个“无法跨越的时代性问题”。自然科学的产生与发展是现代性展开的逻辑结果,现代性特别是启蒙现代性中隐含了近代自然科学及其精神的内在特质。这种特质是现代主体理性的产物,它在知识形态方面具体表现为数学主义、经验主义和功利主义。现代性逻辑中的理性精神既推动了近代科学的产生与发展,也决定了自然科学在当代社会中的一系列现代性的悖论问题。

## 一、科学的现代性逻辑:主体理性对自然的立法

现代世界图景是以近代自然科学世界观为基础形成的,它是现代理性认识模式的产物。理性主义这一启蒙现代性的核心观念表达了近代以来的一个基本的哲学理念,它成为哲学认识论的理论依据和方法论前提,换句话说,“现代性就是刻画现代社会、文化和人类主体性的历史条件”②。现代性确定的理智主义哲学认为,人类的理性具有至高无上的地位,它是绝对的和超历史的,这一特性决定了“理性可以统治一切”,而主体理性构成了人类认识和存在的可靠根据。即主体性的观念成为“现代性的根基”,也是借以超越传统社会的根本力量,换言之,它也是

---

① [德]阿格尼丝·赫勒:《现代性理论》,李瑞华译,商务印书馆2005年版,第105—106页。

② Thomas J. Misa, Philip Brey, and Andrew Feenberg, *Modernity and Technology*, 2003, The MIT Press, p. 33.

近代自然科学的形而上学根源所在,使得自然科学研究与存在模式成为可能。

(一)形而上学、现代性与自然科学

现代性作为近代以来诸社会历史现象的内在规定性,[①]构成了西方文化的时代精神和特质。但"现代性"是一个不够精确的非常含糊的概念,它在不同语境下总是被赋予不同意义,人们一般都倾向于认为它揭示了近代以来人们"灵魂和精神中的内在结构的本质性转化"[②]。也就是说,无论人们对"现代性"的看法有多大的分歧,其核心观念都是在表征一种"新的时代意识"。福柯把现代性理解为一种包括思想与感觉的方式在内的"态度",是一种时代的"精神气质","我说的态度是指对于现时性的一种关系方式:一些人所作的自愿选择,一种思考和感觉的方式,一种行动、行为的方式。它既标志着属性也表现为一种使命,当然,它也有一点像希腊人叫作气质的东西"[③];而哈贝马斯也指出,现代性作为"一种新的时代意识","一种与古典性的过去息息相关的时代意识",它是"通过更新其与古代的关系而形成自身的"。所以,"现代性谋求与过去分裂,并将这种分裂作为自己的起点",从而不背负任何负担而前行。[④] 简言之,我们一般可以将现代性理解为这样一种发生了跨越性变化的现代意识的觉悟:"其价值是颇具启发性的,它可以使我们意指我们的感觉,近代以来的某些方面所发生的重大变化,人们理解自身及其时代的方式。"[⑤]从实质上看,现代性是对人的自我力量的发现和确认过程,它奠基于把握事物本质的理性认知的有效性和能动性,这也使得现代社会获得了有力保证,因此人们都将形而上学的主体性精神视为现代性的内在基本原则。

在人们试图告别传统而创造新的一个历史发展阶段之时,发现唯一可以依靠的只有自身的力量,精神和肉体的能力。"他们开启了一个发现新世界、新观念、新律例以及自然和人性新方面的旅程,在这一航行的过程中,他们通过理性的罗盘进行操作","他们承认理性的权威性,并且确信与理性相伴可以达到宇宙与人

① Modernity 一般译为现代性,而 Modern 源自 5 世纪末由拉丁语 modo(现在)的派生词 moderus,用来指和传统罗马统治所不同的基督教的这一新统治。之后,Modeni 被用来指现在的时代与之前的时代的不同。所以现代性主要用来表达现代社会所具有的某种属性或性质,它用以区别以往的时代。

② [德]马克斯·舍勒:《资本主义的未来》,罗悌伦译,生活·读书·新知三联书店 1997 年版,第 207 页。

③ [法]福柯:《何为启蒙》,见杜小真编:《福柯集》,上海远东出版社 2003 年版,第 534 页。

④ 转引自唐文明:《何谓现代性?》,载《哲学研究》,2000 年第 8 期。

⑤ Wendy Wheeler, *A New Modernity*? London: Lawrence & Wishart, 1999, p. 7.

的真理之域”。[1] 按照这种观点，现代性作为“新的时代意识”，其本质就在于使人最终摆脱了中世纪的束缚而获得了自由。

所以，对于“现代性”的理解，我们不能不追溯到西方近代的启蒙运动时期，舒斯特指出：“科学革命发生在公元1500年至1700年之间。其间，基督教会在古代经典科学和自然哲学的基础上苦心经营建立的中世纪的世界观不光彩地毁灭了；同时，近代科学的基本理念和组织机构在此废墟上成长起来。大家普遍认为科学革命的核心是，推翻了在大学里牢固确立的亚里士多德哲学传统以及其附庸托勒密地心天文学系统。事实上，它们被哥白尼天文学系统和新机械论的自然学哲学所取代了。”[2]以“人的发现”为标志的文艺复兴运为开端，人文主义信念构成社会新的价值取向的重要学理依据，它“支配着世界”，构成整个启蒙运动的基本信条，致使主体理性精神成为现代性的核心理念和准则。所以，在启蒙运动中，“一切都受到了最无情的批判；一切都必须在理性的法庭面前为自己的存在作辩护或者放弃存在的权利。思维着的悟性成了衡量一切的唯一尺度”[3]。其中，上述的所谓“整个启蒙运动的基本信条”就是“一组普遍而不变的原则支配着世界，有神论者、自然神论者和无神论者，乐观主义和悲观主义者，清教徒和原始主义者，相信进步以及科学和文化最丰硕成果的人，莫不如此认为。这些规律既支配着无生命的自然，也支配着有生命的自然，支配着事实和事件、手段和目的、私生活和公共生活，支配着所有的社会、时代和文明；只要一背离它们，人类就会陷入犯罪、邪恶和悲惨的境地。思想家们对这些规律是什么、如何发现它们或谁有资格阐述它们或许会有分歧；但是，这些规律是真实的，是可以获知的——这仍然是整个启蒙运动的基本信条”。[4]

近代启蒙运动致使中世纪宗教性的超越秩序社会解体了[5]，社会秩序从而发生了根本性的变化，由此导致社会秩序和结构的理性化以及世俗化，这些社会变革的结果自然是理性化和形式化社会结构的建立，从而使得“现代制度与以前所

---

① Henry Steele, *The empire of reason: how europe imagined and america realized the enlightenment*, Ancher Press, 1977, P. 40.

② 转引自刘钝、王扬宗编：《中国科学与科学革命：李约瑟难题及其相关问题研究论著选》，辽宁教育出版社2002年版，第835页 。

③ 《马克思恩格斯选集》第3卷，人民出版社1995年版，第355页。

④ ［英］伯林：《反潮流：观念史论文集》，冯克利译，译林出版社2002年版，第4页。

⑤ 在中世纪，人们强调人与世界的井然秩序是由上帝安排的，这是一种前定的和谐。人与自然的关系具有神圣性，它确立的是一种超越式的有机秩序，其中，自然秩序和道德伦理秩序是一体的。参见王南湜编：《哲学视野中的政治社会生活》，天津人民出版社2007年版，第307页。

有形式的社会秩序迥然有别”。这种有别的历史原因正是由于人们对宗教神学的绝对权威禁锢的摆脱,进而脱离了蒙昧状态达到了一种自我意识的觉醒,这是现代性所取得的一个重大成就。同时也标志着现代社会的初步发展,因为,只有“作为意识的觉醒”才意味着“自我实践的开端”。① 为此齐美尔描述说,如果想用一种简明的方式表达现代与中世纪的对立,“可以作如下尝试。中世纪的人被束缚在一个居住区或一处地产上,从属于封建同盟或者法人团体;他的个性与真实利益群体或社交的利益圈融合在一起,这些利益群体的特征又体现在直接构成这些群体的人们身上。现代摧毁了这种统一性。现代一方面使人身本身独立,给予他一种无与伦比的内在和外在的活动自由。另一方面,它又赋予实际的生活内容一种同样无可比拟的客观性:在技术上,在各种组织中,在企业和职业内,事物自身的规律越来越取得统治地位,并摆脱了个别人身色彩”②。以中世纪神圣天意为基础的和谐秩序在现代性逻辑的作用下逐渐让位于以人的“理性”为基础的现代经济社会的新秩序,被“现代摧毁”了的新统一性开始建立起来。

海德格尔曾指出,这种描述正确然而不够深刻,因为“决定性的事情并非是人摆脱以往的束缚而成为自己,而是在人成为主体(subject)之际人的本质发生了根本的变化”③。自我意识的觉醒事实上只是现代性自我实践和展开的开端,由于新的时代意识(现代性)将自身界定为完全不同于以往的全新时代,即谋求与过去的完全分裂,这是一种复杂的对抗关系,而现代性寻求决裂的途径有两条,也就是我们通常所说的理智现代性:启蒙的现代性和审美现代性。所以梅泰·卡利内斯库描述说:“从起源和发展来看,现代性存在着两种复杂的对抗关系,一种是文明史的现代性,它体现为理性的崇拜,另一种是审美的现代性,它表现为对中产阶级价值观的摒弃。两者之间的对立关系一方面构成了现代西方社会基本文化冲突,另一方面又是理解现代性自身矛盾的一把钥匙。”④

但以启蒙理性为基础的现代性对自身及历史发展的反思始终没有突破其本身形而上学的抽象模式。这也是近代哲学的基本特征,它实现了哲学认识论思维的“主体性”特征,也表征着近代从传统实体性思维转向了意识哲学的过程。从现代性的存在基础层面来看启蒙理性一直没有能够“突破抽象的范式”,这种自我意识在某种程度上也只是抽象地表达出了现代资本的逻辑特性,但这还没有达到对

① 王小章:《现代性自我如何可能》,载《社会学研究》,2004年第9期。

② [德]齐美尔:《金钱、性别、现代生活风格》,顾仁明译,学林出版社2000年版,第1页。

③ [德]海德格尔著,孙周兴选编:《海德格尔选集》,上海三联书店1996年版,第897页。

④ [美]梅泰·卡利内斯库:《两种现代性》,顾爱彬译,载《南京大学学报》,1999年第3期。

现实的资本生产关系的历史性理解和领悟。从逻辑可能性到现实实现还存在一定距离,启蒙理性主义的逻辑展开仍需与资本以及新的社会“模式”为基础。① 而现代主体性只能是源自理性本身,当其试图扩张到获得一种自足的和普遍性的现代话语权时,它也就事实上“把整个社会生产与生活都纳入到理性所标榜的普遍性框架之中”了,但这种形而上学的统一性冲动,“解放同时也带来新的问题,即如何整合生活—世界的分裂”。②

这种情况的演变最终造成我们已提到的状况:现代性主体理性化的展开,其结果产生了韦伯所谓的西方世界由宗教社会向世俗社会的转变,并出现了知识、道德、审美三大文化领域的分离发展。当人们在追求社会生活的最大利益化、合理化和完美化的时候,知识(科学)起到了支配作用,科学知识即是“力量”的断言在现代性扩展过程中逐步走向了实现,并成为独立甚至唯一的现代社会支配力量。③ 而这样一来,道德和艺术审美只能跟随在科学的身后成为“现代性态度”,自然科学的构成模式由此也贯穿于现代社会各个层面。理性主义的“现代性取得了文化霸权”,并作为建构性理念建构现代社会的文化制度。与此相对,启蒙运动以来的理性主义的现代性取得了在政治、经济等诸领域的统治地位,进而贝尔认为,现代资本主义社会中的政治、经济制度与其文化制度有着剧烈的冲突,他称之为“资本主义的文化矛盾”。可以看出,这种矛盾实际上是由审美主义与理性主义两种现代性的冲突造成的,尽管二者都服从于现代性这同一主题,且在价值偏好与意识形态上有着许多不一致。④

当然,要进一步深入理解现代性的本质,我们还需要将现代性和近代形而上学联系起来。例如在海德格尔看来,现代性是以形而上学为基础而产生的,以至于我们有时候完全可以把现代性的完成看作形而上学发展的一个历史结果,而形而上学为我们的时代赋予了一个具有本质形态的基础,“这个基础完全支配着构成这个时代的特色的所有现象”。因此,我们对这些现象的描述与反思,也“可以在这些现象中认识形而上学的基础”,而“致力于揭示现代性的形而上学基础”成为时代重要问题。⑤ 我们如果按照海德格尔的看法,现代的本质或者说现代性的核心内涵是“世界成为图像”,而且,现代性使得世界被人们把握为图像,“持久地在自身面前具有如此这般地被摆置的存在者”。这是一个公共的机械制图过程,

---

① 夏林:《启蒙现代性与历史现代性》,载《人文杂志》,2008 年第 6 期。

② 唐文明:《何谓现代性?》,载《哲学研究》,2000 年第 8 期。

③ 夏林:《启蒙现代性与历史现代性》,载《人文杂志》,2008 年第 6 期。

④ 见唐文明:《何谓现代性?》,载《哲学研究》,2000 年第 8 期。

⑤ 转引自俞吾金:《海德格尔的现代性评判及其启示》,载《江海学刊》,2008 年第 5 期。

这样的世界观使我们的注意力“聚集于一组经过挑选的可证实的事实”,这有利于我们从总体上把握它向什么方向运行。对现代性的透视作为一个重要的理论问题,是对现代社会的解释和说明,也是对未来社会的预测和干预,世界与社会都成为现代性描述的一种图景。① 这样一来,“世界被对象化”,现代性的实现表现为作为主体的人对作为图像世界的征服过程,随着世界越来越成为一种图像,人也就越来越证明自己是主体,“对世界作为被征服的世界的支配越是广泛和深入,客体之显现越是客观,则主体也就越主观地,亦即越迫切地突现出来,世界观和世界学说也就越无保留地变成一种关于人的学说,变成了人类学。毫不奇怪,唯有世界成为图像之际才出现了人道主义”。②

在人本主义把人设定为主体以后,一切其他存在皆都相应地成为客体,此时,“人作为主体想要成为并且必定成为存在者(亦即客体、对象)的尺度和中心”,因此主体把自身视为一切根据的基础,即“主体的主体性规定着存在者之存在”,这时候人便“能够按照绝对自身的理解和意愿来规定和实现主体性的本质”③,这就是人本主义的实质。所以,海德格尔相信,正是由于近代以来把人设定为主体的人本主义的产生,才使得人类历史逐渐跨进了现代性的门槛。而一旦世界被理解为是由于我们的观察、表象和操作才和我们相遇的,那么世界图像就发生了根本性的转变,传统理念世界数学化,而人也由于摆脱了与世界的历史因缘而从一个纯粹的、中立的旁观者变为了一个“任性和放纵于他的专横的自我”。在这种世界祛魅的过程中,“一个合乎伦理的、有机的自然转换为一个纯粹”粒子构成的机械世界。④ 人与自然之间的天平倒塌,但是,与自然世界相对而言,人类社会有了新的要求,“对自由与平等的要求出现,人们相信在所有社会的和理性的关系中个人应当拥有完全的自由。自由鲜明地承认所有人都具有高贵的品质,具有一种自然赋予个人的本质,只不过社会与历史使这种本质变了形……至19世纪则出现了另一种理想:从历史中解放出来的个人,现在希望自己与别人有所不同。人的价值的载体不再是存在于每个个体中的‘普遍人性’,而是人的独一无二性和不可替代性”⑤。

---

① 张伟琛:《透视现代性》,载《自然辩证法研究》,2003年第5期。

② [德]海德格尔著,孙周兴选编:《海德格尔选集》,上海三联书店1996年版,第359页;又见王为理:《论海德格尔对笛卡尔哲学的评判》,载《复旦学报》,1997年第1期。

③ [德]海德格尔著,孙周兴选编:《海德格尔选集》,上海三联书店1996年版,第890页。

④ 张伟琛:《透视现代性》,载《自然辩证法研究》,2003年第5期。

⑤ [德]齐美尔:《时尚的哲学》,费勇、吴燕译,文化艺术出版社2001年版,第198页。

### (二)主体理性与自然科学

现代性的元叙事即(主体)理性主义,现代性是伴随着近代人们对主体自觉意识的觉醒而产生的,近代自然科学正是理性精神的内在逻辑。当然严格来说,近代以来所形成的这种理性主义,主要表现为一种主体理性,“作为最高实在的纯粹自我这一观念是现代性的灵魂所在”①,人们认为主体自我的确定性完全能够为知识奠定可靠性基础。康德在“什么是启蒙”一文中这样说道:启蒙运动就是使人类从自我强加于自己之上的不成熟状态中解放出来,而不再依赖于外界别人指导就不能运用好自己的理智的能力,这样一种受监护的状态不是由于缺乏理智,而是由于缺乏勇气和决心来加以使用自己的理智,要敢于运用自己的理智,这就是启蒙运动的口号。在这种背景下,理性逐渐被视为人类活动和认知的“源泉和基础”,自然科学由此成为理性的代表。② 在这种新的理性思维引导之下,事物与现象的关系需要在理性视野中重现秩序,因为“事物的秩序不是自然的”,传统认知模式也并不像“我们现在的思考方式”。③

这种新秩序的确立是现代性的基本任务,启蒙运动以来,笛卡尔首先开创了“我思故我在”(Cogito,ergo sum)的主体理性哲学的认识论理路。所谓我思“严格来说我只是一个在思维的东西,也就是说,一个精神、一个理智或一个理性”,④即“我”是一个心灵的实体。为此黑格尔说得明白,“从笛卡尔起,哲学一下转入了一个完全不同的范围,一个完全不同的观点,也就是转入了主观性领域,转入了确定的东西”,“笛卡尔所寻求的是本身既确定又真实的东西”⑤,由此也拉开了现代性思想的序幕。惠勒称之为笛卡尔主义心理学(Cartesian psychology),自此,理性成为世界的灵魂,并寓于世界之中,是世界的内在和普遍东西。因此,按照这种理解,近代哲学的基本特征就是自我意识的觉醒,近代思想在现代性逻辑的影响下达到了对于主体与外部世界相对立的意识。而主客体关系由此成为近代以来认识论的基本主题,理性与经验的真理问题构成科学哲学认识论的两个张力的维度。⑥ 推而广之,其实,近代以来社会诸多领域的活动与规则无不体现着现代性的这种主体原则,“它们在哲学中表现为这样一种结构,即笛卡尔‘我思故我在’中

---

① D. Kolb, *The Critique of Pure Modernity*, Chicago: The University of Chicago Press, 1986, p. 7.

② 张伟琛:《透视现代性》,载《自然辩证法研究》,2003 年第 5 期。

③ Zygmunt Bauman, *Modernity and Ambivalence*, Cambridge: Polity, 1991, p. 6.

④ [法]笛卡尔:《第一哲学沉思集》,庞景仁译,商务印书馆 1986 年版,第 25—26 页。

⑤ [德]黑格尔:《哲学史讲演录》,贺麟、王太庆译,商务印书馆 1978 年版,第 69 页。

⑥ 参见孟伟、刘晓力:《认知科学哲学基础的转换》,载《科学技术与辩证法》,2008 年第 6 期。

抽象主体性和康德哲学中的绝对自我意识"①。这也是主体性原则由认知向整个社会文化的扩散过程,而个体性的理性无疑成为这一理路的基石。

为此,海德格尔接着分析说,"作为我思,我乃是此后一切确定性和真理据以立足的根据……我就成为突出的本质性的人的规定性。直到那时及至以后,人都被理解为理性动物(animal rationale)了。……随着我思我在,理性现在就明确地并且按其本己的要求被设定为一切知识的第一根据和对一般物的所有规定的引线"②。理性精神与主体性从现代性的一开始就紧密联结于一体,并得以使之逐步展开③,在理性主义导引下,现代性的逻辑逐步展开。此后,近代理性主义哲学(包括经验论与唯理论)围绕理性原则展开了认识论研究,其主要目的就在于为自然科学知识的合理性做辩护。

在休谟之后,康德综合了传统哲学唯理论与经验论两者的论争,从主体理性角度论证了自然科学合理性的可能性条件就在于人类主体自身之中:"自然界的最高立法必须是在我们心中,即在我们的理智中,而且我们必须不是通过经验,在自然界里去寻找自然界的普遍法则";而"理智的(先天)法则不是理智从自然界得来的,而是理智给自然界规定的"。④ 如果说在笛卡尔这里,自我还缺乏一个绝对的主体性,还需要上帝这个真正的主体来最终确立知识的真理性和客观性,那么,康德将这一任务完成了,主体真正成为知识的先验条件,"自然的立法者"。⑤ 这样,人类认识可能性的根据就不再像传统认识论那样被看作是由纯粹自然客体方面决定的,相反,人类"认识"的合理性在于主体的理性能力。这种能力源自人自身,原则却又是一种有限的(相对于上帝)自我理性的能力,而且这种主体理性具有先天的认知的能力,认知主体通过先验地使用这些构成自然界法则的先验范畴,使人类的认识活动具有了客观性与普遍必然性,主体理性从而成了知识客观性的基础。在康德传统中,主体理性为自然立法的思路奠定了近代以来认识论基本辩护策略,现代意识主体对认知对象的包容性成为现代性逻辑合理性的一个关键点。⑥

将认识论的合理性建立在理性基础上之后,这也"为现代性观念奠定了关于人的根本意识",从经验论到唯理论,再通过康德的"哥白尼式革命",现代主义以

---

① [德]哈贝马斯:《现代性的哲学话语》,曹卫东译,译林出版社 2004 年版,第 122 页。
② 王南湜:《近代科学世界与主客体辩证法的兴起》,载《社会科学战线》,2006 年第 6 期。
③ [德]海德格尔著,孙周兴选编:《海德格尔选集》,上海三联书店 1996 年版,第 883 页。
④ [德]康德:《未来形而上学导论》,庞景仁译,商务印书馆 1978 年版,第 22 页。
⑤ [德]康德:《未来形而上学导论》,庞景仁译,商务印书馆 1978 年版,第 92—93 页。
⑥ 白臣等:《简析康德的批判哲学体系》,载《唐山师范学院学报》,2007 年第 6 期。

人类的理性为基础初步实现了主体对自然界的"立法",论证了近代科学知识的合理性。近代以来科学知识这一现代性的重大问题,由此得以真正奠基,他们也构成之后现代性观念发展的"重要源泉"和动力。① 从此,主体理性便成为人类认识(科学知识)走向确定性和客观性的根本保障。现代性的核心观念正是这种"理性主义",它表达了近代以来哲学的一个最基本的理念,即理性与知识的同质性,这也成为哲学认识论的理论依据和方法论前提。这种理智主义哲学认识论认为,人类的理性是至高无上的、绝对的和超历史的,"理性统治一切",主体理性构成了人类认识和存在的可靠根据。即主体性的观念成为"现代性的根基",也是近代自然科学的形而上学根源所在,"启蒙理性主义和抽象人道主义二者构成了现代性的主导意识"②。

为此,"近代哲学的出发点,是古代哲学最后所达到的那个原则,即现实自我意识的立场;总之,它是以呈现在自己面前的精神为原则的。中世纪的观点认为思想中的东西与实存的宇宙有差异,近代哲学则把这个差异发展成对立,并且以消除这一对立作为自己的任务。因此主要的兴趣并不在于如实地思维各个对象,而在于思维那个对于这些对象的思维和理解,即思维这个统一本身","近代哲学并不是淳朴的,也就是说,它意识到了思维与存在的对立。必须通过思维去克服这一对立,也就意味着把握住统一"。这也是从另一角度对主体理性在现代性中重要地位的体现,它是跨越传统意识与思想观念的突破性利器。③ 这样,把普遍方法作为理性的一个重要向度成为可能:"随着精密科学的出现,产生了三个理性的梦想,这些梦想表达了新哲学家们对于'理性'的渴望——普遍的方法、完善的语言和统一的自然体系(a unitary system of nature)。"④但启蒙主义所理解的人只是孤立的自然的个人,而理性也就只能是孤立的个人的理性精神,用个体主义理性取代上帝充当驾驭社会的基本精神,这就无意中赋予了有限性的个人的理性以超负荷的使命。它在不断完成现代性使命的同时,也逐渐悄然为新的社会埋下了发展的障碍与问题。

较之于传统社会,启蒙现代性以精确的理性化精神为武器,破除了有机论自然观的神秘性以及人与自然的天然原初融洽关系。经过理性原则的改造,新的祛魅后的现代世界,"从原则上说,再也没有什么神秘莫测,无法计算的力量在起作

① 陈嘉明:《知识观与现代性》,载《吉林大学社会科学学报》,2005 年第 2 期。
② 漆思:"论马克思的现代性评判的三个基本维度",载《求是学科》,2005 年第 1 期。
③ 王南湜:《近代科学世界与客主体辩证法的兴起》,载《社会科学战线》,2006 年第 6 期。
④ Stephen Toulmin, *Return To Reason*, Cambridge: Harvard University Press, 2001, p. 67.

用,人们可以通过计算掌握一切,而这就意味着为世界除魅”①。莫里斯·克莱因为此也写道,“人不应该作为一个原罪者,因而人的尊严又重新得到了肯定。最重要的是,人的精神得到了解放,可以自由自在地在世界里尽情遨游”。这造成的一个积极思想是“回归自然”,“转而把大自然本身作为知识的真正源泉”②,以人的主体理性为基础来探索自然的奥秘成为认识论与新科学实践的基本方向,它和即将形成的社会的相互作用和交互影响即改变着对方,也改变着自己。

但另一方面,以主体理性为中心确立的新世界观,使得人本身在宇宙和社会中的地位发生了重大变化。其中,中世纪以来人们以“上帝的名义”初步实现了“人类中心主义”的转变,因为“中世纪形而上学把人看作是自然的一个有决定作用的部分,是物质和上帝之间的联系”③。古希腊自然哲学在经过中世纪宗教神学的控制之后,在世界观方面逐渐完成了从有机论的“万物有灵论”向“上帝创世观”的转换,按照这种新的观念——上帝创造和主宰世界,人类逐渐成为上帝的代理者和自然界的管理者甚至主人。特别是随着“上帝”创世后的淡然离开,以及近代以来上帝观念的逐渐淡化,文艺复兴以来的人文主义在社会中的影响越来越大,而这事实上又“将人置于了世界的中心”,就此,“上帝中心主义”走向了虚化,新的近现代意义的“人类中心主义”确立起来,并日渐深入人心。这是现代性理念得以迅速发展的重要内在原因,它使得人独立成为新世界的建构者。

所以,按照流行的看法,现代性的本质就在于帮助人摆脱了中世纪束缚而解放了自身(包括意识)。但海德格尔指出,更重要的问题还在于“人”本身的根本性变化,因为只有拥有灵魂的被造者人,才能真正拥有对物质世界和神圣世界的自由,这种以人为中心的新世界观,就是人文主义对“人的发现”的伟大成果,将“人置于了世界的中心”。④ 为此,阿巴尼亚诺总结说:“人不是自然界偶然的产物,他们相信,人应该将这个世界作为自己的安身之所,从自己的生命本身去认识根本的东西,使自己与这种根本的东西连接在一起。”⑤拥有理性能力的人成为科学世界的中心,这样,上帝承担的职责“转移”到了人自身,作为主体的人便成为一

---

① [德]马克斯·韦伯:《学术与政治》,冯克利译,生活·读书·新知三联书店1998年版,第29页。

② [美]M. 克莱因:《古今数学思想》,张理京等译,上海科学技术出版社1979年版,第102页。

③ [美]伯特:《近代物理学的形而上学基础》,徐向东译,北京大学出版社2003年版,第78页。

④ 冯雷:《对近代自然观和人类中心主义的再思考》,载《理论与现代化》,2005年,第4期。

⑤ 转引自冯雷:《对近代自然观和人类中心主义的再思考》,载《理论与现代化》,2005年第4期。

切存在者的尺度。也就是说,它同时又作为存在者整体的世界成为图像,现代意识所塑造的自我正是古典世界观中形而上学的终极实在的一个颠倒性的表达,“人类中心主义”将“上帝”从公共生活中隐去而突出了人类的优越地位,事实上是将人类置于万物的中心。由于现代意识是把古典世界观中上帝所承担的角色移植到了人,于是创造者不再是上帝而成了人自身,“创造在以前是圣经的上帝的事情,而现在则成了人类行为的特性。此时人类世界被从现存世界中剥离出来,取代了过去‘神’的地位。这是中世纪上帝创世说在世界观方面的决定性意义,也确定了人及其意识的中心地位”①。换言之,“如果去掉了中世纪(唯一的)神的超越性,近现代即跃然而出”②。所以,现代性的实现就表现为作为主体的人对作为图像的世界的征服过程,而海德格尔认为,在这一过程中产生了决定现代性本质的人本主义和技术主义,正是主观主义的人本主义和客观主义的技术的相互作用才从根本上促成了现代性的实现,从而使得现代世界将自身置于表象的空间。③这样,在近代人看来,“这一宇宙为同一基本元素和规律所约束,位于其中的所有存在者没有高低之分。这就意味着科学思想摒弃了所有基于价值观念的考虑,如完美、和谐、意义和目的。最后,存在变得完全与价值无涉,价值世界同事实世界完全分离开来”④。事实与价值的区分逐渐成为现代性哲学的一个基本预设,亦是科学哲学对科学与技术反思的一个基本出发点。

### (三)自然观、还原论与近代科学的产生

近代科学革命是世界观的根本转变。⑤ 在近代科学革命之前,欧洲人的世界观是以古希腊自然哲学和基督教神学为基本框架而形成的,当时,所谓的科学与自然哲学并未分离,它们是混于一体的,因此当时的世界观也就是当时自然哲学家所理解的世界。其中,古希腊自然观表现为一种有机论自然观,而中世纪则逐

---

① 陈赟:《世俗化与现时代的精神生活》,载《天津社会科学》,2007 年第 5 期。

② [德]海德格尔著,孙周兴选编:《海德格尔选集》,上海三联书店 1996 年版,第 774 页。

③ [德]海德格尔:《海德格尔存在哲学》,孙周兴等译,九州出版社 2004 年版,第 286、288 页。

④ [法]柯瓦雷:《从封闭世界到无限宇宙》,邬波涛、张华译,北京大学出版社 2003 年版,第 2 页。

⑤ 关于这种新旧科学观念的论述最有代表性的是迪尔,他将新科学观的特征总结为如下几个方面:有记录的实验;认同数学是揭示自然界的重要工具;事物的可感属性在于人的知觉而非事物本身;世界是合乎理性的机器;自然科学是探究性活动,而非知识系统;肯定研究的合作来建立其社会基础。(详见 Dear. Mersence and the learning of school 的相关内容)

步形成了以上帝为中心的神学自然观。① 古希腊自然哲学研究以目的论方式为主，以事物的目的性原则为标准模式来说明世界。目的论的前提是把世界设想为一个受最高目的支配的有机整体，这最高目的可以是内在于世界本身的，也可以是神灵通过创造从外部加之于世界的，所以这种解释事物方式的特点是只关注事物的最终目的，而并不考虑事物的运动或发展过程。② 从中世纪开始，基督教自然观——一种反物活论的自然观把上帝、人和自然界按不同等级进行了划分，这种观念认为自然是一个独立的、纯粹的存在物，这使得人从外部对自然物进行实验操作并使之"招供"成为自然而然的事，这也无疑为自然走向独立奠定了基础，随着自然哲学逐渐完成从"万物有灵论"向"上帝创世说"转换，上帝创造了自然界，并为其立法，而且上帝在创造世界的过程中也遵循了某种模型或法则，这就是宇宙万物必须服从的"自然法"。到了文艺复兴时期，自然法概念与自古希腊毕达哥拉斯、柏拉图以来形成的数学理性主义自然观相结合，产生了近代科学中"自然规律"的概念。这是新旧科学观念差异的一个关键，近代科学革命中的科学意在获得自然世界的自然规律，而目的论的观念已经被自然律所取代。③

在现代性逻辑的影响下，近代科学意识发生了根本性的变化，这首先表现为对于世界的机械必然性的意识，即用机械因果观念取代了传统目的论因果观的过程。这一过程构成近代自然科学革命的世界观基础。④ 在这种新的世界观看来，"物质世界的一切，其周围都被传递冲击的微粒所包围，一切都服从机械的因果性，"近代机械论思想超越了古代万物有灵论和中世纪上帝创世观，为科学革命的发展奠定了新的世界观基础。⑤

按照通常的理解，近代科学的产生与古希腊传统文化有着深刻的内在关联。例如温伯格认为，两千多年以后，牛顿终于提出了运动和引力的数学定律，从而可以解释行星等天体的运动，以及地球上的诸多现象如潮汐和苹果的下落等。接着，他在《光学》中预言，总有一大光和化学会通过将"与力学原理相同的推理方法"应用于"自然界最小的粒子"而得到理解，这种风格的科学被恰如其分地称为还原论(reductionism)。赫伯特·巴特菲尔德在《近代科学的起源》中也指出，从亚里士多德物理学发展到近代物理学，这不是通过单纯的理性至上的哲学的形而上学方法，也不能通过纯粹照相式的观察方法，它需要一种不同的思维图景和心

---

① 李建珊主编：《世界科技文化史教程》，科学出版社2009年版，第36页。

② 王南湜：《近代科学世界与主客体辩证法的兴起》，载《社会科学战线》，2006第6期。

③ 李建珊主编：《世界科技文化史教程》，科学出版社2009年版，第75页。

④ 王南湜：《历史唯物主义阐释中的历史目的论评判》，载《社会科学》，2008第12期。

⑤ [美]威尔逊：《简说哲学》，翁绍军译，上海人民出版社2007年版，第44页。

理上的转换。① 事实上,近代牛顿经典物理学以及机械论世界观的形成,标志着古希腊以来西方还原论思想发展的一个新的里程碑——近代机械还原论,"在当代西方文明中得到最高发展的技巧之一就是拆零,即把问题分解成尽可能小的一些部分"②,托夫勒所描述的这种"拆零"思维方法其实就是我们通常指的还原论思想。自从古希腊自然哲学家们提出了最初的还原论的思想雏形之后,例如泰勒斯万物皆水的水本原论、阿拉克西米尼的气本原论,以及之后阿那克萨戈拉的种子说、赫拉克里特的火本原论、恩培多克勒的四元素说、毕达哥拉斯的数原论以及后来留基伯等人的原子论等,这些思维方式的共同点都是试图把自然界还原或归结到某种(或几种)简单的元素,然后在此基础上加以认识,经过长时间的发展还原论思想逐渐发展成为西方自然哲学最重要的思维方式,最终构成了西方思想文化的一条主流思维方法。随着这种世界观以及思维方法论的发展变化,这直接为近代科学革命的诞生准备了必要条件。

从思维和方法论角度看,近代笛卡尔以来的哲学方法论对近代科学产生了决定性影响,笛卡尔为了给新科学建立一个稳固的、不可怀疑的基础,以融几何学和逻辑学的可靠性于自然科学为一体,他在名著《谈谈方法》中首次确立了以分析为主要特征的科学方法论原则,这深刻影响了近代科学研究的基本模式,简单而言,笛卡尔的方法论原则有四条:一是任何东西在没有清楚确定是真的之前决不能认为是真的;二是我所要探讨的每一个疑难问题应当尽可能地加以划分,而且是怎样能得到更好的解决方法我便怎样划分,尽可能分成细小的部分,直到适以加以完满为止;三是有秩序地进行思维,首先从最简单的问题开始,循序渐进地进行,逐步达到最复杂的问题;四是不论在任何地方,收集必须齐全,观察必须广泛,直到自己确信没有遗漏时为止。③ 笛卡尔对还原论进行了哲学层面的系统总结,也很好地描述了科学研究的基本思路,而近代科学的发展始终也在不断印证着他的方法论原则的影响。

在近代经验主义影响下,并与理性主义分析方法相结合,近代机械论自然观产生。柯林武德在《自然的观念》中指出,中世纪上帝创世观在近代机械大量制造、使用的社会影响下,人们类比得出了自然是一部机器的结论,"上帝之于自然就如同钟表匠或水车设计者之于钟表或水车"④。开普勒的话也很具有代表性:

---

① [美]温伯格:《昂望苍穹》,黄艳华等译,上海科技教育出版社 2004 年版,第 22、23、89 页。

② 参见[比]伊·普里戈金、斯唐热:《从混沌到有序》,曾庆宏等译,上海译文出版社 1987 年版,第 1 页。

③ 参见北京大学哲学系编译:《西方哲学原著选读》(上),商务印书馆 1981 年版,第 364 页。

④ [英]柯林伍德:《自然的观念》,吴国盛等译,北京大学出版社 2006 年版,第 9 页。

"我的目的在于证明,天上的机械不是一种神圣的、有生命的东西,而是一种钟表那样的机械,正如一座钟的所有运动都是由一个简单的摆锤造成的那样,几乎所有的多重运动都是由一个简单的、磁力的和物质的动力造成的"①。这种机械论自然观认为,自然界中真实存在的只是物质微粒,而物质的各种性质,包括大小、色彩、形状等都是由于物质运动所造成的:这样一来自然与价值、意义不再相关,因为它是纯客观的、独立于人的客观存在,而人是自然的旁观者而非参与者。这样,我们就可以把自然还原成为一个量的和数的世界,也就是近代自然科学还原论思想的集中体现。因此,自然可以从定性研究转向定量研究,用精确的数学方法描述自然成为可能。这样,古希腊有机论自然观的局限性最终得到了超越,以人类中心主义为基础、以机械论为框架的新科学观为人们打开了新的世界图景,这种新新图景承认人类对自然界的支配和征服的权利,并与现代性功利观念相结合,为近代科学与技术的发展创造了条件。

近代以来的还原论遵循了从部分到整体,由局部到全局的认知理路。在还原论支持者看来,面对一个复杂的系统或整体时,我们的认识过程只能是从整体回到局部,从高回到低,站在简单的、可认知的基本事物逐步上升到复杂、高级的事物。这是人类认识的一般程序,也是保证最后认识可靠性的主要保障。例如按照笛卡尔的理解,我们要从最简单的可以认识的简单事物开始,把整体分解为熟知的部分,把高层次的存在回归或放置到低层次加以分析,这不仅是一种科学研究方法论,也是对科学认识合理性的一种辩护。在近代还原论这里,一切自然现象都可以归结为质点在时空中的机械运动,一切物质系统也都可以归结为用各种力黏合在一起的质点组。当然从自然科学的历史角度来看,近代以来,还原论思想首先在生物学领域进一步发展起来。这可以追溯到著名的笛卡尔的"动物机器论"、拉美特里的"人类机器论"以及牛顿时代的"一切生物都是机器"的"生物机械论",这些都是典型的还原论代表成就,"这种机械论自然观"以及数学主义的联合,对近代科学革命的影响至关重要。近代机械论自然观为科学革命确定了根本前提,只有随着自然观念的根本性转变,才可能出现与之相配套的知识观和方法论,甚至才能促使人类社会的新进步和发展。② 当然,近代科学中还原论思想得到最大发展、最有影响的还是物理学。1687 年牛顿的《自然哲学之数学原理》的

---

① [美]霍尔顿:《物理科学的概念和理论导论》,张大卫等译,人民教育出版社 1982 年版,第 58 页。

② 李建珊等:《世界科技文化史》,华中理工大学出版社 1999 年版,第 155—156 页;孙孝科:《还原论及其历史发展》,载《南京邮电学院学报》,1999 年第 2 期。

出版,一般认为是宣告了经典机械力学的诞生,也标志着近代机械还原论的真正确立。牛顿在序言中提出了包括其机械还原论在内的科学纲领,“希望……从力学原理中导出其余的自然现象”,事实上十八九世纪科学家们在牛顿机械还原论思想的影响下,总是尽力为各种自然现象构建某种力学模型,然后以此模型为基础从力学原理中导出各类自然现象。一切都甚至被人们视为力与物质的运动现象,是物质粒子及其运动造成了人们可见世界的所有内容。① 之后的经典物理学的光学、声学、热学、电磁学等分支理论都采用了这种以分析为特征的研究方法。于是戴森把近代物理学中的还原论描述为力图“使物理现象的世界还原为一套有限的基本方程”,自然现象及其规律描述为数学或几何学模型。随着科学的发展,还原论思想逐渐超越生物学、物理学意义而向其他自然科学渗透,以致于“还原论”现在已成为指导各门自然科学研究与构建科学理论的重要原则,被公认为是自然科学研究中占主导地位,甚至是唯一被认可的方法论原则,“自然的一切就是它现有的”这种还原论的存在方式。②

李约瑟曾经这样描述中国古代科学落后的原因,“当希腊人和印度人很早就仔细考虑形式逻辑的时候,中国人则一直倾向于发展辩证逻辑。与此相应,在希腊人和印度人发展机械原子论的时候,中国人则发展了有机宇宙的哲学”③。自此,科学和技术(机器)成为近代工业文明的主要缔造者,工业化体现了科学技术的深远影响,构成人类社会与生活的决定性因素,它甚至偶像化为时代的象征,决定着我们时代的命运。这样,近代以来的科学技术发展逐渐形成了一种所谓的“机器文化”,因为它不仅改变着人类的生产劳动方式,而且直接间接地改变了人类其他各种活动的形式。④ 而这种机器文化的核心表现为人们对各种各样的机器进行类比,并对机器产生某种程度的崇拜。应当说,从起源上看,“机器类比”当然不是工业革命时期的产物,早在古希腊亚里士多德那里就有所萌芽,不过真正形成是在希腊化时期和罗马时期。这时期的代表人物是阿基米德、希罗和托勒密,他们把宇宙看成是一部机器,这种观念在欧洲中世纪被基督教保存和加强。⑤特别是因为中世纪钟表的发明和普及,促使基督教思想家开始把宇宙比喻为由各

---

① 孙孝科:《还原论及其历史发展》,载《南京邮电学院学报》,1999 年第 2 期。

② [美]温伯格:《昂望苍穹》,黄艳华等译,上海科技教育出版社 2004 年版,第 89—90 页。

③ [英]李约瑟:《中国科学技术史》第 3 卷,《中国科学技术史》翻译小组译,科学出版社 1975 年版,第 337 页。

④ 林德宏:《人与机器——高科技的本质与人文精神的复兴》,江苏教育出版社 1999 年版,第 67 页。

⑤ 吴忠:《西方历史上的科学与宗教》,载《科学与社会》,科学出版社 1988 年版。

种各样不同形状的机械齿轮连接起来,并且按照“自然法”运转的一座巨型钟表。这是机械主义自然观形成的标志。这种钟表比喻在近代科学革命时期得到了最大程度的发展,而且超出科学领域而成为新的文化观念,机械论思想在科学不断取得成功背景下也大获流行。① 与希腊化时期不同的是,基督教运用了统一的意识形态的力量,把这种机械主义的自然观连同数学理性主义自然观强加给所有的人,这可能是近代力学和机器文明思想之所以在西方率先得到发展的深层文化根源。在这种情况下,机械论自然观与还原论思维相互推进,相互影响,为近代科学的革命与发展提供了思想上的有力武器。②

## 二、对自然立法的实现:数学理性的原则

理性是近代科学的核心理念,但主体理性对“自然”的立法是如何具体实现的呢？当然,实际情况并非像康德所描述的那样简单——先验理性对经验自然的综合立法。主体理性怎样和实在连接起来,进而达到对认识对象的把握呢？怀特海说得好:“17 世纪终于产生了一种科学的思维体系,这是数学家为自己运用而拟定出来的。数学家的最大特色就是他们具有处理抽象概念,并从这种概念演绎出一系列清晰推理论证的才能。”③现代性促使自然科学的实现和基本途径主要是数学理性主义。为此鲍曼断言,几何学是现代性的精神原型,数学成了贯通主体与外部实在的关键环节。④ 克莱因如此描述了这种状况,“利用理性重建所有知识,以及到大自然中寻求真理之源的运动。思维敏捷的学者寻求在确定无疑知识基础上建立起新的思想体系,数学的真实性正好符合这种要求……列奥纳多·达·芬奇也说,只有紧紧地依靠数学,才能穿透那不可捉摸的思想迷魂阵”⑤。简言之,先验理性精神通过数学的精确性最终超越了难以琢磨的纷繁复杂的经验表象进而通达了实在,从而真正建构起来理性化的知识与科学图景,这样,在科学家眼中的世界已经成为数学化的了科学世界。

### (一)自然的数学化何以可能

自然的数学化(或几何化)是近代科学革命的关键环节,但这种思想本身却源

---

① 李建珊主编:《世界科技文化史教程》,科学出版社 2009 年版,第 155—156 页。

② 林德宏:《人与机器——高科技的本质与人文精神的复兴》,江苏教育出版社 1999 年版,第 67 页。

③ [英]怀特海:《科学与近代世界》,何钦译,商务印书馆 1989 年版,第 54 页。

④ Zygmunt Baurnan, *Modernity and Ambivalence*, Cambridne: Polity, 1991, p. 15.

⑤ 转引自[美]M. 克莱因:《西方文化中的数学》,张祖贵译,复旦大学出版社 2004 年版,第 103 页。

远流长,数学及数学精神在西方文化中占有特殊的地位,克莱因描述说,“在西方文明中,数学一直是一种主要的文化力量”①。恩格斯也在《自然辩证法》②中这样指出过,在希腊哲学的多种多样的形式中,差不多可以找到以后各种观点的胚胎、萌芽,数学及其精神也是如此。早在古希腊时期,人们就开始注意借助以数学为代表的理性认识能力对自然界进行了数学化的探究(如毕达哥拉斯和柏拉图的研究传统),以及积极的探索活动(当然我国古代也在很早之前就注意到了数学的意义与价值)。克莱因进一步考察说,“从 Pythagoras 时代起,几乎所有学者都说自然界是依数学方式设计的”③。可以说,自毕达哥拉斯学派开始,自然界的数学化以及“科学知识是基于数学的观念”就开始形成了。这是一种新的自然观,劳埃德称之为“自然的发现”④,即“认识到自然现象不是因为受到任意的、胡乱的影响而产生,而是有规则的,受着一定的因果关系的支配”⑤。毕达哥拉斯学派认为,自然的秩序以及万物的规律都可以通过数及关系来表达,由此以来,“毕达哥拉斯学派在数学关系中,特别是在数中找到了世界永恒的本质”⑥。

关于古希腊早期“数是世界本原的思想”追踪情况⑦,亚里士多德对此做了比较系统的考证:他们(以毕达哥拉斯学派为代表的自然哲学家)认为“数”乃万物之原,在自然诸原理中第一原理是“数”理,因为他们见到许多事物的生产与存在,与其归之于火,或土或水,毋宁归之于数。而数值之变可以成“道义”,可以成“魂

---

① [美]M. 克莱因:《西方文化中的数学》,张祖贵译,复旦大学出版社 2004 年版,第 6 页。

② 《马克思恩格斯选集》第 3 卷,人民出版社 1972 年版,第 468 页。

③ [美]M. 克莱因:《古今数学思想》,张理京等译,上海科学技术出版社 1979 年版,第 174 页。

④ 劳埃德在《早期希腊科学》中提出希腊科学发端于两件事情,一是发现“自然”,一是理性的批判和论辩的习惯。关于“自然的发现”,他说:“我指的是意识到‘自然’与‘超自然’之间的区分,即认识到自然现象不是随意或任意影响的后果,而是规则影响的后果,受可确定的因果序列所支配。被认为属于米利都人的观念的大部分,都令人回想起更早期的神话,但它们与神话解释的不同在于,它们忽略任何对超自然力量的援引。”他把发现“自然”作为希腊科学之起源的标志性事件。

⑤ [英]劳埃德:《早期希腊科学:从泰勒斯到亚里士多德》,孙小淳译,上海科技教育出版社 2004 年版,第 7 页。

⑥ [德]文德尔班:《哲学史教程》(上卷),罗达仁译,商务印书馆 1997 年版,第 67 页。

⑦ 这一思想可以简单概括为毕达哥拉斯主义的数学和谐性主张,其中和谐”(harmonica)和“秩序”(cosmos)是核心观念。“和谐”意在指一定的数量的关系,因为事物及事物间的关系以及事物的运动变化都是数的关系;从月下部分的事物到月上部分的天体都同样具有数关系,是有序的和谐的整体,即 cosmos。数的和谐是绝对的,这种和谐也就是“宇宙的秩序”。毕达哥拉斯学派的两条格言“什么是智慧的”——“数”,“什么是最美的”——“和谐”最典型地表达了这一思想。

魄”,可以成“理性”,可以成“机会”——相似地,万物皆可以数来说明。它们又见到了音律的变化与比例可由数来计算——因此,他们想到自然间万物似乎莫不可由数构成,数遂成自然间的第一义;他们认为数的要素即万物的要素,而宇宙也是一数,并应是一个乐调。① 简言之,毕达哥拉斯传统将自然理解为某种数学关系的模型,而数以及数字之间的关系表征着自然的最核心实质,“他(毕达哥拉斯)的贡献还在于他使这些不同的学说统一于一个总的精神之下,这个精神就是和伊奥尼亚学派的‘观察’(observation)精神相区别但又相补充的‘论证’(demonstration)精神。前者是实质性的(substantial),后者则是形式性的(formal),但对科学思维而言,二者皆不可缺”②。

这样,亚里士多德概括了毕达哥拉斯学派的基本观点:毕达哥拉斯学派强调数的原理就是所有的事物的原理,这些原理中数目在本性上是最先的,所有其他事物的本性,都是按照数来塑造的,数是本原,既作为事物的质料,也是形成它们的变形和其永久的状态。并且主张数的元素是偶数和奇数,而它们中后者是限定的,前者是不限定的,简言之,整个天就是数。即数是一切事物的本质,而宇宙的组织在其规定中通常是数及其关系的和谐的体系。这就是说,宇宙中万事万物的结构、组织,都是由数和数的和谐关系所决定的,数可以代表宇宙中的各种事物。在这种数本源论思想的影响下,数学主义得到了初步发展。③ 因为按照这种理解,在毕达哥拉斯学派那里,数简直就是一种独立的存在。因为当他们说到一切对象由(整)数组成,或者说数乃是宇宙要素的时候,他们心目中的数就如同我们心目中的“原子”一样。④ 这种数学主义,通过清晰的自明性超越了以往认识论的神秘主义色彩,肯定自然界是可以认识的,这种认识论的依据就在于世界是按照数的规律来设计和组织的,因此由数学出发人们是可以理解和掌握自然界的。为此恩格斯指出,数服从于一定的规律,同样宇宙也是如此,于是,宇宙的规律性第一次用“数”说出来了,“数的本性就是给予认识,它指教每一个人认识他所怀疑的和不了解的一切”⑤。

之后,柏拉图进一步发展了毕达哥拉斯学派的数学主义观点。柏拉图写道:“数的性质似乎能导向对真理的理解”,学习几何能够把灵魂引向真理,能使哲学

---

① [古希腊]亚里士多德:《形而上学》,吴寿彭译,商务印书馆 1997 年版,第 13 页。
② 叶秀山:《毕达哥拉斯学派和希腊科学精神》,载《社会科学战线》,1993 年第 2 期。
③ 李建珊等:《欧洲科技文化史论》,天津人民出版社 2011 年版,第 21 页。
④ [美]M. 克莱因:《古今数学思想》,张理京等译,上海科学技术出版社 1979 年版,第35 页。
⑤ [苏]敦尼克著,齐云山等编:《古代辩证法史》,冒从虎等译,人民出版社 1986 年版,第 92 页。

家的心灵“转向上方”。柏拉图发展了毕达哥拉斯传统的数学主义，学术作为培养和教育的基本课程，数学在柏拉图自然哲学中占据了重要地位，它是构成连接理念世界的中间环节。① 克莱为此评价说，“Plato 是仅次于 Pythagoras 本人的最杰出的 Pythagoras 派，他是传播这种主张的最有影响的一个人，即认为只有通过数学才能领悟物理世界的实质和精髓”②。既然和谐的宇宙是由数构成的，那么自然的和谐也就是数与数之间的和谐关系，自然秩序就是数的秩序，这就使后世科学家为发现自然现象背后的数量关系，用对自然规律的定量描述代替定性描述奠定了基础，在科学家们的不懈努力下，这种方法取得一次次重大的科学进展。所以，自然的数学化是与人的理性能力与特征密切相关的，随着基督教内部的新柏拉图主义的兴起，越来越体现出古希腊的理性主义的数学传统，从而使世界的合理性最终被具体化为世界的合乎数学原理性。③

策勒尔指出，“他（指柏拉图）试图将万物本质是数这一毕达哥拉斯学派的主要教义与他自己的理念论结合起来”④。“理念形成一个自在的世界”，柏拉图认为真正实在的世界是静止不动的、独立于人之外的一个唯一真实的形式实在（form），“只能被思想所理解”，也就是人们通常所说的理念的世界，理念世界是与具体的感性事物相分离的独立存在，这是永恒的存在。而数与之相比是低级的知识，它“介乎意见和理智之间”，数学是“把灵魂拖着离开变化世界进入实在世界”的阶梯，数学“处于感觉世界与实在世界之间的中间地位”⑤。所以数学命题是确定的，永恒不变的知识，相对于其他人类知识，“柏拉图认为数学是一切知识的最高形式。他的影响曾对那样一种广泛传播的见解起了很大的作用，那种见解认为，知识必须具有数学形式，否则就根本不是知识”⑥。事实上，较之于毕达哥拉斯学派，柏拉图对数学主义的贡献更多在于进一步的哲学深化，使其超出了纯粹数学领域而成为一种数学主义文化，“对于柏拉图来说，实在是对理念的或多或少

---

① 见陈嘉映：《论近代科学的数学化》，载《华东师范大学学报》，2005 年第 6 期。

② ［美］M. 克莱因：《古今数学思想》，张理京等译，上海科学技术出版社 1979 年版，第 171 页。

③ 李建珊等：《世界科技文化史》，华中科技大学出版社 1999 年版，第 174—175 页。

④ 参见［德］E. 策勒尔：《古希腊哲学史纲》，翁绍军译，山东人民出版社 1992 年版，第 143 页。

⑤ ［德］E. 策勒尔：《古希腊哲学史纲》，翁绍军译，山东人民出版社 1992 年版，第 142、159 页。

⑥ ［德］H. 赖欣巴哈：《科学哲学的兴起》，伯尼译，商务印书馆 2004 年版，第 27 页。

完全的分有。这一思想为古代的几何学提供了初步的实际使用的可能性”。①

这种数学主义萌芽在古希腊早期有了一定的发展,其主要应用表现在作为天体运动基本定理的“柏拉图原理”上,即天体是神圣不变的永恒存在,其运动必定遵循均匀(匀速度)而有序(正圆形轨道)的数学原则②:“因为圆形是神圣事物的特征,这些神圣事物跟分离和混乱是无缘的。这一目的属于真正的数学范畴,它的胜利完成是一件伟大的、非常艰巨而且是前人未曾做过的事情。”③面对古希腊自然哲学传统的拯救现象问题,毕达哥拉斯学派的数学主义发挥了重大作用,特别是在天文学领域,这一思路奠定了古希腊数理天文学的基础框架。④ 克莱因总结说:“希腊人把数学等同于物理世界的实质,并在数学里看到了关于宇宙结构和设计的最终真理,他们建立了数学和研究自然真理之间的联盟,这在以后便成为现代科学实践的基础本身。其次,他们把对自然的合理化认识推进到足够深远的程度,使他们能牢固树立一种信念,感到宇宙确实是按数学规律设计的,是有条理有规律并且能被人所认识。”⑤

在这种数学主义眼中,人的理性与自然是怎样的关系呢? 在亚里士多德这里,人的灵魂包括理性和非理性两个组成部分,其中“一部分我们用来沉思那些具有不变的初始原因的事物,另一部分我们用来考虑那些可变的事物。……其中的一部分可称为科学的,而另一部分可称为计算的”;理性灵魂中的科学部分以那些具有不变的初始原因的事物为对象,其结果便是 episteme。所以,“科学知识的对象是必然的,因而是永恒的,因为任何必然的东西在绝对的意义上都是永恒的,而永恒的东西是没有生灭的”。按照这种静观式的知识观,心灵关照的知识才是真

---

① [德]胡塞尔:《欧洲科学的危机与超验现象学》,张庆熊译,上海译文出版社 1987 年版,第 32 页。

② 这是毕达哥拉斯数学主义传统在古希腊发展的关键一步,而且也是在整个古希腊“科学”中最有代表性的成就,它在古代直接体现了数学化的意义与价值。参见李建珊主编:《世界科技文化史教程》,科学出版社 2009 年版,第 42 页。

③ 宣焕灿:《天文学名著选译》,知识出版社 1989 年版,第 46 页。

④ 例如为了回答人们在地球上看到的“现象”,却是天体表观上的不规则运动的“拯救现象运动”,即构造巧妙的数学模型,使天体看似混乱的表观运动(“现象”)得到所谓的“拯救”。但是,怎样才能够“拯救现象”,从而解释表观运动的不规则性呢? 柏拉图没有也不可能作出回答,但却启发了后世自然哲学家去揭示宇宙何以有序,符合怎样的数学模型。在柏拉图奠定的数理天文学中的数学传统的影响下,他的学生欧多克斯、亚里士多德先后提出了 27 个天球和 55 个天球的同心球体系;而后,阿波罗尼乌斯和希帕克又分别提出本轮—均轮概念和偏心圆概念;最后到罗马时期,托勒密终于完成了天文学史上第一个完整的数学化的地心体系。参见李建珊主编:《世界科技文化史教程》,科学出版社 2009 年版,第 42 页。

⑤ [美]M. 克莱因:《古今数学思想》,上海科学技术出版社 1979 年版,第 195—196 页。

正的关于理念世界的真知,“高级”的不同于经验或现象界的转瞬即逝的常识和意见。① 人的灵魂与理性认知具有统一性,这是古希腊自然哲学的一个重要传统,在亚里士多德这种相对压制数学主义的哲学家这里也给予了数学一定地位,而毕达哥拉斯—柏拉图传统这些数学主义得到了最大程度的发展。

中世纪后近代以来,数学主义观念又逐渐为早期科学家们所普遍接受。克莱因在《古今数学思想》中也重复地指出,近代人们要“利用理性重建所有知识,以及到大自然中寻求真理之源的运动,自然地把过去曾经做出贡献的学科也应用于这两方面思维敏捷的学者寻求在确定无疑的知识基础上建立新的思想体系,数学的真实性正好符合这种要求”②。而且,数学精神正是现代性核心观念之一,韦伯认为,现代主义的基本精神之一就是计算,而霍克海默和阿多尔诺等人也特别认为,现代启蒙理性的基本精神就是思维和数学的统一,数学与理性精神的统一是现代性的主要表现形式,“一切推理都包含在心灵的这两种活动——加与减里面”③。现代性的主体理性借助数学理性以达到主体与客体的贯通,人类的自然科学知识才有了客观性和普遍必然性的依据。所以,“近代科学成功的秘密,就在于在科学活动中选择了一个新的目标。这个由伽利略提出的,并为他的后继者们继续追求的新的目标,就是寻求对科学现象进行独立于任何物理解释的定量的描述”④。

首先我们从数学本身的性质来看。笛卡尔曾强调说,“算术和几何之所以比一切其他学科确实可靠,是因为只有算术和几何研究的对象既纯粹而又单纯,绝对不会误信经验已经证明不确实的东西,只有算术和几何完完全全是理性演绎而得的结论。这就是说,算术和几何极为一目了然、极其容易掌握,研究的对象也恰恰符合我们的要求,除非掉以轻心,看来,人是不可能在这两门学科中失误的。……对于任何事物,如果不能获得相当于算术和几何那样的确信,就不要去考虑它”⑤。由于数学推理存在着某种确定无疑的属性,这也进一步决定了按照

---

① 晋荣东:《现代逻辑的理性观及其知识论根源》,载《南京社会科学》,2008 第 4 期。

② [美]M. 克莱因:《古今数学思想》,张理京等译,上海科学技术出版社 1979 年版,第 135 页。

③ 北京大学哲学系编译:《十六—十八世纪西欧各国哲学》,商务印书馆 1963 年版,第 212 页。

④ [美]M. 克莱因:《西方文化中的数学》,张祖贵译,复旦大学出版社 2004 年版,第184 页。

⑤ 转引自[美]M. 克莱因:《西方文化中的数学》,张祖贵译,复旦大学出版社 2004 年版,第 6—7 页。笛卡尔在《指导心灵的规则》中还指出,“不过假如有些人自己宁愿把才智用于其他技艺或用于哲学,那也不必惊讶”,“探究真理正道的人,对于任何事物,如果不能获得相当于算术和几何那样的确信,就不要去考虑它”。参见文聘元:《三重精彩——笛卡尔的生平、著作与思想》,商务印书馆 2016 年版,第 5 页。

这种推理结果的可靠性,所以在人类的所有知识中,笛卡尔认为数学是具有最高地位的,数学推理是人类一切思维中"最纯粹、最深刻、最有效"的工具,数学及其方法理应是我们获得自然知识的最佳途径,定量和数学化构成科学的本质。① 海森堡在评价笛卡尔的这一贡献时指出,"说笛卡尔的新哲学方法开辟了人类思维的新方向,那是错误的;他所做的实际上只是第一次系统地表述了在意大利文艺复兴和宗教改革时代已露端倪的人类思维的倾向。这种倾向就是对数学的兴趣的复活……对数学的日益增长的兴趣倾向于这样一种哲学体系,这种哲学体系从逻辑推理开始,并试图以这种方法得到某些象数学结论那样肯定的真理"②。

其实,在欧洲中世纪后期,知识分子就纷纷开始为知识寻求新的可靠基础。而数学最合适地满足了人们的要求,为人类认识提供了一个"可靠基础","数学是唯一被大家公认的真理体系。数学知识是确定无疑的,它给人们在沼泽地上提供了一个稳固的立足点;人们又把寻求真理的努力引向数学"③。不仅如此,到17世纪时,现代科学的诞生需要一种新的数学,需要具有更完备的方法,以分析"振动存在"(即物质的存在形式)的性质。可见,纯粹物理学与数学之间"令人惊讶的"终极属性的内在关联关系,这一方向直接影响着近代自然科学的研究模式:"根据数学的计算和物理的观察来加以解决问题。"④所以,"近代科学的基本特征是数学性的东西,这倒不是在说,近代科学是用数学进行工作的;这倒是要在某种意义上表明,狭义的数学只有根据近代科学才得以发生作用"⑤。

再从自然科学的研究对象来看,自然界具有数学化的特征。中世纪以来人们普遍认为,自然界是上帝按照理性的秩序而构造起来的,由于上帝不仅创造了人而且将理性给予人,因此理性可以从数学的角度来认识自然:既然自然世界的合理性被具体化为世界的合乎数学理性,那么数学无疑就会成了人类认识造物主的伟大杰作的必要途径,这为近代科学的革命与兴起埋下了重要的伏笔。事实上也是如此,数学理性就此与中世纪自然观相结合,形成了中世纪数学唯理性主义自然观,强化和发展了希腊传统的数学主义。⑥ 所以,数学主义肯定了"自然界具有

---

① [美]M. 克莱因:《西方文化中的数学》,张祖贵译,复旦大学出版社2004年版,第153—155页。
② 参见[德]海森堡:《物理学与哲学》,范岱年译,商务印书馆1981年版,第40页。
③ [美]M. 克莱因:《西方文化中的数学》,张祖贵译,复旦大学出版社2004年版,第251页。
④ [德]海德格尔著,孙周兴选编:《海德格尔选集》,上海三联书店1996年版,第586页。
⑤ [英]怀特海:《科学与近代世界》,何钦译,商务印书馆1989年版,第45页。
⑥ 参见李建珊等:《世界科技文化史》,华中理工大学出版社1999年版,第175页。

理性的秩序;所有的自然现象都遵循着精确、不变的法则”①。培根同样坚信自然是数学化的,它是由几何学语言写成,所以和伽利略一样强调自然界具有数学设计的特点。又如“自然”一词,无论是在亚里士多德体系还是在笛卡尔体系当中,都是指称一个不受人力干扰的拥有自身运动规律的恒常稳定的现象领域,随着近代自然观的逐步确立,人工与自然的二分传统消失,目的论被取代亦成为必然趋势,“数学”与“因果”构成新科学的基本特征。② 事实上,近代科学发展初期,大多科学家都具有鲜明的数学主义色彩,深信毕达哥拉斯主义和柏拉图原理。例如哥白尼就坚称他的日心说工作是要恢复古代毕达哥拉斯的学说,因为传统的天文学也就是亚里士多德—托勒密体系本身过分复杂,这肯定不符合上帝的旨意;而数学的重要性不仅仅在于方法论方面,更为关键的是它与数学设计信仰的根本勾连。新天文学对天球不规则运动的消解以及对数学审美的追求体现了上帝的完美性。哥白尼感慨说道:“想到哲学家们不能确切地理解最美好和最灵巧的造物主为我们创造的世界机器的运动,我感到懊恼”。哥白尼把追求造物主作品的美和赞美造物主的完善结合起来,这种美和善就是宇宙的和谐、对称和简单。由于宇宙的秩序和数学和谐的联系,对后者的追求成为对宇宙秩序的追求和对上帝的赞美。③

开普勒较之于哥白尼更是极端的数学主义者,他的天文学研究的主要目的在于发现上帝赋予它的合理秩序与和谐,而这又是上帝以数学语言透露给我们的。所以开普勒宣称世界的实在性是由其数学关系构成的,而且从一开始就认为自然界是遵循数学和谐原理的,这也构成他天文学研究的基本出发点,这样我们也就能很好理解开普勒为什么‘说日心’说他“从内心里”感到相信。至于笛卡尔、伽利略、帕斯卡乃至牛顿等人,也都认为整个人类的首要追求目标应该是理解和发展上帝所创造的奇迹。大自然是数学化的,只有通过数学才能领悟世界的实质和精华。数学,特别是几何学成为新天文学革命的关键武器,毕达哥拉斯主义构成他们的理论出发点。④ 众所周知,日心说在哥白尼时代事实上并没有什么直接的经验证据,“我们从这种排列中发现了宇宙具有令人惊异的对称性以及天球的运

---

① [美]M. 克莱因:《西方文化中的数学》,张祖贵译,复旦大学出版社 2004 年版,第 73—74 页。

② 宋斌:《论笛卡尔的机械论哲学》,南开大学博士论文,2009 年;王海琴:《哥白尼革命的另一种解读》,载《自然辩证法研究》,2005 年第 9 期。

③ 王海琴:《哥白尼革命的另一种解读》,载《自然辩证法研究》,2005 年第 9 期。

④ 可参见陈嘉映:《近代科学的数学化》,载《华东师范大学学报》,2005 年第 11 期。

动和大小的已经确定的和谐联系。而这是用其他方法办不到的"①。这也是日心说最初主要是在数学家那里流传,而且别人也更多到数学家而不是物理学家和神学家那里寻求理解和支持的根本原因,可见,"数学的审美"构成哥白尼理论的一大优势。② 伽利略为此做出了著名的论断:"哲学被写在那部永远在我们眼前打开着的大书上,我指的是宇宙;但只有学会它的书写语言并熟悉了它的书写字符以后,我们才能读它。它是用数学语言写成的,字母是三角形、圆以及其他几何图形,没有这些工具,人类连一个词也无法理解。"③

实现自然界数学化的关键还在于对物质世界两种性质的划分。在伽利略强调自然界是由几何、数学符号写成的过程中,关键性的一步是将自然界的属性进行了区分。他把"运动"中能够测量的物质特性从事物中分离出来,然后将它们与数学联系在一起,"受到这种数学形而上学的内在必然性的洗礼,伽利略像开普勒一样必然被引向第一性质和第二性质的学说"④,其中,至关重要的环节就是做出这样的断言:第一性质是客观性的;而第二性质则是属于人的主观性的。⑤

但关于白或红,苦或甜,有声或无声,香或臭,我却不觉得我的心灵必须承认这些情况必定与物体有关。如果感官不传达,也许推理和想象始终不会达到这些东西。所以在我看来,好像是在物体的这一边存在味、臭、色之类的东西,其实只不过是名称而已,仅仅存在于有感觉的物体之中。因此,如果把动物拿走,这一切这样的特性就会消失。不过,只要我们已对其命名,给予它们与其他基本而真实的事件的名称不同特殊的名称,我们忍不住就会相信它们也像那些第一性质一样真实的存在。

因此,"作为整个近代自然科学发展的主导性原理",正是两种属性的划分,其实,根据笛卡尔等人的二分法,事物的第二性质——比如味道、软硬、温度、气味、颜色等——都被归于主体自身的感受性结果,这种第一性质和第二性质相区别的理论也是整个近代自然科学的主导性原理之一。这样,伽利略的自然的真理就存在于数学之中,"求助于自然的数学描述",因为自然界中真实的和可以理解的第一属性正是那些可以测量、定量化的属性。这才是新科学的真正研究对象,数学

---

① [波]哥白尼:《天体运行论》,叶式辉译,武汉出版社 1992 年版,第 16 页。

② 王海琴:《哥白尼革命的另一种解读》,载《自然辩证法研究》,2005 年第 9 期。

③ [英]柯林伍德:《自然的观念》,吴国盛等译,北京大学出版社 2006 年版,第 124 页。

④ [美]伯特:《近代物理科学的形而上学基础》,徐向东译,北京大学出版社 2003 年版,第 63 页。

⑤ [美]伯特:《近代物理科学的形而上学基础》,徐向东译,北京大学出版社 2003 年版,第 64—65 页。

才是真实的。① 根据以上思路,可以进一步说这种二分带来全新的“世界观念”,笛卡尔和伽利略都认为物体的第一性质是数学实在,其中最重要的是广延性,第二性质只是人类感官的再现,说到自然这本书是以数学的语言来写的时候,这绝不仅仅是一个“比喻而是宣布了一条准则”:凡是能用数学形式处理的事物便是真实而客观的,是第一性质;而凡是不能以之处理的,便只能被打发到主观的、缺乏真实性的第二性质的领域中去。这样,自然的数学化才有了真正可操作的依据,也从根本上回应了亚里士多德的批判。② 在确定研究对象的内容之后,“时间的变化过程就成为严密研究的唯一对象,终极因果性也就没有任何地位了。真实世界就是处于数学连续性的一系列原子运动”。而这一切发展的直接结果就是古代自然观为新世界观和思维模式所取代,“笛卡尔那著名的二元论:一方面是由一部在空间延展的巨大机器构成的世界;另一方面是由没有广延的思想灵魂构成的世界”③。

伽利略、笛卡尔的机械论世界观导致了“第一性质”与“第二性质”的截然区分,导致了客观世界与主观世界的截然区分与对立,才使得当代与中世纪那里尚模糊存在的人与自然的连续性被彻底割断,将人与自然对立。这既是科学革命的前提,也是其直接后果,随着科学革命的深入发展,现代性逻辑稳定后,这种新的二分又加固了这种关系。④ 而且,随着现代性逻辑的进一步发展,形式化方法也逐渐超出数学和自然科学范围,进而被扩展至整个经验科学领域成为普遍性的方法论原则。其实,伽利略对物体和运动做量化处理的方法之所以能够成功,在很大程度上需要归功于第一性质和第二性质二分的学说的成功。他把世界上的两种东西之间做了明确的区分:一种东西是绝对的、客观的、不变的和数学的;另一种东西是相对的、主观的、起伏不定和感觉得到的。前者是神和人的知识王国;后者是意见和假象的王国。⑤ 也就是说,只有第一性质是物体所固有的真实的性

---

① 蔡仲:《对数学的文化反思》,载《科学技术与辩证法》,2003 年第 2 期。

② 王南湜:《近代科学世界与主客体辩证法的兴起》,载《社会科学战线》,2006 第 6 期。

③ [美]伯特:《近代物理科学的形而上学基础》,徐向东译,北京大学出版社 2003 年版,第 68、76 页。进一步而言,与现代性形成的形式合理性相一致,现代性的其他制度在很大程度上也是一种形式化、程序化的规范。例如现代社会的法律制度就是这种制度性规范的典型体现。可以说,没有这种程序化、合理化和形式化的法律规则,现代社会结构形态的存在就是不可能的。因此,从社会结构层面来看,现代性也就是社会秩序的制度化、形式化和程序化,即韦伯所谓的社会的合理化。参见王南湜:《近代科学世界与主客体辩证法的兴起》,载《社会科学战线》,2006 第 6 期。

④ 王南湜:《近代科学世界与主客体辩证法的兴起》,载《社会科学战线》,2006 第 6 期。

⑤ [美]伯特:《近代物理科学的形而上学基础》,徐向东译,北京大学出版社 2003 年版,第 63 页。

质,这是基本的可靠的事物属性,而第二性质则是由于人的主观感觉或其他因素引起的,这些都是次要的因素和属性。但这一点与亚里士多德的哲学不同,亚里士多德认为,人被看作根本上是与绝对的、基本的东西联系在一起。而第一性质和第二性质的学说"把人从伟大的自然界之中流放出来,并把他处理为自然演化的产物"①,或者更确切地说,"在把第一性质和第二性质的区分翻译成为合适于对自然做出的新的数学解释的术语的历程中,我们就达到了对人的理解的第一阶段:人是在真实的、基本的王国之外的东西"②。人的感觉当然不属于数学化的范围,所以将人的因素排除在物理世界之外,也就将无法数学化的第二性质排除了,这正好为自然的数学化扫清了障碍。③ 所以,胡塞尔说,伽利略"发现了数学的自然、方法的理念,他为无数物理学上的发现者和发现开辟了道路。与直观世界的普遍的因果性(作为直观世界的不变的形式)相对比,他发现了从那时起不加考虑地称作因果性法则的东西真正的理念化了的和数学化了的世界之'先验的形式精确的法则性的法则'——按照这种法则'自然'(被理念化了的自然)的每一件事情都必然服从于精密的法则。所有这一切都既是发现也是掩盖,我们直到今天还把它们当作朴素的真理来接受"④。

(二)从亚里士多德传统到柏拉图主义

由毕达哥拉斯传统延续下来的数学主义,是实现自然数学化的关键。当然,自然科学的数学化,也并不是一个简单的过程,从近代自然科学的形而上学传统来看,它是通过从亚里士多德传统革命到柏拉图主义的回归来实现的。还需注意,"实验与量化的规划是分别独立于机械论的"⑤,这是自然界数学化的两个基本内容。由毕达哥拉斯和柏拉图奠定基础的这种数学理性主义思想,经过中世纪

---

① [美]伯特:《近代物理科学的形而上学基础》,徐向东译,北京大学出版社 2003 年版,第 67 页。

② [美]伯特:《近代物理科学的形而上学基础》,徐向东译,北京大学出版社 2003 年版,第 68 页。

③ 当然,随着科学的发展,现代科学的数学思维已经超出了纯数学的意义,计算或算计构成了现代性思维的一个普遍特点。海德格尔这样描述现代科学技术:"它的特点在于:当我们进行规划、研究和建设一家工厂时,我们始终是在计算已给定的情况。为了特定的目标,出于精打细算,我们来考虑这些情况。我们预先就估算到一定的成果。这种计算是所有计划和研究思维的特征。这种思维即使不用数学来运行,不启用计数器和大型计算机设备,也仍然是一种计算。"参见[德]海德格尔著,孙周兴选编:《海德格尔选集》,上海三联书店 1996 年版,第 670 页。

④ [德]胡塞尔:《欧洲科学的危机与超验现象学》,张庆熊译,上海译文出版社 1987 年版,第 72 页。

⑤ Stephen Gaukroger, *The Emergence of a Scientific Culture*, Oxford University Press, p. 254.

基督教思想家的改造而被赋予了神学内容。按照上帝创世的说法,上帝按照完美的理性原则创造了世界,之后又创造了人类并赋予人类以理性,从而使得人类能够通过理性的方式来认识他的杰作,从而认识他的伟大。这也就是说,自然万物及其秩序是可以被人所认识的,这是上帝创世之初就赋予的人的能力,这种中世纪形成的唯理主义自然观,随着基督教哲学中新柏拉图主义的兴起而发展起来,逐渐具体化为一种具有神学内容的数学理性主义自然观。

在欧洲中世纪,“亚里士多德主义的范式在天文学居于支配地位,它已经取代了柏拉图以及早期的中世纪的自然观”从而成为占主导地位的自然哲学。① 根据亚里士多德主义的四因说,亚里士多德传统更加重视质的规定性,数学因的重要性较之于柏拉图主义有所下降,因为量和形相对质而言并不是最为重要的方面,在这样的自然观念影响之下,数学和物理学相比其地位并不是很高的。随着形式因地位的相对弱化,以及亚里士多德经验主义认识论的特征,常识性的物理学变得更为重要。② 在亚里士多德范式的影响下,数学主义传统受到压制,这样以来,“数学在他的哲学中被忽视了,这就有利于那些为他的观察天赋提供了一个从事愉快活动广阔领域的自然科学”③。亚里士多德的物理主义把物理学置于数学之上,他更加重视数学或天文学的物理原理和物理意义,并强调现实世界经验和观察的重要性,因为“仅用数学描画拯救现象传统”是不够的。这在一方面推动了一些具体学科如生物学等博物学传统的发展,但也相对压制和影响了纯粹数学等学科的发展,这是古希腊自然哲学面临的一个根本性问题。④ 所以,作为一个“物理学家”的亚里士多德更相信物质的东西才是实在的根本的源泉,特别是在物理方面,他认为“毕达哥拉斯学派将物理学转变为数学,而柏拉图则进一步把物理学又转化为几何学”⑤。亚里士多德传统认为,数和几何图形只是实物的具体属性,这些只有通过抽象思维才能被认识。从根本上说,形式因从属于实物因,实物才是第一性的实体,数是第二性的实体。数学是理论科学,是研究数量的科学,数学对

---

① D. Lindberg, *The Beginnings of Western Science*, Chicago: University Of Chicago Press, 1992, p. 247.

② 王海琴:《蒂迈欧篇宇宙论及其对近代科学的影响》,载《自然辩证法研究》,2006 年第 7 期。

③ [德]E. 策勒尔:《古希腊哲学史纲》,翁绍军译,山东人民出版社 1992 年版,第 216 页。

④ 王海琴:《哥白尼革命的另一种解读》,载《自然辩证法研究》,2005 年第 9 期。

⑤ M. James, *Concepts of Space*, Harvard university press, 1954, p. 12.

象是抽象存在的，数根本不是事物的本体而只是属性而已。① 但实体性质和运动的数学化却难以实现，所以，亚里士多德主义认为，数学是从属于物理学的，它仅有数学意义，没有感性物理意义的理论是不可接受的，亚里士多德与柏拉图主义对数学认识的这种差异性，彰显了古希腊自然哲学本质差别的重要方面。②

这样一来，自然的数学化这一观念从一开始就遇到了难以克服的障碍。按照亚里士多德的观点，物质性质的数学化和运动推演的数学化是不可能的，一般科学研究应该从研究现实世界中来获得真理，从实物中抽象出普适性的一般性质。因此，这种数学研究范式"对于亚里士多德和其后继者们来说，数学进入物体的运动是不合理性的"，"因为性质和形式不能被几何化。地球的物质从来没有表现出精确的形式，而且这些形式从来没有也没有彻底地获知……寻求对自然的数学化，我们什么也得不到"。③ 正是由于亚里士多德对形式因的相对贬低，客观上压制了数学主义的进一步发展，"这就是说，自然哲学家应该研究和质料不分离存在的（虽然在定义里是可分离的）形式"，所以在亚里士多德传统中，"数学只是把握质料形式的有效工具"而已，但还远不是最重要的内容，"至于确定分离的纯形式的存在方式及其本质，这是第一哲学的任务"。④

但16—17世纪自然科学革命最为重要的特征就是数学化，自然界的数学化，这种把数学提到中心地位的思路是不可能在亚里士多德主义那里找到有力支持的。特别是新柏拉图主义对近代科学革命的重大推动作用。这种动力源自毕达哥拉斯和柏拉图，正是柏拉图主义把数学看作自然和宇宙本质的数学主义想法的复兴，为近代科学革命提供了重要的思想的动力。⑤ 库恩通过对哥白尼革命在天文学、宗教、中世纪的学术研究以及文艺复兴中的影响因素等进行了考察，他认为在这些因素中，新柏拉图主义对追求自然的简单的数学原理思潮以及太阳崇拜的影响最为重要，而这种新柏拉图主义，从内容上看它更多是对晚期柏拉图宇宙论

---

① 亚里士多德认为物质的终极本质在于不能再分解的质的特征，所以如果一棵树使观察者眼中产生绿色的感觉，对观察者来说，它的实在和本质就在于绿这种特性。但在现代科学看来（如开普勒），知识必须是定量的特性或关系，所以量或数才是物的根本基础，比其他一切范畴更在先，更重要。

② 王海琴：《哥白尼革命的另一种解读》，载《自然辩证法研究》，2005年第9期。

③ ［法］柯瓦雷：《牛顿研究》，张卜天译，北京大学出版社2003年版，第233页。

④ ［古希腊］亚里士多德：《物理学》，张竹明译，商务印书馆1997年版，第49页。

⑤ 王海琴：《蒂迈欧篇宇宙论及其对近代科学的影响》，载《自然辩证法研究》，2006年第7期。

思想的进一步发展,可以视为毕达哥拉斯——柏拉图传统的继续和延伸①,事实上,柏拉图主义于15世纪左右在西欧开始得到复兴,“在阿尔卑斯山之南勃兴起来的新柏拉图主义的环境中,尤其是他(哥白尼)与诺瓦拉这位大胆而富有想象力的毕达哥拉斯主义者的漫长而富有成效的交往中,他找到了大胆飞跃的有力支持”②。克莱因考察说,随着数学兴趣的复活,到15世纪,Plato的著作重新被欧洲人所了解——“自然界是按照数学方式设计的!”Plato主义的复活使人们不断深思苦虑的思想和方法得以澄清,Pythagoras-Plato强调数量关系作为现实精髓的思想逐渐占据了统治地位。③ 怀特海也曾经做过相似的评价,“在这些漫长的岁月中,数学作为哲学发展的构成部分来说,从来没有从亚里士多德的掌握中解脱出来。但从毕达哥拉斯与柏拉图那一时代传来的一些老观念,在这两千年中仍然不绝如缕;这些观念从柏拉图学说对基督教神学初期发展的影响中也可以看出来。但哲学并没有从不断发展的数学科学中得到任何新的灵感。到17世纪亚里士多德的影响降到了最低潮,数学也就恢复了往日的重要地位”④。由此,“自然界依据数学方式安排”的思想被大多数科学家所接受,这一思想逐步深入人心,“新柏拉图主义为哥白尼革命搭好了概念舞台”⑤。

如此一来,古希腊传统的自然哲学在此发生了一个重大的转变,从自然哲学转向了自然科学——一种新的伽利略—牛顿的物理学模式。在这其中的方法论实质是转变为只问“怎么样”,而不再问“为什么”。例如古代亚里士多德主义在分析运动时,其主旨是在回答“为什么”,所以只能以物体属性的哲学术语来进行分析,在形式上表现为强调用目的和自然位置等这样一些在现在的自然科学看来含糊不清的词语来对运动现象进行解释。这是因为自然哲学追问运动的原因归根结底就是在追问“第一原理”,但在自然科学看来那就等于探索创造的神秘性,

---

① 有人将新柏拉图主义的特征总结为三点:第一,在本体论上强调数和形是宇宙万物存在的本质;第二,在数学审美上崇尚三类相互关联的美,即思想上的逻辑美、视觉上的圆形美以及听觉上由数字比例而产生的和谐美,因而强调简单性、对称性、直观性以及和谐性的重要性;第三是在宗教方面强调数学的设计论。而且,这三方面相互依存。数学审美是数学设计的进一步贯彻和表现,对于数学审美上的强调则来自设计信仰,柏拉图的“可见世界的根本性质就在于它是‘用形和数’建立起来”的观念得以恢复。参见王海琴:《哥白尼革命的另一种解读》,载《自然辩证法研究》,2005年第9期。

② [美]伯特:《近代物理科学的形而上学基础》,徐向东译,北京大学出版社2003年版,第37页。

③ [美]M. 克莱因:《古今数学思想》,张理京等译,上海科学技术出版社1979年版,第251页。

④ [英]怀特海:《科学与近代世界》,何钦译,商务印书馆1989年版,第21页。

⑤ [美]库恩:《哥白尼革命》,吴国盛等译,北京大学出版社2003年版,第13页。

正如伏尔泰所说"任何第一原理,我们也不可能认识"。这一评价在这里非常适用,科学革命在此意义上也就是"世界观"转变。① 在这方面的天文学也是如此,所以库恩认为,"哥白尼是富有献身精神的专家。他属于复苏的希腊化数理天文学传统,这一传统撇开宇宙论强调行星的数学问题。对他的希腊化前辈来说,本轮在物理上的不协调并不能构成托勒密体系的重大缺陷,而哥白尼在没法解释运动的地球和传统的宇宙之间的不协调时,表现出同样的对宇宙论细节的漠不关心"。② 第一原理至少已经退居次要位置了,目的论逐渐不再是新的精密科学的研究目标。

对伽利略来说,分析运动是"怎么样的"才是科学分析的目标,这种分析是主要或者首先是用严格形式的、数学的方法来完成的。③ 伽利略把自然科学的研究仅仅限制在描述事物是怎样运动的这个量化的数学关系上,所以现代科学"首要问题是已经从'为什么'转变到'怎么样',为完成这个转变,伽利略转而求助对自然的数学描述"④。这样看来,伽利略的物理学理论更多表现为柯瓦雷等人所谓的"非经验主义",即"观察和实验等经验方法在科学革命时期对近代科学的产生并没有特殊意义",而伽利略科学工作的革命性意义在于他复兴了古希腊时期的柏拉图—毕达哥拉斯传统,注重科学的先验的数学分析。⑤

在近代科学这样一个全新的世界观之中,人在宇宙中有着与古代以及中世纪世界完全不同的地位,"中世纪形而上学把人看作是自然的一个有决定作用的部

---

① 参见李建珊等:《世界科技文化史》,华中科技大学出版社 1999 年版,第 171 页。

② [美]库恩:《哥白尼革命》,吴国盛等译,北京大学出版社 2003 年版,第 178 页。

③ 现象学家 Aron Gurwitsch 也认为伽利略是一位柏拉图主义者(Platonist),整个近代科学——伽利略风格的物理学——受到的是柏拉图哲学的启发。然而"柏拉图主义者"一词并不局限于柏拉图著作之中,而是指一种"两个世界理论"的主张,并且有着两个领域不对等的拥护,即经验世界被假定为从属于理性世界的模仿——一个领域是以优于另一个领域的观点被解释。伽利略便是在此意义下的柏拉图理论的继承者,并且在某种程度上转变与革新了柏拉图主义。参见[美]埃德温·阿瑟·伯特:《近代物理科学的形而上学基础》,徐向东译,北京大学出版社 2003 年版。

④ [美]杜布斯:《文艺复兴时期的人与自然》,陆建华等译,浙江人民出版社 1988 年版,第 145 页。

⑤ 关于伽利略在这方面的评价,另一对立方以塞特为代表,他们强调伽利略的物理科学工作是经验性质的。他们以伽利略的工作笔记为基础,根据实验的记录情况做了伽利略在《对话》中所描述的实验,重新肯定了实验结果的可能性,因而在他们看来伽利略是一个"经验主义者"。还有一种观点是理性主义与经验主义的综合主义,这以科学哲学家克莱弗林和夏佩尔为代表,他们认为把伽利略视为完全的经验主义者或完全的理性主义者都是有问题的,他的工作并不是在纯经验或纯理性的基础上做出的,而是依据"推理和观察方法的适当组合"。

分,是物质和上帝之间的联系",所以人是处于那个有限的有机整体性的世界之中的;而现代人被视为"是在真实的、基本的王国之外的东西",即"具有目的、情感和第二性质的人,则被推离出来作为一个不重要的旁观者,作为在这部伟大的数学戏剧之外的半真实的效应"①。牛顿晚年将力学的最终根源求助于第一推动,虽然看似又有滑向神学的取向,但上述人与自然的新关系仍是第一位的,上帝仍没有真正干涉运动,所以,牛顿的工作也延续了物理学的数学化传统,虽然牛顿为了解释行星椭圆轨道的切向力来源问题曾提出了"上帝的第一推动"的思想,但他仍认为宇宙创造之后就不再受到神的控制和影响。② 而伽利略正是通过让"数来支配运动"为物质和运动的新概念扫清道路的,"运动遵守一个数学定律。时间和空间由数的定律联系在一起"③。在此意义上,伽利略的柏拉图主义色彩还是很浓的,笛卡尔在这方面也取得了很大成就,他进一步用纯数学的运动学概念来取代传统的物理学观念,"这种信念直到十九世纪末一直占优势,在那个时期探索自然界的数学设计方案被人们认为就是探索真理"④。

这里还有一个问题,即原子论(微粒说)与数学主义的结合。这里我们常常有一个误解,即认为微粒说与数学主义是天然相容的,但在科学的历史上事实却并非如此。柯瓦雷曾明确地指出,"伽桑狄、贝罗瓦尔、玻义耳、胡克——他们都用这种更加胆怯、更加谨慎和更加稳妥的微粒哲学去对抗伽利略和笛卡尔的那种泛数学主义"⑤。柯瓦雷举例说,"玻义耳反驳说:自然之书当然是'一个经过周密计划的奇迹',它的每一个部分都'被上帝用全知之手速记了下来',并且与任一其他部分相联系;但它不是用几何符号,而是用微粒符合写成的"⑥。在他们看来,微粒构造而非数学结构才是实在的本质。这一问题一直延续到了牛顿那里,才实现了微粒说和数学主义的结合,"在牛顿那里,自然之书是用微粒符号和微粒语言写成的,这一点与玻义耳一样;然而,把它们结合在一起并赋予整本书意义的句法却纯粹是数学的,这一点又同伽利略和笛卡尔一样"⑦。

另外,伽利略在这方面也有突出贡献⑧,他自己设计科学实验并制造观测仪器,再用数学方法整理实验和观测数据,从而以此为基础形成了对自然界的知识,

---

① 王南湜:《近代科学世界与主客体辩证法的兴起》,载《社会科学战线》,2006 第 6 期。
② 李建珊等:《世界科技文化史》,华中科技大学出版社 1999 年版,第 171 页。
③ [法]柯瓦雷:《牛顿研究》,张卜天译,北京大学出版社 2003 年版,第 242 页。
④ [美]M. 克莱因:《确定性的丧失》,李宏魁译,湖南科技出版社 2007 年版,第 68—70 页。
⑤ [法]柯瓦雷:《牛顿研究》,张卜天译,北京大学出版社 2003 年版,第 7 页。
⑥ [法]柯瓦雷:《牛顿研究》,张卜天译,北京大学出版社 2003 年版,第 8 页。
⑦ [法]柯瓦雷:《牛顿研究》,张卜天译,北京大学出版社 2003 年版,第 8 页。
⑧ [美]M. 克莱因:《西方文化中的数学》,张祖贵译,复旦大学出版社 2004 年版,第 174 页。

用实际行动证明着自然界是用数学写成的，牛顿则进一步实现了"物理机械论"，用数学观念和量化公式推进了17世纪物理学的发展。在近代经验主义影响下，并与理性主义相结合，近代机械论自然观产生。这一过程从中世纪开始，有机论的宇宙就逐渐被视为由上帝按照某种法则创造出来的，也就是自然界是按数学原则创造的，而人类具有类似于上帝的理性能力，从而可以认识整个世界。这与古希腊文化相比，基督教借助神学的力量又把数学唯理主义和上帝创世观强行灌输给了人们，这种以宗教形式强化古希腊科学传统为以后机械自然观的出现奠定了基础。① 传统有机论自然观被代之以精确的、严格决定论的阿基米德式的宇宙观，因此，自然可以从定性研究转向定量研究，用精确的数学方法描述自然，精确性科学的产生指日可待了。用柯瓦雷的话说就是"cosmos 的瓦解以及空间的几何化"②。

当然，柏拉图主义在现代性起源中事实上还是充满了矛盾，对替代亚里士多德传统、机械经验论的柏拉图主义等问题仍存在诸多争议。③ 但不可否认的是，近代科学革命的数学化或几何化发展也反过来加固了现代性的一系列基本观念，许多问题亦在此过程中加深了。例如胡塞尔指出，即使是伽利略本人也不仅没有对先被给予他的几何学的起源问题进行认真反思，而且还通过间接数学化的方式对自然进行了几何化，现象的数学化或符号的技术路线，也很可能导致新世界意义的虚无化。④

---

① 当然，数学与自然科学的关系还并非我们在这里讨论的那样简单，巴伯在《科学与社会秩序》中有过精彩的评论："数学有时被称为'唯一真正的科学'。但是，虽然数学是理性思维和逻辑思维的精髓，尽管它与科学有紧密的联系，但是数学毕竟不是实在的科学。相反，它是一种语言，一种逻辑，概念之间关系的逻辑，一种极其有用的和精确的语言，它使得许多科学领域中的巨大进步成为可能，但它不应被误解为科学理论。的确，在物理学中，有如此之多的理论被数学术语弄得面目全非，以致它有时似乎只是数学而没有别的什么东西。但是，除了数学表达的如此精确的概念之间的关系以外，物理学还有它们自己的实实在在的概念：质量、能量，等等。就像非亚里士多德语义哲学所表达的那样，数学是一种关系的语言，不是分类和确认的语言。亚里士多德逻辑和符号逻辑是关系的语言，数学以同样的方式也是一种关系的语言。总之，它本身对于科学是极其有用的，但是不能与科学的概念框架混淆。"参见李建珊主编：《世界科技文化史教程》，科学出版社2009年版，第75页。

② [法]柯瓦雷：《牛顿研究》，张卜天译，北京大学出版社2003年版，第3页。

③ Douglas Hedley /Sarah Hutton, *Platonism at the Origins of Modernity*, Springer, 2008, p. 282.

④ 夏宏：《生活世界：从科学批判走向社会批判》，载《广东社会科学》，2011年第1期。

### 三、自然科学的现代性深层内因:近代科学革命与现代价值取向的转移

通过以上对启蒙现代性的分析,我们梳理了自然科学产生的认识论逻辑:启蒙理性为自然科学的产生准备了认知的必要条件。但这只是一种可能性,自然科学的产生还有其前科学的"生活世界"前提,这也是我们理解现代性第二层含义所揭示给我们的。这已为弗里斯比所指出:"现代性的辩证法仍旧被庸俗政治经济学所掩盖,对于生活在资本主义关系'魔魅世界'的当事人来说,仍然是隐而不显的。永恒的、自然的以及和谐的一面掩盖了过渡的、历史的和对立的一面。"①人类的经济实践活动蕴含着现代性的各种社会关系,而且还是其"重要起源",启蒙理性精神亦蕴含于其中。我们对自然科学的理解亦应深入自然科学的前"生活世界"。

#### (一)李约瑟问题的实践哲学视角

在回顾科学发展史时,我们会不得不惊叹于"近代科学竟然从黑暗的欧洲中世纪一下子爆发出来了"。这也就是科学史上著名的李约瑟问题(Needham Problem)②:近代科学革命为何发生在16、17世纪的欧洲而非中世纪科学文化更发达的中国的问题。③ 对这一问题的回答,不外乎两条途径:内史和外史进路。一方面,科学有它自身发展的内在逻辑,其内部矛盾的运动最终决定着科学的产生、发展及未来方向;另一方面,科学又总是在一定的社会背景下进行的,是特定社会条件的产物,"科学属于社会建制",所以,社会诸因素对科学的发展起着推动或延缓的重要作用(近来社会建构主义甚至强调在科学知识内容和社会因素之间也存在因果关系)。

---

① [英]弗里斯比:《现代性的碎片》,卢晖临、周怡、李林艳译,商务印书馆2003年版,第37—38页。

② 李约瑟在其编著的《中国科学技术史》中正式提出了著名的"李约瑟难题":"如果我的中国朋友们在智力上和我完全一样,那为什么像伽利略、托里拆利、斯蒂文、牛顿这样的伟大人物都是欧洲人,而不是中国人或印度人呢?为什么近代科学和科学革命只产生在欧洲呢……为什么直到中世纪中国还比欧洲先进,后来却会让欧洲人着了先鞭呢?怎么会产生这样的转变呢?"此外,李约瑟在其他处也多次有过类似表述。

③ 在"2004文化高峰论坛"上,杨振宁教授以"《易经》对中华文化的影响"为题,再次提到了这一问题(杨振宁认为,《易经》影响了中国的民族思维方式,这是近代科学没有在中国萌芽的重要原因),并立即引起了社会的普遍反响,由此产生的争论不断。其实,在科学哲学和科学史研究中,李约瑟问题已成为了一个老生常谈的经典的难题,学界对它的争论由来已久,只是对于一般公众而言还可能还并不熟悉,杨振宁教授的这次发言将学界理论问题引向了普通大众。

其中,内史研究是人们关注的主要方向,如在2004年10月“中国传统文化对中国科技发展的影响论坛”上①,杨振宁、董光璧、陈方正等人分别阐述了他们对李约瑟问题的观点。概括而言,他们的观点大致从民族思维方式、文化传统、哲学理念等角度对近代科学没有产生在中国给予说明,他们的思路都基本属于内史研究的路线,这是学界解决李约瑟问题的中心内容。除此之外还有一条补充路线,即外史研究,毕竟科学的发展不是在真空中进行的,外部环境因素对科学进展的影响也不可忽视。正如恩格斯在此问题上曾指出那样,在中世纪的黑夜之后,科学以意想不到的力量一下子重新兴起,并且以神奇的速度发展起来,那么,我们要再次把这个奇迹归于生产。恩格斯本人也正是从这一外史角度来说明的,他把科学的发展归结为生产力的发展。“我们应该如何理解科学?我们是否应该诉诸社会因素(当理论形成时这些因素可能非常普遍)来解释科学知识?我们是否应该引入‘利益原则’(一些科学家可能具有的)进行说明?无疑,社会因素会起到很大作用,但它是信念产生的全部原因吗?”②

但这一决定性过程又是怎样具体进行的,近代科学怎样从欧洲传统理念中发展起来,社会诸因素又如何具体作用于科学,推动其发展呢?外史因素如何最后影响到科学本身的内在发展逻辑的呢?前人在这方面的研究还不够,有待于我们进一步深入探讨。我们认为对李约瑟问题的研究,一定要超出传统理智主义的理论研究模式,将问题放在具体的历史环境之中,从当时的“生活世界”出发,结合那一时代的文化传统和现代性的社会思想的变迁,现实地说明近代科学产生于欧洲的实际状况。为此柯林武德写道,“作为一种思想形式的自然科学,存在于且一直存在于一个历史的语境之中”③。

在这里有两个问题是理解和解答李约瑟难题的关键。第一,说明的中心应为近代科学是如何从西方产生的,这是对已发生历史事实的描述和回答,理论活动只是对人类生活中某些问题的反思。这是我们超越传统理论哲学理路研究的第一步,“理论是对现实生活的反映而非相反”,理论源于现实、源于社会实践活动。所以当时欧洲的“生活世界”才是我们理论研究的基础,至于科学没有产生在中国

---

① “中国传统文化对中国科技发展的影响”论坛由清华大学高等研究中心、《科技中国》杂志社联合主办,在10月23日举行。这次论坛主讲的有杨振宁、董光璧、陈方正等人,他们在论坛上分别主讲了“《易经》与中国文化”“尊重传统 创造未来”“中国传统科学发展的观察”,并和与会者对主讲内容进行了热烈讨论。

② J. R. Brown, *Scientific Rationality: The Sociological Turn*, D. Reidel Publishing Company, 1984, p. 3.

③ [英]柯林伍德:《自然的观念》,吴国盛等译,北京大学出版社2006年版,第213页。

的原因，在弄清前一个问题之后也就迎刃而解了，这种问题毕竟没有发生，是一个理论哲学视野下出现的“假问题”。第二，从实践哲学的角度看，人类的现实生活总是传统文化精神的延续，并扎根于某种准先验的“生活形式”之中，即人们的实践活动、生活是处于传统与现实之中的。具体到李约瑟问题，我们考察的重点应是欧洲的传统文化特征及当时的社会状况，结合这两点，我们认为，当时欧洲社会价值观的巨大变化是科学革命产生的原因，它与传统欧洲文化相结合，新的科学文化形态出现了。随着社会生产、经济的发展，16、17 世纪欧洲的社会价值观也发生了急剧的变化，新价值观逐步取代了中世纪以来日益崩溃的旧价值观，占据了社会的主导地位。而正是这种价值趋向的转移，最终影响到了传统形而上学观念的变化，直接导致了科学家们在认识论和方法论的变革，并促进了科学社会建制的发展和完善。

（二）近代欧洲现代价值取向的变迁

任何事物都不是突然之间出现的，“到现在为止应该清楚的是，这不是‘凭空’发生的某种事情，不是人类社会中完全奇怪的和新的现象……科学之进化从来没有间断过。然而，在 16 和 17 世纪，确实发生了‘某些大事’，这些事情如此之大以致它在科学的进化中似乎成为一种‘突变’”①。人类存在总是扎根于某种“生活形式”之中的，即人们的实践活动、生活都有其产生的现实环境和历史传统，只有当其自身内部条件以及外部条件成熟之后它才会发生并发展起来，近代科学的产生有着深刻的社会、经济、文化根源。科学虽然部分地是通过其自身的结构和逻辑独立发展的，但它也是不断地与许许多多相伴随的社会因素相互作用的，“近代科学革命既是一场制度革命也是一场智识革命，这场革命重组了自然科学图景，并提出了一套有关人及其认知能力的全新概念”②。

首先，它是随文艺复兴、宗教改革接踵而至的。伴随着文艺复兴、宗教改革的不断深入，它们影响的不断扩大，社会观念也随之发生了“剧烈动荡”，一种新的价值观念逐步形成，并渗透于社会文化的内在层面，而且潜移默化地根植于人们的思想之中。这种社会文化深层价值取向的变迁、转移，正是科学革命发生的深刻社会根源。这是古代科学传统向近代转变的关键时期，因为，“科学的功用问题对古典研究是没有意义的，对理论知识的追求本身就是人类最基本、最高的渴望。

① ［美］伯纳德·巴伯：《科学与社会秩序》，顾昕等译，生活·读书·新知三联书店 1992 年版，第 56 页。

② ［美］托比·胡弗：《近代科学为什么诞生在西方》，周程、于霞译，北京大学出版社 2010 年版，第 337 页。

人天然渴望求知”,在亚里士多德等人看来,“科学没有其他目标,就是自己的内在追求,这是自足的,目的就在自身之中”①。这是前现代根深蒂固的基本观念。

从14世纪开始,欧洲产生了人类历史上的一次伟大思想解放运动,它的批判矛头直接指向腐朽、僵化的封建文化、宗教神学。几乎与此同时,宗教改革又在宗教自身内部进行了剧烈的变革,长期禁锢人们头脑的最沉重的封建枷锁开始松动了。这样人们的思想得到了进一步的解放,这一切都大大推动了当时社会向前发展。在价值观方面,中世纪以来形成的价值观开始松动,正如沃尔夫所写的那样:“中世纪基督教趋向于自我克制和向往来世。恪守宗教生活誓约理想的基督教徒一心想着天国,他们对自然界和自然现象从根本上说毫无兴趣”,因此,“自然的欲望必须转变成隐秘的神迷;自发的个人思想必须服从权威”。中世纪的这种宗教神学价值观,在文艺复兴清风的吹拂下,一种新的价值倾向迅速萌芽、发展起来。现在,人们开始更加强调一种现实的、世俗的价值观——一种自然主义价值观。具体而言,他们首先恢复了古希腊传统的一些价值观,“文艺复兴复活了一些反对中世纪的古代倾向”,使得“朝见天日的希腊和罗马古籍犹如清新的海风吹进这沉闷压抑的气象之中”②。这些古希腊传统的理性主义精神在某种程度上得以保存,人文主义者借助古希腊文化进一步发展了自己新的价值观,他们提倡自由,追求个人幸福,强调活生生的现实生活。在这方面,人文主义的世俗效果最突出的表现就是把人们的兴趣从天国拉回到了“尘世”,从彼岸导向了此岸,使人们的目光从对来世的企盼和静思,逐渐转向了对现实社会幸福生活和享受的追求,由“来世”信仰对“现世”社会世俗生活的满足这一转变,从根本上转变了中世纪以来的社会价值观,进步与创造财富观念日渐深入人心,人们的聪明才智和对无限创造力的充分利用备受世人瞩目,知识对财富和利益的影响普遍为人接受。

在这种人文主义价值观的推动下,经验主义与理性主义开始结合起来,学者传统与工匠传统逐渐结合起来。这种结合也正好弥补了中世纪学术传统所存在的根本缺点,文艺复兴宣传世俗价值,反对禁欲主义,提倡世俗享受,强调对物质生活的享受以及对自然的热爱。这一切都激起了人们对自然的兴趣,使得人们充满了对自由、理智的渴望和情感冲动,而所有这些也正是科学发展所需要的。可以说,近代科学首先借助古代文化的复兴而问世了。另一方面在基督教内部,费

---

① Gyorgy Markus, *Culture*, *Science*, *Society*: *The Constitution of Cultural Modernity*, Brill, 2011, pp. 145 – 146.

② [英]亚·沃尔夫:《十六、十七世纪的科学、技术和哲学史》,周昌忠等译,商务印书馆1985年版,第5—6页。

尔巴哈指出，在中世纪后期新哲学“却从科学的兴趣出发，鼓励和赞许自由的研究精神。它把信仰的对象变为思维的对象，把人从绝对信仰的领域引到怀疑、研究和认识的领域。它力图证明和论证仅仅立足于权威之上的信仰的对象，从而证明了——虽然大部分违背它自己的理解和意志——理性的权威，给世界引入一种与旧教会的原则不同的原则——独立思考的精神的原则，理性的自我意识的原则，或者至少是为这一原则作了准备”①。经院哲学反对这种新的实验科学，但是由于经院哲学已经全面地吸收了重视经验和理性的亚里士多德哲学，这就必然会从客观上促进近代自然科学的诞生与发展，“激发人们对于（新）知识的兴趣”。②

需要指出的是，近代科学也并非因此就是古希腊“科学”的简单复兴，二者事实上有着质的差别。其中，古希腊的科学更多体现了科学的认识论的价值，即人们进行科学研究，是为了认识自然及其规律，它更多是出于个人的兴趣和爱好，是“为科学而科学”。贝尔纳指出，“当时，很少有人去考虑科学的社会功能”③。亚里士多德认为，科学不以追求任何实用性为目的，它是体现智慧的一种生活和活动方式，只有在闲暇的状态下才有可能进行。这就表达了一种为知识而知识的“学者传统”。其次，它与哲学思想混杂在一起，具有纯思辨性，所以多凭借天才的直觉，基本上是“理论→事实”思路。而且，当时科学还没有独立出来形成独立的学科。所以，古希腊科学经过一段时间的兴旺之后又很快衰落了，这也说明仅仅靠个人兴趣、爱好还不足以推动科学作为一项社会事业持续、稳定地发展。要解决这个问题，就需要为科学寻找新的动力，这就是科学的实用性价值，只有它才能为科学的发展提供现实的原动力，并因此而带来新的科学研究方法。这种实用价值的认定和确立，是与科学功利主义思想紧密相关的，科学的实用价值一旦实现并体现出来，就会为科学的发展提供强大动力，推动科学的进展。

简而言之，经过文艺复兴和宗教改革的洗礼，导致了“人的发现”，“世界的发现”，人类理性、经验在与宗教权威的斗争中取得了胜利，从而重新确立了经验、理性在人类认识中的地位。人们的价值观逐渐由中世纪宗教的“信仰→理性”转向了“经验→理性”，形成一种经验主义、自然主义价值观。这种社会价值观的转移，反映到人们对待科学知识的态度上，表现为开始强调知识的世俗价值、经验价值的重要性。在理论与事实经验的关系上，由中世纪的“理论→事实经验”逐渐转向

---

① ［德］费尔巴哈：《费尔巴哈哲学著作选》第1卷，荣震华等译，商务印书馆1978年版，第12页。

② 夏宗经：《科学思想与宗教精神》，湖北教育出版社1992年版，第119—120页。

③ ［英］贝尔纳：《科学的社会功能》，陈体芳译，商务印书馆1982年版，第32页。

了“事实经验→理论”,并逐渐形成了一种实用主义的科学观。经验主义对理性的改造,事实上又没有减弱理性的地位,这大大推动了科学的发展。具体而言,社会价值观的转移,对科学的推动作用可以从三个方面来看。一是在器物、制度层方面,它促进了科学精神的形成和科学体制的逐步完善。二是在世界观方面,形成了新的机械论自然观,克服了有机论自然观对科学的束缚作用。三是在方法论上,由于对经验的推崇,实验方法、数学方法日益成为主要的科学研究方法。当然,这种价值取向的变化,是一个漫长的过程,从哥白尼开始,直到伽利略、牛顿才算逐渐完成。

社会价值观的变化促进了科学精神的形成和科学体制的逐步完善。默顿(R K Merton)在考察17世纪英国社会状况时就曾提出这种观点。他把清教伦理看作17世纪英国的主流社会文化价值观,而且是占主导地位的社会意识形态,默顿在《17世纪英国的科学、技术与社会》一书中分析认为,当时在英国占主导地位的社会价值观就是清教主义,而清教主义有三个主要的价值观念:功利主义、理性主义和世俗主义。① 由这些价值观构成的清教“是一种复合体,它包括赤裸裸的功利主义、世俗的兴趣、有条不紊的并且不懈的行动、彻底的经验主义、自由的研究权利乃至责任以及反传统主义”,所有这些观念都是与科学的价值观相一致的,正是“清教的精神气质所固有的种种社会价值是这样一些价值,它们(由于基本的用宗教术语表达并由宗教权威加以促进的功利主义倾向)导致了对科学的赞许”。② 在这一转变过程中,功利主义引导着人们从静观沉思向实践操作过渡,他们用“主动的操作”取代了“被动的默思”,认为理性和经验是确定真理的独立手段。这是中世纪实践观念转变中的一个根本性体现,静观与内在目的性在知识系统中的地位下降,或者说实践知识的地位得以上升。③ 例如在亚里士多德那里,他也“乐于见到作为‘实践’的理论自身”,例如,“在《政治学》中,实践生活被分为指向其他人、包括伦理美德的生活;来自实践(doing)但目的在于自身包含理论与思想的实践”。理论与伦理政治实践至少存在趋近关系,而创制活动则通过了基础作用,创制与操作渗透到了理论与实践,换言之,近代意义的实践观念开始形成。④

① 参见[美]默顿:《17世纪英国的科学技术与社会》,范岱年译,四川人民出版社1986年版,第77—116页。

② [美]默顿:《17世纪英国的科学技术与社会》,范岱年译,四川人民出版社1986年版,第201页。

③ 夏宗经:《基督教文化与科学》,载《湖北师范大学学报》,1993年第4期。

④ 参见贾向桐:《近代实践观念的转变与科学革命》,载《自然辩证法通讯》,2019年第9期;另参见Scott Dehart,“The Convergence of Praxis and Theoria in Aristotle”,*Journal of the History of Philosophy*,1995,33,p. 15.

最后,默顿总结说,清教主义的功利主义、经验主义、理性主义和自由平等观是与科学精神相一致的,这种价值观大大促进了科学精神的形成和发展。可见,清教作为近代欧洲社会的一项重大改革运动,在社会、文化诸多领域都产生了重大影响,它的许多思想观念、价值追求满足了当时社会、科学与文化的需求,从而成为"文化领域的一场革命",进而推动了"一个时代的思想解放运动",成为科学革命的重要"智力全盛时期的起源",为科学革命的进展提供了强大精神动力,以至于"在近代,尤其是在过去的三个世纪里,兴趣中心看起来已经转向了科学与技术","社会因素影响着从一门科学向另一门科学、从一个技术领域向另一个领域的转移",实践与工匠式的操作具有了古希腊可不能拥有的地位,清教主义的理性主义已与文艺复兴后兴起的经验主义实现了结合。①

在"新科学的动力"一章中,默顿还具体阐述了清教主义对科学制度化的推动作用。他认为制度化给科学社会组织的合法性提供了依据,清教徒把科学研究看作与上帝相沟通的一种方式,因此科学活动也成为他们精神活动的一部分,而且是人们行善的一种手段。人们对上帝的情感和理解通过对其创造的自然界的认识而间接感受他的伟大,如此一来"科学与宗教"实现了某种融通,并反过来推动了科学革命发展,这种宗教般的情怀与科学精神相结合,在个人看来既完成了"救赎",又为证明上帝的伟大而提供了知识与工具技术,而且理性精神在信仰的关怀下,"这些宗教观点对于科学活动的意趣相合性是显然的"。由于"理性不能超越经验而连接自身",但在现代性影响下二者实现了一种恰当的融合,这为科学革命的发展提供了重要思想基础。② 默顿在总结时说道,"在清教伦理中,理性主义和经验主义的结合是如此显著,它形成了近代科学的精神本质"。③ 巴伯指出,"加尔文主义神学认为以可能的最理性的方式安排他的各种'世俗'的活动,经济的和其他的活动,是人的宗教责任。当然,几个世纪以来,这一宗教态度逐渐世俗化,直到理性经验活动之目的和正当性不再直接地而仅仅间接地是宗教的问题。然而,在17世纪,当这种正当性仍然是宗教问题时,新的加尔文主义世界观对科学

---

① 参见[美]默顿:《17世纪英国的科学技术与社会》,范岱年译,四川人民出版社1986年版,第3—7页。

② 贾忠海等:《理性与社会发展秩序》,载《中共长春市委党校学报》,2006年第3期。

③ [美]伯纳德·巴伯:《科学与社会秩序》,顾昕等译,生活·读书·新知三联书店1992年版,第67页。

的成长提供了一种强烈的推动力”①。总之,在清教主义影响下②,科学相关体制也逐步形成、完善,科学逐渐成为专门的职业,科学家作为职业正式出现了,到17世纪中叶,英国皇家学会成立,科学建制化迈出了关键性的一步。③

(三)价值取向转移与科学自然观、方法论

下面,我们将着重从自然观和方法论两方面来看科学革命与近代社会价值转移之间的相互关系。科学史家梅森曾指出:“近代早期的科学革命,有两个主要因素:一是一种新的研究方法的兴起,即科学的方法;二是一种理智上的变化,即产生的一种对世界的新看法。”④事实上也正是如此,在文艺复兴和宗教改革的影响下,社会价值观发生了巨大的变迁,对人们(尤其是指相关的科学家们)的自然观和方法论产生了巨大影响,正是世界观和方法论的变化,直接导致了近代自然科学革命的诞生。

首先,在世界观方面,主客体意识进一步二元分化,自然成为人们研究的主要对象。在古希腊人眼里,自然界是一个统一的有机整体,人与自然密不可分,这是一种万物有灵论的自然观念,这种世界观阻止了古希腊科学的进一步发展。恩格斯为此评价说,“在希腊人那里——正因为他们还没有进步到对自然的解剖、分析——自然界还被当作一个整体而从总的方面来观察,自然现象的总联系还没有在细节方面得到证明,这种联系对希腊人来说是直接的直观的结果”⑤,培根也提到这方面的情况,“我们所拥有的科学大部分来自希腊人。……现在且看,希腊人的智慧乃是论道式的,颇沉溺于争辩;而这恰是和探究真理最相违反的一种智慧”⑥。在这种有机论世界观视野的观照下,“传统知识建立在启示、沉思和对实在的直接感知上”,自然科学是很难发展下去的。⑦

相对于古代希腊的有机论自然观,在中世纪形成的“上帝创世观”却具有了与

---

① [美]伯纳德·巴伯:《科学与社会秩序》,顾昕等译,生活·读书·新知三联书店1992年版,第68—69页。

② 巴伯总结韦伯基督教与近代科学的关系时归为:自然与超自然的王国相分离的观点;上帝是理性的以及自然的天地万物反映了上帝的理性这种观点;以及人可以在自然的天地万物中发现理性秩序的观点。

③ 韦伯看来,新教伦理是西欧现代化的根源,而马克思则认为西欧现代化滥觞于比新教伦理还要早几个世纪的城市公社运动。

④ [英]梅森:《自然科学史》,周熙良译,上海译文出版社1979年版,第113页。

⑤ 《马克思恩格斯全集》第20卷,人民出版社1975年版,第385页。

⑥ [英]培根:《新工具》,许宝骙译,商务印书馆1984年版,第47页。

⑦ Nicolescu, Basarab, *From Modernity to Cosmodernity*, State University of New York Press, 2014, p. 21.

近代机械论自然观相似的特点。在基督教看来,上帝首先创造了人类,鉴于人是孤单的个体然后又为人类创造了周围的世界,包括整个大自然,在创造世界的过程中,上帝将其创世的理性精神也给予了人类,这样人类也具有了某种意义的神性和理性,这也是我们可以征服和控制自然的前提,这种世界观使人与自然逐步分离,自然成为人类活动、管理、可供操作的对象,这形成了人类中心主义的雏形。与传统有机论自然观相比,"上帝创世观"冲淡了亚里士多德传统在自然与技艺的二分,而近代实践观念的发展进一步使得自然失去了神秘性和内在目的性,自然是被动的、机械的物质实体。这就彻底突破了古代人对自然的崇拜、敬畏之情,为人们认识自然提供了必要的前提条件。这样,古希腊有机论世界观对自然哲学的束缚被打破,人类中心主义观念承认人类对自然的决定权,知识作为力量的观念和认识为社会文化所接受。

但中世纪对"来世的向往"还是彻底压制了人们的世俗观念,自然并没有成为人们的研究对象,功利主义思想还没有发展起来。人们的注意力都集中在了"上帝的光环上",以至于"中世纪对自然现象毫无兴趣,漠视个人主张,其根源在于一种超自然的观点,一种向往来世的思想占据支配地位。与天国相比,尘世是微不足道的,充其量不过是对来世的准备"①。奥古斯丁如下的判断占据了社会思想主流地位:"当被问及关于宗教我们相信什么东西时,没有必要去探求事物的本性,而这种对本性的探求被希腊人称为自然哲学。我们也不必为基督教应该对元素的力量和数量以及下列事物保持无知而感到惊慌:天体的运动、秩序和蚀,天的形状,动物、植物、石头、泉水、溪流、山川的种类和自然本性……对于基督徒来说,相信所有造物——无论是天是地,是看见的还是不可见的——的唯一原因是造物主这个真正的上帝的恩赐就足够了。"②这样,世俗世界的自然万物不可能成为人们的主要研究和关注对象,这种思想观念大大阻碍了人们对自然认识的动力和渴望程度。在宗教价值观支配之下,科学是无从发展的,因此还需要进一步打破这种价值观的桎梏。正因如此,当社会价值取向发生转移,由"来世"转向"世俗"价值时,人们开始追求世俗价值,注重物质利益,研究自然也就成为一种不可阻挡的发展趋势。许多科学分支也相应发展起来,例如,"天文学在17世纪具有巨大的经济重要性。环球航行、世界贸易、建立殖民地的事业都是方兴未艾。在这方面,天文学家的图表、物理学家的钟摆和平衡轮钟都意味着可以及时拯救船只和货

① [英]亚·沃尔夫:《十六、十七世纪的科学、技术和哲学史》,周昌忠等译,商务印书馆1985年版,第6页。

② [美]库恩:《哥白尼革命》,吴国盛等译,北京大学出版社2003年版,第105页。

物,可以征服远处海外的帝国"①。天文学、物理学等迅速发展起来,正如文德尔班所说的,"哲学必须是自然科学——这是时代的口号"②。近代自然科学诞生之初及其后,实现了"学者传统"与"工匠传统"的初步结合,世俗化社会发展起来。

科学作为人类对自然的认识活动,总是在一定的自然观指导下进行的,受到特定自然观的影响,"不是世界的统一性影响我们的意识,而是我们体制化的信念的统一性影响世界"③。例如中世纪的宇宙观逐渐被视为由上帝按照某种法则创造出来的统一体,自然是按数学原则改造出来的,特别是中世纪钟表的发明和普及,基督教思想家就把宇宙比喻为由各种各样不同形状的齿轮连接起来并且按照上帝制定的"自然法"运转的一座大钟。这种机械主义自然观推动着自然科学革命的进行,而反过来它又直接影响着自然观的进一步完善和发展。④ 不同于古希腊有机论自然观,机械论最终实现了与数学主义的结合,并深入人心。在近代经验主义影响下,并与理性主义相结合,近代机械论自然观产生。柯林武德在《自然的观念》中指出,中世纪上帝创世观在近代机械大量制造、使用的社会影响下,人们类比得出了自然是一部机器的结论,"上帝之于自然就如同钟表匠或水车设计者之于钟表或水车"。开普勒的话也很具有代表性:"我的目的在于证明,天上的机械不是一种神圣的、有生命的东西,而是一种钟表那样的机械,正如一座钟的所有运动都是由一个简单的摆锤造成的那样,几乎所有的多重运动都是由一个简单的、磁力的和物质的动力造成的。"⑤这样,人们就可以把自然还原成为一个量与数的世界。因此,自然可以从定性研究转向定量研究,用精确的数学方法描述自然,精确性科学的产生指日可待了。李约瑟这样描述新的自然科学:"当我们说近的科学只诞生在文艺复兴晚期的伽利略时代的西欧时,我们的确是指在那里而且仅在那里发展出了当今自然科学的框架基础,即数学假设应用于自然、对实验方法的完全了解、第一性质和第二性质的区分、空间的几何化以及人们对实体几何模型的接受。"⑥

其次,社会价值观的变化导致了实验方法与数学方法的结合,使得以伽利略"数学——实验方法"为标志的实验科学产生。在近代科学产生以前,科学与哲学

---

① [英]贝尔纳:《科学的社会功能》,陈体芳译,商务印书馆 1982 年版,第 61 页。

② [德]文德尔班:《哲学史教程》上卷,罗达仁译,商务印书馆 1997 年版,第 476 页。

③ H. Collins, *Changing Order*, London: London&Beverlyhills, 1985, p. 148.

④ 李建珊等:《欧洲科技文化史论》,天津人民出版社 2011 年版,第 126 页。

⑤ [美]霍尔顿:《物理科学的概念和理论导论》,张大卫等译,人民教育出版社 1982 年版,第 10、58 页。

⑥ 转引自[美]托比·胡弗:《近代科学为什么诞生在西方》,周程、于霞译,北京大学出版社 2010 年版,第 32 页。

混为一体,伴随着数学和实验方法的发展,人类文化“才不可避免地导致分化成精密科学即实验实证科学和思辨的哲学”①。经验方法(包括实验、观察)一直对科学发展起到了至关重要的作用,“借助感觉经验从自然发现”开始,文艺复兴以后,人们又重新强调经验在认识中的作用,如达·芬奇强调我们的一切知识都发源于感觉,而要避免那些不根据经验而得出的结论;罗吉尔·培根也提出要面向自然注重实验,这在人文主义者看来是非常正常的,既然自然界是上帝的作品,那么对其研究和赞美就获得了合法性有“自己的合法旨趣”。以实验为代表的新经验主义法治起来,介入和操作越来越具有理论上的合理性。② 经验地位的上升背后是自然物与人工物之间泾渭分明的界限的消失,由此人们对实验的排斥也缺少了坚实理论基础,所以,“任何试图把事物从其正常环境中分离的努力只能是干预其本性”,但“实验恰恰依赖于这种干预”,人工物—自然物之间的界限模糊化预示着创制活动介入自然具有的合法性,技艺不再仅仅是自然的模仿,也就是肯定了实验干预自然的合法性。③

事实上,近代以来发展起来的自然科学,它在本质上是经验的和实验性的,所以它一直强调感觉经验在科学认识中的地位,其出发点就是感觉经验。与中世纪相比,“中世纪哲学是理性的,现代科学在本质上是经验的。前者崇拜人的理性,在权威规定的界限内活动;后者接受无情的事实,不管它是否合于理性”,“由于科学主要是经验性的,它归根到底不得不诉诸观察和实验,它不象中世纪的经院哲学那样凭借权威接受一种哲学体系,然后再依据这个体系来论证种种事实应该如何如何”④。这样一来,在理论与经验事实的关系上,研究的出发点就不再是理论,而是事实、经验,即“事实经验→理论”。波义耳、牛顿、胡克、哈雷都深受实验思想的影响,他们对实验科学的发展都做出了各自的重大贡献。当然,经验与实验方法的最终确认,也是一个很漫长的发展过程,但这仍然是科学发展的一个至关重要的关节点,感觉经验,特别是实验在工匠传统实践观念的影响下终于具有了与理性平等的地位。⑤

从哥白尼开始,他在经验方法方面做出了较早的尝试。哥白尼作为近代早期

---

① [英]亚·沃尔夫:《十六、十七世纪的科学、技术和哲学史》,周昌忠等译,商务印书馆1985年版,第5页。

② 谢鸿坤:《哲学在中世纪的存在于发展及其现代意义》,载《科学学研究》,2009年第2期。

③ 参见《近代实践观念的转变与科学革命》;另见 Peter Pesic, Francis Bacon, “Violence, and the Motion of Liberty”, *Journal of the History of Ideas*, 2014, 75, pp. 78–79.

④ [英]W. C. 丹皮尔:《科学史及其与哲学和宗教的关系》,李衍译,商务印书馆1975年版,第12页。

⑤ 徐道稳:《科学与社会的互动》,载《自然辩证法通讯》,1998年第1期。

的科学家,在他身上表现出了两重性。一方面,他打破了中世纪以来对亚里士多德的崇拜,在价值取向上转向柏拉图—毕达哥拉斯主义。哥白尼再次提出关于数的重要性见解。他强调的是太阳中心说的数学和谐性,认为这就是太阳中心说之所以为真理的最好证据。哥白尼对科学的贡献主要在于数学方法的运用上,作为一名柏拉图主义的信徒,他深信数学简单、和谐性原则,并以此作为自己科学研究的出发点。事实上,事实经验在哥白尼那里并不占有主要地位,他仍是从“原理→事实”原则出发的,在这一点上,哥白尼还是属于旧时代的。但近代科学正是从亚里士多德研究传统转而接受“毕达哥拉斯—柏拉图原理”开始的,“他们趋向否认那些所谓第二性的性质的客观实在性,因为这些性质不能做数学处理。……不管怎样,近代科学始终坚持尽可能精确定量的描述和定律的理想”①。可以说,文艺复兴时期的自然科学,虽然主要依靠了从古希腊数学家那里得来的形式方法成长起来,但同时还存在着形而上学的成分。

在开普勒那里,他开始时仍然坚持了柏拉图原理,但其价值取向还是有了明显的变化。一方面,他深信上帝是按照美的数学原则创造世界的,因此,数学和谐性乃是发现行星运动规律的唯一方法。另一方面,由于他与第谷的合作,事实上就已意味着数学与观察、实验方法的结合。但是,他与伽利略的“数学—实验”方法(这比开普勒还要早些)相比,还是多走了不少弯路,从中我们也可以看到这种科学价值观转变过程的艰难性。开普勒在探讨行星运动定律时并没有因为自己的信念而忽视甚至否定第谷的观察资料,而总是在不断修改自己的理论以适应观察数据,经验事实在他的研究中占有重要地位。而且,开普勒三定律的提出,正是突破了柏拉图原理才实现了天文学上的历史性突破。

伽利略,被称为近代科学的奠基人是当之无愧的。正是从他开始,才将实验和数学方法真正结合起来,观察从科学研究的从属地位上升到了主要地位。伽利略的数学主义认为是上帝把严格的数学必然性赋予了自然,然后又通过自然创造出人类的理性能力,理性方法可以从教义和信仰转向经验现实的感性存在物,从而使人类的理解可以探知自然的奥秘,中世纪的这种上帝创世观“将理性从宗教信仰转向自然”,“促成近代科学的产生与发展”。② 在伽利略看来,事实不再是从权威和理性综合中演绎出来的,哥白尼的天文学是根据数学简单性这一先验原则建立起来的,伽利略却利用望远镜去加以实际检验。最重要的是,他把吉尔伯特

---

① [英]亚·沃尔夫:《十六、十七世纪的科学、技术和哲学史》,周昌忠等译,商务印书馆1985年版,第9页。

② 李建珊等:《再论中世纪是近代科学的摇篮》,载《晋阳学刊》,2010年第1期。

的实验方法和归纳方法与数学的演绎方法结合起来,进而发现并建立了物理科学的真正方法。他以实验方法为中心,在尊重经验事实的基础上,创立了科学的实验研究方法,打通了科学发展的康庄大道。从中我们也可以看到,这种价值取向的转移,经历了一个漫长的过程,历时约150年,直到牛顿才算完成。这种方法保障了"牛顿定律在牛顿发现它以前和以后都是同样有效的,并且事实是,我们距离牛顿有三个世纪,但无论如何不能减少我们相信他定律的确证性"①。这样,经过文艺复兴、宗教改革以来的革命性变革,欧洲当时的社会价值观也随之发生了巨大变迁,在新教精神的经验主义、理性主义精神的影响下,近代自然科学逐步实现了方法论上的革新——由"理论—事实"转向经验方法,确立了实验方法在认识自然、建立知识体系之中的地位。社会对科学价值的承认,科学社会建制的形成并逐步完善,确保了近代科学的正常、健康发展。②

### (四)现代性价值取向影响下的科学

社会价值取向的转移,对社会大系统中科学的影响也是极为复杂的、相当漫长的过程,而且,科学与社会之间存在着复杂的互动关系,它们相互影响、相互作用。16、17世纪科学革命的产生,社会价值观在科学体制的建立、完善,科学精神的培养,科学方法的形成等方面都起到了关键性的作用。事实上,17世纪以后,现代性的经验主义和功利主义观念逐渐成为自然科学与相关教育的主题,这些教育逐渐进入大学乃至中学课堂之中,而人们的社会职业兴趣、价值评价等方面经验与功利也成为人们的判断准则。这些现代性的价值观念,主要体现为工匠传统与实验传统对自然科学革命的"有力推动"而引起的实质性变革。现代性价值观念在推动人类认识、实践等方面起到了重要作用。③ 特别是对古希腊学者传统科学观的超越,功利主义的作用非常重要,使得一直裹足不前的希腊理论科学传统在功利主义的冲击下重获新生,也对以后自然科学的进一步发展起到了重大促进作用。

同时也不可否认,这种功利主义价值观也存在着诸多问题,对科学发展也会造成负面影响。默顿写道:"科学家们心照不宣地认识到这种危险,从而坚持拒绝

---

① Steve Fuller, *Social Epistemology*, Indiana University Press. 1991, p. 8.

② 例如,牛顿的经典力学是在机械论思潮形成的科学思想土壤之中发展起来的,而以机器大工业产生为标志的第一次工业革命是在第二次工业革命(电力革命)中发展起来的,而这时则把机械论思潮推向了顶端,转化为一种机器崇拜和机器文化。这样,我们才能揭示"深层文化的根源"。参见李建珊主编:《世界科技文化史教程》,科学出版社2009年版,第156页。

③ 徐道稳:《科学与社会的互动》,载《自然辩证法通讯》,1998年第1期。

把功利主义规范应用于他们的工作。……功利性应该是一种科学可以接受的副产品而不是科学的主要目的。因为一旦有用性变成科学成就的唯一标准,具有内在科学重要性的大量问题就不再受到研究了。”①应该说这种认识还是相当客观的。但这种功利主义价值观在近代科学的发展过程中的作用还是不能因此而否认的。当时价值取向的变化乃是其社会文化变迁的深层内因,它促进了近代实验科学的产生。

科学作为人类文化大系统中的一个子系统,它与社会处于一种互动的状态之中,它们相互影响、相互作用。其中,社会诸因素对科学的影响,主要表现在科学的器物层、制度层和观念层。社会物质方面的因素就主要反映在对科学器物层的作用上,它为科学的发展提供所必需的物质设备、硬件设施,例如各种科学设施、实验室、科学仪器等。这是科学家进行科学研究的必要物质基础,离开了这些科学硬件,科学的发展也就无从谈起。在历史上,科学的发展,这些物质基础起到了巨大的推动了作用。社会制度方面,一系列的保障制度、相关的法律法规,也为科学的发展提供了制度上的保证,使科学有了合法性依据。社会文化、观念对科学的影响最为深远,它是社会诸因素对科学作用最核心的部分。其中,社会价值观更是决定性的要素,它将直接影响到科学家科学实践活动的行为规范、思想信念、价值判断,进而影响到科学的发展状况。为此默顿总结说:“占主导地位的价值和思想情感,属于那些永远影响着科学发展的文化变量。”②因此处于社会变革时期的价值观对科学革命的发展起到了举足轻重的作用。自然科学作为第一重要性的生产力,是推动社会发展的强大动力,科学革命的发展势必将引起社会、物质、精神方面的全面变革。反过来这又会进一步加强、影响当时社会的价值观,而社会价值观又反作用于科学,两者之间达到了相互促进的效果。

在此意义上,彭加勒说,即使是最以客观性著称的科学知识,其比人们通常所想象还要大得多的程度上是人为的,这是由科学的思想结构或图式部分所决定的。在科学家的创造活动过程中,他们并不是世界所发生现象的被动的记录员,不仅要利用自己的感官和大脑,而且也利用自己的情感和意志。因此,科学家的科学活动一定会受到他“自身信仰、意识形态”等的影响,“必定渗透着价值判断与选择”。可见,在近代之初,事实上的科学客观性与价值、科学与人文就是具有一

---

① [美]默顿:《17世纪英国的科学技术与社会》,范岱年译,四川人民出版社1986年版,第348—349页。

② [美]默顿:《17世纪英国的科学技术与社会》,范岱年译,四川人民出版社1986年版,第20页。

体性的。[①] 这一点也揭示了科学客观性与价值问题中存在的复杂关系问题。其中,和对物理世界的客观性描述要求相比,科学基础中的约定因素更多表达了人的心理和人的关系,但这种约定是以"共同的人性和逻辑"为基础的。这是近代科学革命一开始就具有的一个基本特征,人文精神对科学革命起着关键的启蒙作用。[②] 作为科学认识活动主体的科学家,科学家的价值判断对自身的科学活动是至关重要的。因此我们可以说,自然科学本身是价值中立的,但这并不意味着从事科学活动的科学家总是价值中立的,作为社会中的一员,他在无形中也深受社会价值的影响,要保持完全中立是不可能也是不必要的,彻底离开价值判断其科学活动也就无从展开了。

库恩说,"科学革命是世界观的改变"。在历史的每一个特定时期,当时的社会价值观总具有一定的稳定性,所以每一历史时期总有一定的社会价值关注热点,例如古希腊的哲学、艺术,罗马的法律、建筑,文艺复兴时期的文学、艺术,这些都是与当时社会总的价值观相一致的。科学的发展,从其外部条件来看,社会诸因素对科学的发展起着催化作用,"从原则上说来,几乎任何一种价值对于某些陈述是否具有科学上的可接受性都起着举足轻重的作用,也就是在此意义上,我们说几乎任何一种价值观念都将会影响到科学的取向"[③]。可以说,对近代科学革命原因的考察,社会价值是其中的关键因素,当时社会价值取向的转移对科学革命起到了直接作用。至于"李约瑟问题","近代科学何以产生于西方而非中国"的原因也正在于此,社会价值观的差异是其中的根本原因所在,近代科学革命在希腊理性传统的基础上借助近代社会价值观而产生了。

最后,还需要指出一点,强调社会价值因素对科学发展的巨大推动作用,也并非就仅仅意味着"近代科学产生在欧洲并得到迅速的发展是由当时当地的社会条件决定,不必到1400多年以前的希腊去找原因"[④],毕竟科学是在传统文化基础之上才会产生的。笔者因此想到了刘华杰先生与李申先生的争论,它源于席泽宗先生的结论:"近代科学的兴起与希腊文化关系不大或者没有关系","而现实的需要和提供的条件才是科学发展的最重要的动力"。一方面,笔者认为席泽宗先生揭示了科学发展过程中社会因素的重要性,社会价值转移是近代科学革命产生的重要原因,它直接孕育了科学种子的发芽、成长。但另一方面,笔者认为也并不能

---

① 转引自李建珊等:《当代科学研究的人文取向》,载《南开学报》,2004年第2期。

② 李醒民:《关于科学与价值的几个问题》,载《中国社会科学》,1990年第5期。

③ D. Crimp, *Scientific and Other Value*, *Philosophy of Scientific and the Occult*, Sunny Press, 1983, p. 1.

④ 席泽宗:《古希腊文化与近代科学的诞生》,载《光明日报》,1996年5月11日。

因此而走向另一个极端——忽略传统,文化传统与现实条件是同等重要的,二者缺一不可。尽管有时科学与传统之间也存在着许多矛盾,甚至于说“亚里士多德是物理学和天文学是错的,是近代科学革命的对象,对科学的诞生有阻碍作用”①,但我们仍不可否认文化传统对科学的基础作用,二者是有密切渊源的。我们无法区分二者谁重谁轻,这正如人们的左右手,我们不能自问左手重要还是右手重要。离开了传统的种子,现实条件无论怎样起作用,科学也不会凭空产生;同样,没有适宜的社会条件,科学的种子也不能发芽、成长起来。在这里我们不妨以萨顿的一句话作为结尾:“科学和传统之间不仅不存在任何冲突,而且人们可以说传统正是科学的生命”②,当时欧洲社会价值取向的转移,引导近代科学在传统的基础上发展起来了。

### 四、功利主义与两种现代性

功利主义是现代性的核心价值观念之一。“现代性作为一种意识形态”,它以商品经济为内在基础而建构起来的市民社会所孕育的契约精神和法治传统,这既是理性精神的文化土壤,又是理性精神本身的表现和确证,商品经济的广泛社会化,同理性精神的独断化和不断扩张之间,无疑具有内在的一致性。同时“整个社会的市场化和工业化构成了现代性的历史基础”,在这一点上,何中华同样也会认为,“对现代性的剖析”有助于为全球性工商业问题提供答案③,即现代性表现为“价值秩序”的位移和重构,表现为工商精神气质战胜并取代了超越性价值取向的精神气质。④ 现代性精神实现了从神性观念向世俗观念的转变,它意味着人类历史的巨大跨越,标志着人类价值观从“以道德作为历史进步的唯一尺度”向以“人的欲望所牵引的世俗经济发展”的历史进步的尺度转变,标志着人类历史真正进入现代性社会。正是从这个意义上说,现代性即是世俗性,在“纯粹世俗的情欲和物欲”占据支配新世界的中心位置之后,才有现代性的生成与发展。现代性的形式秩序依赖于世俗化的导引,它作为实践活动的产物,“不仅象征了”各种社会关系,而且为其“重要来源”。⑤ 而现代性核心观念的实现正是借助了自然科学的兴起与发展,反过来说也正是现代性促成了自然科学。这是通过功利主义实现了两种现代性的统一。

---

① 刘华杰:《席先生,我不能同意您》,载《中华读书报》,2000 年 5 月 24 日。
② [比]萨顿:《科学的历史研究》,刘兵等译,科学出版社 1990 年版,第 22 页。
③ 何中华:《现代性全球化全球性问题》,载《哲学研究》,2000 年第 11 期。
④ 刘小枫:《现代性社会理论绪论》,上海三联书店 1998 年版,第 17 页。
⑤ 张雄:《现代性逻辑何以生成》,载《哲学研究》,2006 年第 1 期。

（一）现代性与功利主义

商品交换构成了现代性的内在根据，在这种背景下的经济利益合理性大大激发了人们的物质欲望，而生产随之则成为追求利益最大化的根本活动。“对于另一种现代世界重要的文化价值，我们需要一种术语，叫‘功利主义’（utilitarianism），即使这个术语具有某些我们这里并不意指的并且因此将特别排除在外的含义。功利主义价值是指现代人的主要兴趣在于这个世界，这个自然界的事物，而不是在于像超自然拯救这样的其他世界的事物。这一价值也显然有利于科学的高度发展。”巴伯接着指出，和“人们所说的中世纪的理性相反，近代理性主要是把理性应用于日常生活的经验现象”①。事实上，现代性的理性主义与功利主义是相贯通的，因为现代性所强调的理性精神总是存在于特定的社会与历史环境之中的。也就是说，它是建立在现代社会实践活动基础之上的，功利性与理性精神以一种现代实践结合在一起，而现代社会实践的属性决定了理性的特质，由于现代实践主要形式又是工商业，所以现代性所蕴含着特定的理性精神是对这种理性精神的理论反映和提升。此外，“被启蒙运动以来提升到哲学思维的层面，形成了个体主义的价值观”，这决定了现代性与功利主义结合了起来，也决定着现代理性的基本内涵。②

当然，以前的许多现代性理论并未察觉到理性精神的现实经济基础，而是将它们分开理解，并未意识到现实经济基础的内在矛盾性。也就是说，在现代社会中起决定性作用的力量不再是所谓纯粹而崇高的“普遍理性”，而是愈来愈赤裸裸地呈现出来的“经济利益”，在这种颠倒的现象中，要求我们必须“进入现实的人类生活”，而承当得起这个任务的现实社会实践也恰恰实现了对其沟通。③ 即最终实现了“从天上降到地上；和它完全相反，这里我们是从地上升到天上，也就是说，我们不是从人们所说的、所想象的、所设想的东西出发，也不是从只存在于口头上所说的、思考出来的、想象出来的、设想出来的人出发，去理解真正的人。我们的出发点是从事实际活动的人，而且是从他们的现实生活过程中我们还可以揭示出这一生活过程在意识形态上的反射和回声的发展”④。

在近代科学之兴起中，“这种日常的经验合理性在某种程度上是派生于由加

---

① ［美］伯纳德·巴伯：《科学与社会秩序》，顾昕等译，生活·读书·新知三联书店 1992 年版，第 75 页。

② 李淑梅：《马克思现代性评判的视野》，载《天津社会科学》，2005 年第 4 期。

③ 张曙光：《生存哲学》，云南人民出版社 2001 年版，第 101 页。

④ 《马克思恩格斯全集》第 3 卷，人民出版社 1960 年版，第 30 页。

尔文主义的新教伦理所规定的对现世事物的积极兴趣”，马克斯·韦伯曾对这种新教兴趣进行了出色的分析：“这种对于世俗活动的兴趣已经几乎变成完全自主性的，几乎完全基于从更早的宗教兴趣的奇异派出物，以及基于其他发展的结果。”功利主义的这一部分来源在于特殊的宗教兴趣，这应该清楚地表明，“功利主义价值并不一定是使人反感的‘唯物主义’”。唯物主义与功利主义之间没有同一性，某些反对功利主义价值的人坚持将二者等同。虽然唯物主义是功利主义之一个可能的结果，但对于现世事物的一种“理想主义的”关心也是可能的。这些理想主义的功利主义的证据广泛分布在社会改革和社会自愿捐助制度之中。① 主体理性随着自然科学的发展也日渐成熟并走向完善，随着人类对外部自然世界的控制能力不断增强，主体理性精神也越来越成为控制世界的主宰力量，理性对现代社会日益拥有无限的权力。在现代这种社会结构之中，“科学技术”形成了控制和调整社会运行的“最有利手段”。②

可以说，现代世界一方面赋予个体以“自由”，但与此同时，也使个体的生活越来越物化，越来越失去自身的个性色彩，于是，出现了“自由”受制于物的一种“伪自由”悖论，而这种情况的根本原因还是在于“卷入到货币关系中的人本身”，但这是一种伪自由。③ 其实这两个方面都根源于现代性的功利主义精神：货币经济、货币逻辑对于现代社会生活的主宰作用。④ 出于科学家本身对科学的忠诚，这些科学爱好者协会也显示了功利主义的倾向，这是近代科学的另一重要价值。为此沃恩斯坦说道，“他们自己关心家常兴趣之事物，例如贸易、商务、工具和机械，并且试图以科学之光来改善日常的生活”⑤。在这种情况下，世俗化已经不可逆转，而且成为推动现代性逻辑展开的强大动力，市民化和商业化构成现代社会的重要组成部分。

马克思则是从商品视角分析了现代性功利主义的深层因素。商品是马克思关注和分析现代性理论的出发点，他力图通过对商品及商品拜物教现象的分析，来揭示现代社会中人与人之间的真实的社会关系，“商品已经占领了整个社会生活的全部”，人与人之间的社会关系也反映在物与物间的关系方面。现代性的放

---

① [美]伯纳德·巴伯：《科学与社会秩序》，顾昕等译，生活·读书·新知三联书店1992年版，第75—76页。

② 郗戈：《资本逻辑与理性的自我分裂》，载《现代哲学》，2010年第6期。

③ 王小章：《新发现自我如何可能》，载《社会学研究》，2004年第5期。

④ [德]齐美尔：《金钱、性别、现代生活风格》，顾仁明译，学林出版社2000年版，第6页。

⑤ [美]伯纳德·巴伯：《科学与社会秩序》，顾昕等译，生活·读书·新知三联书店1992年版，第64页。

大镜下,物物关系在某种意义上中介或支配了人人之间的关系。[①] 这一思路是解析现代性的重要环节,商品资本的逻辑是现代社会的重要指向灯,“资本主义生产方式占统治地位的社会的财富,表现为‘庞大的商品堆积’,单个的商品表现为这种财富的元素形式。因此,我们的研究就从分析商品开始”[②]。马克思经过社会生产角度对商品拜物教的分析,深入揭示了现代社会中人与人之间关系的本质,进而导致“以资本逻辑”为内核的人性化历史图景,“异化劳动”之上的资本逻辑构成“现代性的基本观念”,“支配着现代社会的力量和关系”。资本的运行和力量就是现代性的扩展过程,人与人之间的关系由资本中介和决定着。[③] 因此,资本主义社会的实质就在于其存在与发展不仅仅依赖于资本的无限扩张这一本性,而且还依仗着这种扩张的本性借以实现自身的“谋取方式”,这就是说理性形而上学是依靠启蒙而开展出来的,并对存在者的控制方案和统治形式,自然科学的商品化势在必然,自然科学一定也要表现为商品或产品。自然科学要实现商品或产品的这一本质属性,需要借助现代社会的结构运行,以及在这种社会环境下与技术的结合和联盟,这才能真正实现科学与知识的经济价值。[④]

因此,资本也成为马克思现代性诊断的核心观念。马克思经典地把资本描述为这样一种革命力量,资本不是一个静止的事物,只有无限制地增殖才是资本运动的现实逻辑,所以资本具有融化一切“静止物”,使一切固定的东西都摇晃起来的冲动和本性,这样资本的无孔不入的运动方式破坏了一切封建的、宗法的、田园诗般的关系。这既是一种革命力量,又是一种将人推向困境的未知力量,但在现代性开始运行之后,这种境况已经很难改变。[⑤] 如此一来,在商品资本的作用下,现代性这就使得人们不再崇拜传统社会的神灵,而商品拜物教构成了现代性的基本观念,一种变相的崇拜和追求对象,“经济上的需要曾经是,而且愈来愈是对自然界的认识的进展的主要动力”[⑥]。所以,在资本主义的社会中,“作为具体存在的自然”、社会和人类的生存都被抽象成形式价值的资本,它推动着整个现代社会的运行和发展。自然科学与技术的发展也不例外,科学技术的新实践形式构成新的社会组织形态和生产样式。[⑦] 于是,在现代性作用之下,中世纪时期的手工业

---

① 俞吾金:《马克思对现代性的诊断及其启示》,载《中国社会科学》,2005 年第 1 期。

② 马克思:《资本论》第 1 卷,人民出版社 1975 年版,第 47 页。

③ 张传开、方敏:《马克思哲学视域下的现代性》,载《哲学研究》,2007 年第期。

④ 白刚:《马克思的现代性评判》,载《社会科学研究》,2009 年第 1 期。

⑤ 张传开、方敏:《马克思哲学视域下的现代性》,载《哲学研究》,2007 年第期。

⑥ 《马克思恩格斯选集》第 4 卷,人民出版社 1995 年版,第 484 页。

⑦ 韩洪涛:《走向实践的社会共同体及其构建路径》,载《求索》,2010 年第 8 期。

逐渐被新的产品制造体系所取代,“根据这种生产方式,若干工人被集中在一起,在共同控制下协同工作。这种把工作划分成若干无须培训就能完成的、被认为彼此等价的简单操作,据说导致了抽象的同质社会劳动概念。通过这种抽象的劳动单元进行计算,据说促使人把同一思想框架运用于自然。根据西美尔的说法,是早期资本主义新兴的货币经济唤起了对宇宙作一种精确数学解释的理想”①。

在现代社会,人们为了谋求经济利润,现代性必然要人们进行精确的核算与筹划,这种计算理性与功利主义价值理念相对应,现代性的形而上学内在本质所要求的思维方式正是这样一种计算性的理性思维。所以海德格尔认为,只有这种计算性的思维,才可以使得“存在—神—逻辑学”成为可能,进而才能实现形而上学对根据的寻求,根据就是 ratio,也就是计算性说明(Rechenschaft),说存在者的存在有根据,就是说能够对存在者的存在进行计算性的说明,只有通过计算性的说明,根据才真正成其为根据,可见,海德格尔的计算性思维其实就是指形而上学把根据作为原因去试图说明存在者存在结果的思维方式。② 在现代性逻辑的影响下,传统科学与技术的关系开始出现转变:“科学和功利已经密不可分,以至于人们普遍认为,技术依赖于科学乃是一种亘古通今的关系,一种唯一的模式。科学和技术,研究和开发,被看作几乎不可分离的连体孪生姐妹。它们已成为我们这个时代的神圣词组。”③在现代性价值观念的影响下,体力劳动和动手操作也获得了社会的认可。怀特曾如此描述这段历史:欧洲中世纪后期最可夸耀的不是那些教堂、史诗或经院哲学,而是一种有史以来首次建立的复杂的社会新文明。这种新文明并非建立在奴隶或苦力的脊背上,而是以非人力的动力为基础。而且,相对于传统对劳动与工艺的轻视和否定,新兴的科学(技术)开始反转这种状况,在现代性的作用下,它们不仅与传统学术逐渐并驾,而且还带动了传统理论的发展,使其在功利主义的推动下一举越过困扰千年的止步不前障碍,自然哲学获得了新的发展,并与技术相融合成为新的趋势,也即,“科学接受了技术,用来作为自己的形式”④。

### (二)科学革命的功利主义因素

仅靠近代主体理性和数学主义的复兴,近代科学还是发展不起来的,现代性

---

① [荷]爱德华·戴克斯特豪斯:《世界图景的机械化》,张卜天译,湖南科学技术出版社 2010 年版,第 264—265 页。

② 车玉玲:《意义世界的消解与重建》,载《江海学刊》,2004 年第 4 期。

③ [美]麦克莱伦、哈罗德·多恩:《世界科学技术通史》,王鸣阳译,上海科技教育出版社 2005 年版,第 1 页。

④ Niklas Luhmann,“The Modernity of Science”,*New German Critique*,1994,61,p. 17.

的功利主义思想在其中也起到了关键作用。否则科学还只能是停留在古希腊自然哲学的水平上，怀特海在《科学与近代世界》中评价说，"希腊人过于偏重理论。对他们说来，科学仅是哲学的衍生物，格黎哥里和圣·本笃都是重实际的人，重视平凡事物的意义。他们把这种实际的精神和自己的宗教与文化活动联系起来。尤其是由于有了圣·本笃，当时的隐修院才成了实际农艺家、艺术家、圣哲与学者的家园。多亏早期本笃会员有实际精神，科学与技术才能结合起来，学术也就因之和无情而不以人意为转移的事实建立了联系。现代科学导源于希腊，同时也导源于罗马。现代科学和实际世界保持密切联系，因而在思想上增加了动力"①。这种实用主义态度，把近代人从"沉思的生活"中摆脱出来，转向行动的生活，不再满足于纯粹的精神需求，而渴望一种能够实际运用的科学知识，即笛卡尔所言的"使人成为自然的拥有者和主宰者的科学"。

古希腊自然哲学更多体现的是一种认识论的价值，它更多是出于个人的兴趣和爱好，是"为科学而科学"。古希腊科学经过一段时间的兴旺之后又很快衰落了，这也说明仅仅靠个人兴趣、爱好还不足以推动科学作为一项事业持续、稳定地发展。所以我们要解决这个问题，就需要为科学寻找新的动力，这就是科学的实用性价值，只有它才能为科学发展提供现实的原动力，并因此而带来新的科学研究方法。这种实用价值的认定和确立，是与科学功利主义思想紧密相关的，科学的实用价值一旦实现并体现出来，就会为科学的发展提供强大动力，推动科学的进展。

中世纪后期，随着宗教改革与文艺复兴运动的深入发展，长期禁锢人们头脑的最沉重的"神圣"枷锁松动，人们开始强调一种现实的、世俗的自然主义价值观。人文主义者借助古希腊文化发展了自己新的价值观，他们提倡自由，追求个人幸福，强调活生生的现实生活，"中世纪基督教趋向于自我克制和向往来世。恪守宗教生活誓约理想的基督教徒一心想着天国，他们对自然界和自然现象从根本上说毫无兴趣"的时代一去不复返了。"当代的基督教已经从传统的以信仰上帝为中心的神学宗教向以关心人的世俗利益为中心的道德宗教转变。宗教的认识论功能被淡化。"②在新的价值观念中，功利算计取代传统的情感和宗教崇拜情怀，世俗主义就此成为现代性的基本理念之一，而宗教改革运动又进一步促进了功利主

① ［英］怀特海：《科学与近代世界》，何钦译，商务印书馆 1989 年版，第 13 页。

② ［英］亚·沃尔夫：《十六、十七世纪的科学、技术和哲学史》，周昌忠等译，商务印书馆 1985 年版，第 5—6 页。

义思想的继续发展。① 从道德作为历史进步的尺度向以人的欲望所导向的世俗经济发展的历史进步的尺度的转变，标志着人类历史真正进入了现代社会，也是从这个意义上我们说，现代性即世俗性，而且，正是当世俗的情欲与欲望等世俗价值观和追求占据支配地位后，现代性才得以“真正加速自身的发展”②。所以，有人说先有“纯粹世俗的情欲和物欲”占据支配世界的中心位置，而后才有现代性的生成与发展，这是推动社会发展的强大推手，对克服古希腊为知识而知识传统的动力不足问题提供了最好手段。③

培根的名言“知识就是力量”成为新时代的指导思想。其中，培根的理论的关键就是“功用”和“进步”两个字眼，古代希腊自然哲学不屑于对人有用，而满足于保持停滞不前的状态。它主要研究道德完美的理论。④ 在古希腊自然哲学那里，“这些理论是如此崇高，以至于永远不过是理论而已。它无法屈身从事为人类谋安乐的低贱职能。一切学派都把这种职能看作是有失身份的：有的甚至斥之为不道德的”⑤。而培根认为，科学的功能便是普遍造福于人类，他写道：“新哲学（在查理二世时代，人们是这样称呼科学的）为人类做了什么，他就会立即回答说。‘它延长了寿命、减少了痛苦、消灭了疾病、增加了土壤的肥力、为航海家提供了新的安全条件、向战士提供了新武器、在大小河流上架设了我们祖先所不知道的新型桥梁、把雷电从天空安全地导入地面、使黑夜光明如同白昼、扩大了人类的视野、使人类的体力倍增、加速了运行速度、消灭了距离、便利了交往、便利了通信、使人便于执行朋友的一切职责和处理一切事务、使人可以坐着不用马拖曳的火车风驰电掣般地横跨陆地、可以乘着逆风行驶每小时时速十涅的轮船越过大洋。这些只不过是它的部分成果，而且只是它的部分初步成果。因为它是一门永不停顿的哲学，永远不会满足、永远不会达到完美的地步，它的规律就是进步。昨天还看不到的一点就是它在今天的目标，而且还将成为它在明天的起点。’”⑥在这种人

---

① 例如路德提出建立廉价教会，反对教会宣扬的禁欲主义，提出获得并保护财产，这是基督教的本分；而加尔文教派则指出，资产阶级发展工商业发展的神意，快快发财是神恩的表现，发财快的人是上帝的“特选子民”，并要求建立民主教会。在他们看来，从神性观念向世俗观念的转变，意味着历史的进步。转引自李建珊等：《欧洲科技文化史论》，天津人民出版社 2011 年版，第 38 页。

② 张雄：《历史进步的寓意》，载《哲学动态》，2008 年第 12 期。

③ 张连国：《广义循环经济》，群众出版社 2009 年版，第 81 页。

④ ［英］亚·沃尔夫：《十六、十七世纪的科学、技术和哲学史》，周昌忠等译，商务印书馆 1985 年版，第 17 页。

⑤ ［英］贝尔纳：《科学的社会功能》，陈体芳译，商务印书馆 1982 年版，第 10 页。

⑥ 转引自（英）亚·沃尔夫：《十六、十七世纪的科学、技术和哲学史》，周昌忠等译，商务印书馆 1985 年版，第 17 页。

文主义价值观的推动下，经验主义与理性主义开始结合起来，学者传统与工匠传统逐渐结合起来。

这种结合也正好弥补了中世纪学术所存在的根本缺点，文艺复兴宣传世俗价值，反对禁欲主义，提倡世俗享受，强调对物质生活的享受以及对自然的热爱。这一切都激起了人们对自然的兴趣，使得人们充满了对自由、理智的渴望和情感冲动，而所有这些也正是科学发展所需要的。这样就为自然科学的发展构建了全新的哲学思维基础，"自然法概念插入神学和人法概念之中，神法是启示录中，尤其是《圣经》启示录中所反映的上帝意志。自然法也反映上帝的意志，只不过它既存在于神圣启示中，又存在于人的理性和良心中"①。

最后，这也为自然科学的发展营造了活跃的学术气氛。人文主义者通过增设自然科学课程，摆脱了中世纪空洞的学术研究模式，使学者们从烦琐的逻辑争论转向了对自然界的实际探索，这些都为近代自然科学的兴起和发展奠定了重要基础。在这种背景下，古希腊自然哲学中的学者传统与其对立的工艺传统鸿沟出现了消解的情况。工匠传统，主要包括手工业者、航海者、手工制造工匠、矿工、冶金工匠等在内的劳动者，他们在长期的劳动实践中积累了各种有益的知识和技能，这为工场手工业时代的到来提供了最完整的技术基础。② 而学者传统在为科学而科学的理想之下也缓慢取得了不少成就，但是在整个中世纪，由于上述两种传统还很少联系，这也造成双方的发展都比较缓慢。由于文艺复兴运动前夕一些自然哲学家所倡导的实验风气，特别是由于文艺复兴运动的冲击，以及资本主义生产方式的萌芽和初步发展，又为两种传统的结合，以及为经验自然知识全面、系统地转化为理论分析和概念批判的对象提供了条件。③ 在这方面，宗教改革运动的作用表现巨大，当然这更是在宗教改革的背景下发起了一场文化领域的革命，它所倡导的既是资产主义经济发展所需要的，也是科学发展所需要的，这推动了整个一个时代的思想解放运动，为近代科学的崛起提供了强大的精神支柱。④ 这种在英国清教主义运动中的作用表现最为突出，它以务实精神使文艺复兴之后发展起来的经验主义的实验传统激活了古希腊的理性主义的数学传统，并推动了技术应用的发展，为学者传统和工匠传统交叉融合提供了基础。这种新意识的觉醒表现在，从对上帝和圣经的研究转向对自然的研究，从对世界的目的论解释转向根

① 转引自（美）托比·胡弗：《近代科学为什么诞生在西方》，周程、于霞译，北京大学出版社2010年版，第122页。

② 李建珊主编：《世界科技文化史教程》，科学出版社2009年版，第95页。

③ 李建珊等：《世界科技文化史》，华中理工大学出版社1999年版，第151页。

④ 徐道稳：《科学与社会的互动》，载《自然辩证法通讯》，1998年第1期。

据事物产生的原因和条件说明事物,从推崇空洞的思辨和烦琐的论证转向尊重实验观察事实,从迷信教条与经典转向用人的理性审视一切传统观念和先入之见。①

在这种情况下,人们的世界观以及方法论观念都发生了根本性的转变,特别是知识传统的发展在此背景下迎来新的发展契机。在这方面最突出的表现就是两大研究传统取向融合:“由伟大王公来提倡科学的时代已经过去了;商人和制造商的时代即将到来。先是荷兰,接着是英国,都开始关心新的学问。因为新学问对于航海事业和作战已经作出很大贡献,人们还希望它对各行各业也会同样地有用。”②随着科学技术带来的巨大功利,人们对幸福和自由的追求也做了这样的调整,从主要向上帝领取爱和关怀转向向自然索取享受和快乐,并从取悦上帝转向取悦人,这进一步造成新的世界秩序使人从服从上帝和君主的意志转向服从数学化的客观规律和社会的总体需要,人的感性和个性的需求被遮蔽和压抑。至此,自然科学凭借着独特的理性能力以及强大的功利效应,克服和超越了古希腊自然哲学为科学而科学的传统理想,功利与实验操作的实验科学开始超越罗素所谓的空想式的理论思辨。③

这种经验主义、自然主义价值观反映在人们对待科学知识的态度上,表现为开始强调科学知识的世俗价值、经验性的价值。这逐渐形成了一种实用主义的科学观。所以,“无视这些新方法中所表现的支配自然和社会这种统制愿望,那依然会是一种错误。凡是在机械性作用变得十分明显的地方,都会感到人的直接介入,这种人介入的直接性,已被较为中介了的指导形式、平衡形式和组织形式缓和了”④。17 世纪以后,经验主义和功利主义逐渐成为科学和教育的主题,实验科学如物理、化学等逐渐进入大学乃至中学课堂,在这一过程中自然科学与资本经济的联系日益密切,“那个时期的经济变革是非常巨大的,它们不能促进但能直接和间接地影响新兴起的科学。当我们在谈论在此期间的任何变化时,商业资本主义和探险活动是非常明显的背景因素,必须予以考虑。但是,仅仅考虑这些背景因素,将无法解释任何和所有的变化。这些和其他的外部因素与科学本身中的内部

① 李建珊:《自然科学与人社会科学解释模式的差异》,载《南开学报》,1995 年第 3 期。

② [英]贝尔纳:《科学的社会功能》,陈体芳译,商务印书馆 1982 年版,第 26 页。

③ 张伟琛:《透视现代性》,载《自然辩证法研究》,2003 年第 5 期。

④ [德]伽达默尔:《论科学中的哲学要素和哲学的科学特性》,姚介厚译,载《哲学译丛》,1986 第 3 期。

发展是相互交织的"①。例如英国皇家学会的章程,就体现了这种经验与功利科学的特点,"我们明白,再没有什么比提倡有用的技术和科学更能促进这样圆满的政治的实现了。通过周密的考察,我们发现有用的技术和科学是文明社会和自由政体的基础。……我们只有增加可以促进我国臣民的舒适、利润和健康的有用发明,才能有效的发展自然实验哲学,特别是其中同增进贸易有关的部分"②。但这种功利主义价值观在近代科学的发展过程中的作用还是不能因此而否认的。当时价值取向的变化乃是其社会文化变迁的深层内因,它直接促进了近代实验科学的产生。工业革命一旦顺利开展,科学作为文明的不可分割的组成部分的地位就巩固了。③

总之,现代自然科学的产生与发展是现代性逻辑展开的结果,现代性隐含了自然科学及其精神的内在特质。这种特质首先是现代主体理性发展的产物,现代性逻辑中的理性精神既推动了近代科学的产生与发展,也决定了自然科学在当代社会中的一系列现代性的悖论问题。此外,近代自然科学模式随着科学(技术)在现代社会中取得的巨大成功,很快就被"意识形态化"了,正如实证主义所认为的那样,自然科学从此成为其他学科的典范和学习目标,社会学、经济学等一系列新兴仿自然科学学科正是在此情况下出现的,自然科学的方法论与知识形态都成为知识实践的标本,进而科学世界看作人类生活世界的典范,这样,生活世界即使不被完全还原为科学世界,科学世界也是我们生活着的实际世界的理想状态;与之相应,科学认识论理应成为典型的认识论,日常生活中认识活动的"标本"。但是,这种思维形态也造成了传统知识论在追求真理的同时,却遗忘了科学的现实性基础——人类的生活世界,致使主客分离、事实与价值分离,也由此产生了近代以来唯理智主义的认识论,一种强调静观、"上帝之目"形式的科学观。现代性与资本的逻辑支配了现代社会的整个运行模式,包括经济结构的运行和国家机器的官僚体系的展开,并支配了现代社会文化,形成了一整套的现代性的新生活方式和结构形态。现代性相应地包含着科学技术的逻辑,随着现代社会的发展而"颠簸前行"。④

---

① [美]伯纳德·巴伯:《科学与社会秩序》,顾昕等译,生活·读书·新知三联书店 1992 年版,第 66 页。

② [英]贝尔纳:《科学的社会功能》,陈体芳译,商务印书馆 1982 年版,第 60 页。

③ [英]贝尔纳:《科学的社会功能》,陈体芳译,商务印书馆 1982 年版,第 17 页。

④ 郗戈:《从资本累计看现代性逻辑的生产与发展》,载《社会科学辑刊》,2010 年第 1 期。

# 第二章　现代性视域中的科学特质

近代社会以来,科学越来越成为最强势的现代性现象,进而居于整个社会大系统的核心位置。随之,人们对自然科学本身的研究和反思,也成为近现代哲学需要重点思考和关注的重要议题,同时也是许多现代性问题研究的出发点,这甚至成了一个“无法跨越的时代性问题”——如何理解自然科学,科学的合理性何在,这也一直是学界关注的中心问题。特别是20世纪中叶以后,科学的“双刃剑”效应日渐突出,传统科学观遭到空前的信任以及表述危机,尤其是“科学大战”的爆发,关于科学本质的争论引向了普通公众,对科学表述的反思达到了空前激烈的程度。在后现代等思潮对传统科学观的冲击下,科学越来越难以维持实在论所赋予的“神圣”尊严,科学的合理性辩护和表述出现了危机。针对这些问题,本章试图从两种现代性的理论视角出发进一步剖析现代科学,从新的视角重新阐释科学的特质。具体而言,这种视角的转变就是由科学的“表象主义”定位转向“实践论”的定位,强调从科学知识的“社会生产”维度来理解科学,即转变传统表象主义认识论的理路,从一种“实践优位”(practice - dominance)的理路重新理解和表述科学,“只有在反映自然界客观规律性联系的知识能够系统化的地方,才可以谈真正意义上的自然科学。因为,自然科学是符合现实并经过实践证明的、对自然的客观认识的体系”①。

## 一、现代性与认识论意义上的自然科学

启蒙运动以来的现代性,是以倡导人的自由理性精神为主要特征的,于是启蒙思想家把人的理性作为衡量一切事物的根本尺度,以此来试图唤醒人们的彻底理性精神,并强调运用人类自身的理性能力来摆脱宗教、自然及社会等外在因素

① [奥]霍利切尔:《科学世界图景中的自然界》,孙小礼等译,上海人民出版社2006年版,第10页。

的束缚。这是现代性蕴含理性精神的实质,也是人的主体性的张扬过程。① 近代以来,随着现代性逻辑的展开,“科学成为现代社会的根本现象之一”(海德格尔),现代性塑造了科学的根本形象。但我们对科学形象的这种理解,主要是建立在启蒙现代性角度上的,将科学解释为一种知识,甚至是人类唯一可靠的理性知识。特别是因为科学在人类社会生活中的影响不断扩大,科学及其产品随着在社会中不断取得成功而名声大振,科学在现代社会中具有了特殊的信誉和权威性,以至于科学知识成为真理、公正和正确性的代名词。经过几个世纪的发展这种形象已经根深蒂固。哈弗派尼(Peter Halfpenny)这样总结说,“自然科学知识成为合理性的缩影。这种观点为逻辑实证主义赖辛巴赫(1938)的科学发现和辩护语境的二分所培育。前者包括科学理论产生的心理、社会、政治和历史等外部条件。后者仅包括对中性观察基础上理性地计算。两种语境的差别促进了这种观念,科学理论是被发现的,它们的证实和拒斥只由可靠的、理想化的证据和精确地推理决定(它遵循演绎逻辑教条)。这种科学知识的实证主义概念使得知识免于社会学分析。虽然社会学家可能要寻求理论起源的解释,或者检查科学的社会结果,但科学知识本身是自我解释的。至多,其内在逻辑可能要被分析哲学家所严格检验,除此外它的公正性会被科学共同体所信任,其中的真理和理性获得胜利”②。简而言之,自然科学成为人类知识、信念的典范,被表述为是对外部客观实在的真实描述和反映,而且,随着科学的进步,它是不断趋向于真理的。在人类理性与真理关系方面,这就表现为人们通常所理解的原有的旧理论不断被融入内容更加丰富的新理论体系之中,新理论则由于比旧理论提供了更加精确的说明和预言,从而使得科学理论日益朝着真理的方向前进。从此,归化式的科学观逐步深入人心。③

### (一)科学知识:“自然之镜”的实在论依据

笛卡尔以来的近代哲学是在主客二分的认识论思维范式下进行的。自然科学的思维模式也是如此,传统科学以主、客体二分为认识论的基本原则,从认识论和方法论角度出发来论证科学合理性,它具体表现为实在论与方法论方面的合理性。所以,传统科学的合理性,首先是指科学知识本身的合法性,这表现为一种强“合理性”观念。瑞格斯总结说,“在标准科学观看来,科学的最终目标就是要发现

---

① 李淑梅:《马克思现代性评判的视野》,载《天津社会科学》,2005 年第 4 期。

② Peter Halfpenny,“Rationality and the Sociology of Scientific Knowledge”, *Sociological Theory*(9), p. 212.

③ 陈其荣:《论科学合理性与科学进步》,载《自然辩证法研究》,2002 年第 2 期。

有关外部世界的真理。科学研究是由公正的研究者通过逻辑和经验事实进行科学活动的。并且科学家工作的成果公开由公众检验,可以通过检验和批判保证它们结果的客观性和正确性"①。科学以其完全排除了人的主观性的客观面貌,显示出它作为人类认识自然所具有的绝对的真理性。按照传统的理解,人们认为知识是对某种人类经验、生活或客观世界的反映,至于科学知识,它是科学家在对自然界研究过程中形成的理论化、系统化的知识体系,并且,在一定程度上它确确实实反映了外部客观世界的真实面目。在这一意义上,正如罗蒂所描述的,人的心灵是一面"自然之镜",科学知识就是一面映射这种客观实在的"自然之镜", 它是关于自然界的确切描述、真实客观的理性知识。

这种知识或认识的合理性首先在于知识确定性的实在论依据上,这是近代科学研究和认识论研究的理论出发点。近代认识论的一个基本预设就是主客体的二分,人们把科学知识解释为主体对客体的客观认识。从研究对象来看,科学研究的对象是客观存在的事物,它所极力消除的是在研究过程中所体现的人的私人化痕迹,以达到绝对客观性的程度,"实在论倾向于强调物质世界对表象结果的影响,并且缩小其中人类力量的作用,对于实在论者而言,科学家及其工作在本质上是透明的……一旦应用正确的工具,探索者(实验者)和制图者(理论家)在本质上就与最后结果的图像无关了"②。这样,在自然世界与科学理论之间,就实现了某种镜式的沟通,科学知识直接反映了自然实在的规律和真相,而个人的因素是科学研究需要摒弃的成分。因此,科学知识的合理性以及科学认识活动的可靠性,正是以外部实在的客观独立性为基本前提的。

在传统自然科学,特别是以牛顿经典力学为代表的传统物理学中,这种实在论观念表现得最为显著:科学家(主体)对自然界(客体)的作用并不干扰客体本身的状态或性质,科学家通过客观的方法能够获得关于客体的真实知识。而且,科学家所使用的测量仪器也并不干扰客体的状态,可以准确地测量客体的性质。这样一来,在科学家的知识信念与自然界之间就形成了一种一一对应的映射关系,这一点也保证了科学知识是对客观世界的真实反映,只有这样的客观知识才是合理的。

其次,由于科学是一项客观性的事业,由此我们必须尽量排除各种人为因素、社会因素等的影响,才能达到真正的合理性,即"所有科学的教育和研究基础的前提,就是科学家所持有的关于事物之普遍本性的信念",它重点强调的是科学的

---

① Peter Riggs, *Whys and Ways of Science*, Melbourne University Press, 1992, p. 10.

② Sergio Sismondo, *Science Without Myth*, State of University of New York Press, 1996, p. 5.

"非个体性"特征。① 一般认为,科学认识活动中的任何个人因素介入都是有悖于知识客观性规则的,科学认识在某种意义上就是利用客观方法去除主观性的过程,所以,科学研究应当是一个冷静客观、排除情感纠缠的过程。波普的证伪主义就是一个典型代表,他主张科学家不仅应该对科学猜想的结果持中立的态度,而且还应当设法来反驳它,科学家对于自己所提出的猜想应该不偏不倚、公正处之,客观性是科学不断取得成功的重要依仗所在。② 以客观的理性精神来克服由于个人因素(情感、利益、价值观等)造成的知识偏差至关重要,认识实在论所设定合理性的最大特点就在于坚持外部实在是完全超越于人类主观意识而存在,外部世界能以图像或者符号的形式,反映于我们的意识之中。从这种观点来看,"科学仅仅同发现真理和观照真理有关:它的功能在于建立一幅同经验事实相吻合的世界图象"③。

这样一来形成了我们所熟知的科学的价值中立思想。在科学知识与社会价值、意识形态关系问题上,视科学为一项理性事业(尽管从培根、休谟开始,就对社会因素给予了一定认可,认为社会因素可以通过人的感知来扩展知识,但社会因素的负面作用还是首位的,是要加以克服的"假相")。特别是在 20 世纪分析哲学兴起后,逻辑实证主义随之成为占统治地位的标准的"科学哲学",它们对科学知识的考察停留在理智哲学范围内,无论是科学知识的检验、证明还是知识的标准、意义问题,它们都坚持在经验和逻辑范围内的检验和证实原则,而社会、文化等外在因素在知识论中只是一些需要加以克服的障碍。为此,人类认识和科学研究过程中的所有个体性的成分都被视为有悖于客观主义知识理想的否定性因素,即使难以彻底根绝的话,也应该尽量克服、减少。④

最后,人们将科学知识合理性与真理联系起来,将科学理论的合理性归结到它所反映的外部事物身上,科学的真理性在于与外部实在相符合。科学知识是关于外部实在认识的唯一可靠来源,具有真理性,哈贝马斯曾对此做过一个经典的表述,我们不再把科学理解成为一种可能认识(知识)的形成,而是必须把认识与科学等同来看待。这就是说,科学是一项理性的事业,人类利用它可以获得对自然的正确认识。这时的科学知识被视为客观的、严格决定论的、精确的、形式简单的。也正是由于这种客观的关于自然的绝对的科学真理观的影响,尤其是在科学主义心目中科学是绝对正确的,它可以作为人类知识的典范、真理的代名词,它要

---

① M. Polany, *Science, Faith and Society*, The University of Chicago Press, 1964, p. 11.
② 郁振华:《克服客观主义》,载《自然辩证法通讯》,2002 年第 1 期。
③ [英]贝尔纳:《科学的社会功能》,陈体芳译,商务印书馆 1982 年版,第 3 页。
④ 郁振华:《克服客观主义》,载《自然辩证法通讯》,2002 年第 1 期。

求我们不再把自然科学理解为知识的一种,而是把它与真理知识等同起来。

这主要包括两个方面的内容:其一是坚持科学真理论,希斯芒多总结说,“我的最低限度的实在论(minimal realism)认为,实验者充分操作的实体是存在的,研究者对这些实在的性质有所了解。它还主张,获得真理论是科学家的目标之一,并且这是一个压倒一切的目标(overriding arm)”①,它最终总要将知识归结为真理或不断趋向真理;其二则在于承认真理是外部实在与理论的符合,即符合真理论。科学理论是对客观世界的真实说明,科学的目的就是要有关“世界的本来面目”给出真实的描述,对科学理论的接受意味着它为真信念。此外,真理符合论又是和认识的实在论承诺联系在一起的,符合是要强调与外部自然的一致性,这里就必然承认实在的存在。以主客二分为前提的自然科学也深刻影响到了这一时期的哲学思维模式,反之亦然,认识论哲学与自然科学相互影响,整个近代自然科学其实正是在主客二分的思维模式下从事科学研究的,这种哲学划分深刻影响了自然科学和哲学思维的模式,整个近代认识论的发展其实就是在主客二分的思维模式下从事认识论研究的。正是在主客体的二元对照之下,科学知识的镜喻才有了可靠的形而上学保证,它们之间的透明方法论可以确保知识与实在之间的符合关系。②

(二)“方法论崇拜”与科学合理性

现代性对科学合理性的另一个重要的认识论论证是方法论的辩护。方法论的合理性,普特南称之为“‘方法’崇拜”,普特南这样写道:“许多哲学家一直相信,科学活动是通过遵循一个独特的方法进行的。如果事实上真有这样一种方法,借助于它,一个人可保证发现真理;如果其他方法都没有发现真理的真正机会,并且,如果正是科学且唯有科学对这种方法始终如一的运用,才能说明科学的非凡成功和非科学领域的无休止争论,那么合理性(如果有这样一种东西)也许应该等同于这种方法的拥有和运用。”③所以,人们普遍承认科学受到某种固定规则和方法的支配,也即它遵循着一套发现真理的特定程序,这也是自然科学能够从其他领域脱颖而出的重要原因。

伴随着近代自然科学的诞生,当伽利略用“实验方法和归纳方法与数学的演绎方法结合起来”创立近代物理学时,自然科学就面临着合法性的辩护问题——如此建立起来的理论何以使人信服,如何保证这种知识的正确性呢? 以洛克等人

---

① Sergio Sismondo, *Science Without Myth*, State of University of New York Press, 1996, p. 7.

② 杜以芬:《近代基础主义认识论的形成及其理论困境》,载《东岳论丛》,2003 年第 1 期。

③ [美]普特南:《理性、真理与历史》,童世骏、李光程译,上海译文出版社 2005 年版,第 210 页。

为代表的经验论对科学合理性的辩护正是从科学的方法论角度进行的,即科学建立在可直接经验的事实基础上,然后通过归纳、逻辑推理、数学方法形成合乎逻辑的知识体系。这种知识体系,无论是什么人,只要按照理性的方法,都可以独立得出完全一致的结论。这样,近代科学利用精确的观察——实验方法,建立起在经验上具有严格的可重复性、可预言性的理论或规律。科学据此成为一种理性的事业,其成果科学知识因此而具有合理性,所以,经验主义传统的科学哲学一直强调科学知识是通过经验归纳和实验的分析而获得的,归纳方法是科学认识活动的重要保证。这一观念特别是在早期自然科学研究领域十分流行,归纳法成为最为重要的科学研究方法。①

为此,牛顿曾声称实验哲学中的科学命题都要从经验现象中推导出来,然后通过经验归纳使之成为一般的定律。并且还要"力戒假说",那些假说既不是一个现象,也不是从任何现象中推论出来的,它只是一种"臆断或猜测",只有通过在排斥掉主观因素之外,从理性出发的经验假说方法,才能确保理论成为直接来源于经验世界的客观真理。知识的客观性保证在于经验与归纳(逻辑)的共同作用。②逻辑实证主义兴起后,以石里克、卡尔纳普等人为代表试图利用经验和数理逻辑为工具给科学制定出一套理性的规范方法,以便能一劳永逸地解决科学的合理性问题。他们以自然科学知识为标本,试图通过逻辑分析和逻辑法则,把科学理论重建成一个演绎系统,把科学建立在仅仅由"经验"和"逻辑"因素构成的前提之上。他们进一步明确和强调了"经验观察的中性学说",在卡尔纳普等看来,科学观察过程和观察语言都是纯粹客观的,它们对任何理论都保持中立,由此自然科学知识的客观性也就有了保证。此外还有还原主义,所谓"还原主义",按照奎因的说法就是任何一个有意义的理论陈述,在原则上都可以直接或间接地还原为一系列观察语句,经验语句是这个理论的意义根据。在逻辑实证主义这里,理论的意义在于其经验意义的证实,这就是实证主义者所奉行的可证实性原则与可验证性原则,对理论的证实要诉诸经验检验作为理论陈述的意义标准。具体而言,一个科学理论的辩护是否成功,也即被接受还是拒斥,在实证主义看来这主要取决于逻辑和经验这两个方面的因素,其中,人们对方法论规则的形式化要求就是要保证方法论规则的客观性,不受认识主体的主观因素的影响,科学和科学合理性

---

① 理性主义的传统哲学与之相对,他们强调科学理论演绎与形式化的意义和作用,那些符合人类理性的知识才可能是可靠的,所以科学家的科学活动也是剔除非理性因素的过程。参见费多益:《略论科学合理性的演进趋势》,载《哲学动态》,2000 年 07 期。

② 郁振华:《克服客观主义》,载《自然辩证法通讯》,2002 年第 1 期。

都是不依赖于主体的,它们相对于社会历史条件具有独立性,所以,对科学核心部分的研究是逻辑和传统认识论的领域,并且任何类型的社会分析都是无关的。①在这种观点看来,科学的合理性的辩护是与科学家主体自身无关的,这样,科学研究成果具有无关社会环境的独立性,所以,人们得出了一个普遍的一致性结论:科学知识是人类理性认识的产物,它是科学家通过一定的逻辑与客观程序,在经验观察、科学实验的基础上对自然界探索的真实结果。

科学理论的合理性在于经验事实的客观支持和理论本身内在逻辑的一致性以及理论与实在或现象的符合。逻辑实证主义明确地在创造性思维的语境即"发现的语境"和正统的科学说明的语境的"辩护的语境"之间做了区分。"大多数逻辑经验主义坚持在发现和确证语境的基本区分,他们主张从后者的立场出发科学知识就有了理性的保证"②。但"在实证主义传统中,赖辛巴赫的区分转变成了学科之间的劳动分工。自然科学家处理科学知识;哲学家的身份不过于是他们的女仆,帮助整理逻辑上的混乱;而社会学家仅仅关注在观念的偏离方面:科学的错误、错误的信念和对理论的非理性敌制。关于这些偏差的社会学解释是犯错科学家在他工作中的不合适的社会位置或不恰当的组织结构发现的,它们允许个人、社会或其他因素会歪曲知识。社会学家主要集中在科学家和科学机制方面,而非是科学知识"③。所以自逻辑实证主义以来,科学发现被视为科学家主观或心理活动的过程,对于这一语境研究科学哲学无能为力,按照莱辛巴赫的观点只能排除在理性分析之外,而这样一来这方面的研究属于错误知识的社会学研究领域,在排除了科学发现语境的问题以后,科学哲学的任务就只是对剩下部分的辩护理性分析,自然科学之所以成为一项理性的事业,关键在于科学合理性是以科学方法论的辩护作为基础的。

具体而言,这种方法论主义是以客观主义和基础主义为前提的。西方近代哲学在笛卡尔和培根那里就已开始确立认识论,他们正是以绝对的客观性为知识的理想,强调自然科学是一项客观性的事业,由此科学家们必须尽量排除各种非科学因素的干扰,包括人为因素、社会因素、意识形态等的影响。科学知识的客观性,即"所有科学的教育和研究基础的前提,就是科学家所持有的关于事物之普遍本性的信念",科学方法论的重点就是要强调科学的"非个体性"特征,这样,科学

---

① Sergio Sismondo, *Science Without Myth*, State of University of New York Press, 1996, p. 8.

② W. C. Salmon, "Carl G Hempel on the Rationality of Science", *The Journal of Philosophy*, 1983 (1), p. 556.

③ Stephan Fuchs, "The Social Organization of Scientific Knowledge", *Sociological Theory*, 1986 (4), p. 126.

家才能对于其理论保持科学的态度和精神。科学认识的客观性与主体或者个体因素是相对立的,知识认识的过程即是排除这种个体化因素的净化过程。① 在客观主义和基础主义基础上,逐渐形成了理性主义、规范主义的科学方法论。理性是自然科学的最大特点,所以传统知识论也被赋予"理性主义"的立场,理解科学就是要理解一种由个体科学家们运用理性方法的过程。因此,近代知识论把科学哲学的核心工作看作是寻求统一方法论的过程,并且这种方法在科学家的具体科学实践活动中,包括选择数据资料、论证和辩护的过程中被验证了。从理性主义的立场来看,对科学核心部分的研究是逻辑和传统认识论的领域,并且与任何类型的社会分析都是无关的。② 总的来说,在规范主义看来,人类科学认识过程中存在着某种理性的活动规范,它是科学合理性的基础,哲学家的任务就是揭示这种规范(无论这种规范本身是理性的还是先天的),以便认识论者能够获得关于人类认知本质的知识,而认识的合理性就在于对规范的遵循。

总之,在传统科学哲学眼中,科学的合理性在于科学方法的客观有效性,按照巴伯的说法就是:科学方法是人们达到知识的唯一可靠的路径。从科学研究过程来看,科学活动建立在使用精确的观察和实验方法得出的经验事实基础之上,它在实验和观察方面具有严格的可重复性和可预言性,这是科学合理性的改变保证。只有在这种背景下,我们才可以说科学是纯客观的,与人的主观愿望、个人私利等价值因素无涉,这正是科学合理性的最根本特征,也是我们理解科学合理性的最常见观点。但到 20 世纪 90 年代,随着"科学大战"的爆发,关于科学本质的争论引向了普通公众,对科学表述的反思达到了空前的程度。③ 总之,在相对主

---

① 郁振华:《克服客观主义》,载《自然辩证法通讯》,2002 年第 1 期。

② Sergio Sismondo, *Science Without Myth*, State of University of New York Press, 1996, p. 8.

③ 20 世纪的最后十年被认为是西方学术界"科学大战"(Science War)的十年,从 1992 年温伯格(Steven Weinberg)和沃尔珀特(Lewis Wolpert)对社会建构论的批评开始。1994 年,英国媒体对沃尔珀特与柯林斯(Harry Collins)的辩论进行了报道,美国传媒则报道了全美学者协会的会议,使这场关于科学本质的学术争论在大西洋两岸几乎同时进入了公众的视野。同年,格罗斯(Paul Gross)和莱维特(Norman Levitt)出版了《高级迷信:学术左派及其与科学的争论》,向科学论研究者正式发出了宣战书。作为回应,《社会文本》于 1996 年精心准备了一期"科学大战"专辑,从而引发了著名的"索卡尔事件"。这一事件不仅引起了大众传媒的极大兴趣,而且也使这场争论越来越偏离严肃的学术讨论的方向。在以后几年中,争论双方进行了充满火药味的论战,学术研究似乎变得无关紧要,双方也都缺乏了解和理解对方的愿望。双方草率地将其论战文章发表在报纸和通俗刊物上,从而演变成了一场科学与人文之间的公开论战,一场公开表演的"聋子对话"参见[美]杰伊·A. 拉宾格尔、[美]哈里·柯林斯主编:《一种文化? 关于科学的对话》,张增一等译,上海世纪出版集团 2017 年版,前言部分。

义兴起的背景下科学越来越难以维持传统哲学,特别是传统哲学所赋予的"神圣"尊严了,科学的合理性辩护和表述都出现了危机。

(三)事实与价值的二分

从现代性角度来看,科学哲学作为近代以来科学精神和经验主义联合的产物,它典型地体现为事实和价值二分的哲学预设。最初,"中世纪形而上学把人看作是自然的一个有决定作用的部分,是物质和上帝之间的联系",所以人是处于那个有限的有机整体性的世界之中的;而现代人被视为"是在真实的、基本的王国之外的东西",即"具有目的、情感和第二性质的人,则被推离出来作为一个不重要的旁观者,作为在这部伟大的数学戏剧之外的半真实的效应"。① 在事实与价值方面的这一观点,现代性的逻辑很清楚,这是两个不同的问题,对于自然科学而言,事实和真理性是第一位的,"获得真理论是科学家的目标之一,并且这是一个压倒一切的目标"②。而且,在一些乐观主义者看来,最终科学家总是要将科学活动的目标归结为真理或不断趋向真理的,当代著名学者米勒(David. Miller)更明确地强调了这种进步观:科学的目标就是真理,不是种种在认识论上可以区分的真理,而就是真理本身。因此,科学的最终目标就是发现有关外部世界的真理,贝尔纳概括说:"我们可以称之为理想主义的科学观和现实主义的科学观。……科学仅仅同发现真理、关照真理有关,它的功能在于建立一种中立的、同经验事实相吻合的世界图景。"③

传统哲学往往将事实与真理问题视为不可分割的两个话题,我们认识到了事实也就等于发现了真理,传统哲学坚持事实的价值无涉正是为了保证真理的客观性,从而科学知识的合理性有了客观保证。这是经验主义以来科学哲学所承认的一个基本认识论前提。但这一划分一直存在着诸多疑问,从休谟对是与应当的讨论开始,将事实或经验和真理、客观性等同起来的观点仍有着一些争议,特别是当代哲学和心理学的发展为这一讨论提供了更多新的内容(如格式塔心理学揭示的观察与理论的负载关系问题),重新考虑二者的关系成为一个重要的哲学问题。其中,在历史主义之外的科学哲学领域,最著名的代表人物非普特南莫属。普特南认为,事实和价值的划分"是一个无法予以合理辩护的二分法",而且,关于事实和价值的二分法是极为模糊的,因为事实陈述本身以及我们赖以决定什么是、什

① 王南湜:《近代科学世界与主客体辩证法的兴起》,载《社会科学战线》,2006年第6期。

② Sergio Sismondo, *Science Without Myth*, State of University of New York Press, 1996, p. 7.

③ [英]贝尔纳:《科学的社会功能》,陈体芳译,商务印书馆1982年版,第37页。

么不是一个事实的科学探究惯例，就已经预设了种种价值。①

休谟最早集中研究了“是”和“价值”问题的关系。他认为所谓“是”的问题，就是认识理性的问题，其核心标准是事实和判断的符合或不符合的亚里士多德的真理问题。在休谟时代人们比较普遍地认为存在两种类型的知识形态：第一类是那些具有普遍性和必然性的知识，“不经过观念的任何变化而变化”，所以它永远不会出错误，“属于直观的范畴”，因此其中虽然有真理，但不属于理性的范畴；另一类是概然知识，涉及因果性观念的概然性推断，它属于“理证的范畴”，但因为其基础是经验和观察，因而在其中不可能有真理。休谟进一步认为，认识和实践其实是两种不同类型的问题。这一问题的提出对近代以后的认识论辩护产生了重大影响，“事实”与“价值”的二分难题难以回避。② 其中，人们认识的对象是实在或观念，它的成果是知识，其评价标准是真或假以及符合或者不符合；而人类实践的对象则是情感，“不能被真理或理性所反对，或者与之矛盾”，它的成果是一种行为，其评价标准却是善或恶以及功或过，原因在于“情感是一种原始的存在，或者也可以说是存在的一个变异，并不包含任何表象的性质，使它成为其他任何存在物或变异的一个复本”③。

到20世纪，这种二分法对科学以及哲学研究还是有着深远的影响，强调事实与价值的二元对立根深蒂固。特别是随着科学主义影响的扩大，自然科学与实证主义的发展进一步加深了这种观念，在客观上这有力地推动了自然科学在整个社会文化中的影响。这样，现代社会以来的人们事实上“正在实际经历着一场从教条主义、权威主义向实验和实证主义观念的转变过程。在历史上，人们第一次牢固地扎根于坚固的地面上，并且拒绝做任何移动。科学的支持者们相互保证，他们会用自己的最大的努力去研究和探索可能知道的自然领域，而不用再顾及任何道德、宗教或外来其他东西的影响和干扰。在这样一个有限领域，追求真理或实在成为他们唯一的目标”④。赖欣巴哈在《科学哲学的兴起》一书中就申明了这一哲学的理念：科学哲学的任务是要进行“逻辑分析”，我们可以通过数理科学的“精密”方法将科学以及精神向外推广，但在此过程中也不能把感情和认识问题混淆

---

① 这种观点也符合充满调和色彩的普特南哲学，其实，他对历史上的诸多二分都表达了这种立场，基本都持反对立场。（见《事实与价值的二分》）

② 张志刚：《关于理性与信仰关系问题的研究构想》，载《基督教研究》，2000年第5期；参见［英］休谟：《人性论》，关文运译，商务印书馆1980年版，第69、89页。

③ ［英］休谟：《人性论》，关文运译，商务印书馆1980年版，第453页。

④ Jesse. Macy，“The Scientific Spirit in Politics”，*The American Political Science Review*，1917. 11，p. 1.

起来,将传统哲学中的"美"与"善"去除掉而只留下"真","科学哲学家把他对伦理学的贡献归结为弄明白它的逻辑结构",即经过逻辑意义分析"从而摆脱错误",这是一种"怀着"科学家一样不屈不挠的精神在"作新的尝试"的科学活动。① 我们已经指出,科学哲学的合理性辩护重点就是要强调科学的"非个体性"特征,科学方法与科学知识都是客观的,可以经过重复经验的。所以自然科学是建立在纯客观的基础之上,科学是一项客观性的事业,传统科学哲学"倾向于强调物质世界对表象结果的影响,并且缩小其中人类力量的作用,对于实在论者而言,科学家及其工作在本质上是透明的……一旦应用正确的工具,探索者(实验者)和制图者(理论家)在本质上就与最后结果的图像无关了"②。这是科学研究对方法论要求的实质,通过这种客观中立的透明镜子我们可以在自然世界与科学理论之间达到互通,科学知识直接反映了自然实在的规律。

从科学科学研究过程和方法来看,其根本目的在于借助客观方法论排除掉主观因素对知识结果的影响,最后实现科学与人的主观愿望、私利等价值因素无涉。但是,这种观念背后正是事实与价值二分的结果,以实证主义为代表的标准科学哲学简单排除了科学与价值的关系,而只将事实一味地归于科学的认知属性之中,将科学理念简单理解为关于纯粹事实的科学,这种科学观自称价值中立,想要以此要求人们排除一切主观价值,而完全以客观科学的态度对待事物。这样的思维方式以"冷漠的态度避开了对真正的人性具有决定意义的问题"③。事实上,主客体模型的建立,在主客二分框架中产生的真理追求以及将认识者植入镜子模型的思想策略,发展的总体趋势是抽离了人的认识的历史、文化、社会和心理等因素,这其实是从人的总体特性中切取一个片断进行夸大的结果。④ 另一方面,近代科学认识遵循的是主客体二元对立的对象化逻辑,把外在于主体的其他一切(包括自然和他人)视为客体加以控制,这种二元对立的思维方式可能会导致社会共同体的分裂和瓦解,科学与技术同新社会的关系仍充满不确定性。⑤

(四)表象主义:科学知识的现代性内涵

较之于古代知识的冥想与演绎特征,"科学知识则建立在通过心灵、逻辑与数学建构方法上对实在的理解上。传统知识要求的是心理的沉默,清除掉通常的逻

---

① [德]H. 赖欣巴哈:《科学哲学的兴起》,伯尼译,商务印书馆2004年版,第234—251页。

② 参见 Sergio Sismondo, *Science Without Myth*, State of University of New York Press, 1996, p. 5.

③ 转引自夏宏:《生活世界理论视域中的现代性危机》,载《广州大学学报》,2010年第10期。

④ 田海平:《镜子隐喻与哲学转向三题》,载《学术研究》,2002年第1期。

⑤ 郑小霞:《从抽象理性批判到资本批判》,载《安徽大学学报》,2010年第1期。

辑关联;科学知识只是可能归功于心灵的活动"①。福克斯(S. Fuchs)这样描述近代科学观与理性主义的关系:"启蒙运动以来,人们就把科学等同于从传统和迷信中脱离出来的社会进步和道德解放,科学已被视为人类所有理性实践的典范。"②现代性塑造了理性科学的根本形象:科学知识在现代生活中具有特殊的信誉和权威性,它成为真理、公正、正确的代名词。知识来自人的意识对世界的反应。这种意识哲学的方式可以典型地表述为"世界是我的表象","表象"(Vorstellung)就是把某物放在观察者眼前而形成的意识形象。这表征着观察者与对象之间存在着一种对应或对象化关系,主客二分构成表象主义的理论基础。③

自然科学是表象主义的最典型代表。科学知识作为人类知识、信念的典范,被表述为是对外部客观实在的真实描述和反映,随着科学的进步,它是不断趋向于真理的;科学认识的进步就是对外部实在规律地不断揭示和排除个人、社会因素的影响而逐步达到纯粹客观性的过程。所以,人们又普遍认为科学认识及其结果(科学知识)中没有社会因素的地位(如上哈弗派尼、赖辛巴赫等人所言),科学知识内容与社会意象无关。通过对人为社会因素的排除,理性主义科学观强调人类知识是对某种人类经验、生活或客观世界的反映,至于科学知识,它是科学家在对自然界研究过程中形成的理论化、系统化的知识,并且,在一定程度上反映了外部客观世界的真实面目。波普尔说,在科学中我们所力图做到的是描述和(尽可能地)说明外部实在,在这一意义上,罗蒂对以往哲学认识论的概括还是颇为精辟的:人类的心灵是一面静止的镜子,知识是映现在这面镜子里的意象,科学知识是一面映射外部实在的"自然之镜","作为准确再现的知识"。④

近代以来由笛卡尔等人开始的哲学认识论转向,其基本模式正是遵循了这种"镜式哲学隐喻"的思路。在自然科学,特别是以牛顿经典力学为代表的传统物理学中,这种实在论观念表现得最为显著:科学家(主体)对自然界(客体)的探索以并不干扰客体本身的状态或性质为基本前提,科学家通过客观的方法能够确保获得关于客体的真实知识。而且,科学家所使用的测量仪器和工具也不会干扰客体

---

① Nicolescu, Basarab, *From Modernity to Cosmodernity*, State University of New York Press, 2014, p. 21.

② Stephan Fuchs, *The Professional Quest for Truth, a Social Theory of Science and Knowledge*, State University of New York Press, 1992, p. 1.

③ 这是近代知识论的一个基本预设,胡塞尔很有代表性地做了总结性批评,"世界不可能是"人们的"表象",这个整体不可能置于眼前,为此世界"毋宁说是所有事物的视域"。(见《现代性是哲学误读与社会学阐释》,第2页。)至于对现代性视域的表象主义分析和评判将是后面的重要内容,这里不再赘述。

④ [美]罗蒂:《哲学与自然之镜》,李幼蒸译,商务印书馆2004年版,第9页。

对象的状态和属性，因此我们可以准确地测量客体的性质。这样一来，在科学家的知识信念与自然界之间就形成了一种一一对应的映射关系，这也保证了科学知识是对客观世界的真实反映。一个理论的接受和拒斥归根到底取决于逻辑和经验这两个因素，而对方法论规则形式化说明的目的就是要保证规则和标准在使用中保持客观，不受认识主体的主观因素的影响，科学的合理性都是不依赖于主体的，它们相对于社会历史条件具有独立性，知识表象只是对客观实在的反映或映射。①

这种实在论科学观形成了表象主义的认识论，它认为，在对象（自然界、经验）与人类表象（知识、信念）之间存在某种直接的对应和映射关系，表象或知识最终由其对象确定或决定。具体到科学知识，是对外部自然界性质的描述，它至少反映了自然物的某些规律和本质。另外，知识实在论特别强调，社会因素对科学知识的影响主要是负面的，所以"只有非内在的思想，只有那些在给定情况中并不属于由理性牢固确立起来的思想，才是社会学所要说明的合适对象。如果接受某种信念 x 是先前接受信念 y 和 z 自然而合理的结果，那么认为信奉 x 直接是由社会或经济原因引起的就毫无道理了"②。

在第比特斯看来，"关于表象问题至少包括三个议题：(1)表述的方式（the representational device，RD）以及这些 RD 的社会建构、解释、展开的程度；(2)表述客体的形而上学地位（RO）；(3)RD 表述 RO 的精确性问题"③。其中，相对于实在论而言，RD 最终指称的是一些独立存在的非认知结构和过程，他们一般坚持认为 RD 最终不得不描绘一些独立于研究者的关于真实世界的性质，但实在论者也认可对 RD 的建构性纬度，因为他们也承认，在一定程度上这些表述方式和它们的应用是由研究者的偶然标准来确定的。而且实在论者认为，如果不是这样，那么 RD 将根本不能表述任何东西，因此它所提供的数据也是不可理解的。

伍尔加亦持相同的观点，他以下的列表对表象问题的二分法（即表象和客体）给予了清晰的说明④：

| 表象 | 客体对象 |
| --- | --- |
| 意象（image） | 实在（reality） |
| 文献、文档（document） | 基本模式（underlying pattern） |

① 费多益：《略论科学合理性的演进趋势》，载《哲学动态》，2000 年第 7 期。

② ［美］劳丹：《进步及其问题》，刘新民译，华夏出版社 1999 年版，第 207 页。

③ Michael Lynch，Steve Woolgar，*Representation in Scientific Practice*，The MIT Press. 1990，p. 69.

④ Steve woolgar，*Science：The Very Idea*，London and New York：Tavistock Publications，1988，P. 31.

| | |
|---|---|
| 指称者 | 指称 |
| 行动或行为 | 意图 |
| 行动或行为 | 原因 |
| 语言 | 意义 |
| 待解释的词(explanandum) | 词、词的意义(explanans) |
| 知识 | 事实 |

在上表中,右侧如客体对象、实在、指称、原因、事实等分别对应于左侧的表象、意象、指称者、行动或行为、知识等表述。对于上图对立的两侧,认识实在论认为,在两者之间存在着某种映射关系,其中,首先是必须肯定存在着我们的认识对象(即右侧部分内容),而我们对它们的表述是一组真实的反映(至少能够不断接近真实),能够映射出事物的本来面貌,即表述的知识是真实的,因为它有其客观的依据——外部实在的客观性。在这一意义上,我们可以说,"表象主义"是基础主义认识理论的典型形式,这种认识论坚持如下主张:实在是知识的基础,人类的认识过程就是人的心灵同客观实在相接触从而形成有关知识信念的过程。这种知识或观念是对实在的某种复本或表象,而正确的观念即是真理,它是同客观实在相符合的。因此,在这种本质主义认识论看来,科学认识的任务就是发现"世界的本质"和规律,从而在观念中再现实在本身。①

实在论的这种"表象主义"知识观在传统认识论中一直居于主导地位,"俘获住传统哲学的图画是作为一面巨镜的心的图画,它包含着各种各样的表象(其中有些准确,有些不准确),并可借助纯粹的、非经验的方法加以研究。如果没有类似于镜子的心的观念,作为准确再现的知识观念就不会出现"②。这种思想发展到现代哲学,罗蒂意义上的"心灵"在知识论中的地位逐渐为语言所取代,哲学家们越来越认可语言在反映客观实在中的媒介作用,因此语言逐渐具有的这种举足轻重的地位,也在一定程度上反映了西方哲学中"语言学转向"在认识论研究中的情况。因为在这时候,语言被视为一种具有确定意义的透明性的媒介或工具,这是一种确有所指并能够使人们借助它正确反映对象内容的温顺工具,表象主义试图借助语言这一媒介去寻求同实在相符合的真理。语言或符号所具有的透明本质是语言分析可以进行的基础。③ 总而言之,我们通过对表象、经验、语言的研究,使得这种表象主义观念将传统认识论的反映论一直延续下来。

---

① 曹剑波:《后现代主义对符合论的挑战》,载《中国矿业大学学报》,2004 年第 2 期。

② [美]理查德·罗蒂:《哲学和自然之镜》,李幼蒸译,商务印书馆版 2003 年版,第 9 页。

③ 任红杰:《后现代主义反基础主义的取向》,载《首都师范大学学报》,1999 年第 2 期。

在这种表象主义看来，知识是作为对世界的表象而出现的，这种常识性知识就是人们认识世界的基本手段和工具，与之相对，科学哲学要阐释清楚这一程序的合理性，也即从观察、记录、检验到表述和修改或替换。在这一过程中，科学表象主义的模式承认世界与我们对其的表象存在问题，因为世界毕竟是独立于我们对它的表象而已，科学表象也可能完全正确地描述世界，即使这种表述可能出错，但这并不影响自然科学不断向真理的逼近。① 20 世纪以来，以石里克、卡尔纳普等人为代表的逻辑经验主义，将自然科学视为哲学研究的重点，他们以经验和数理逻辑为工具试图为科学分析制定出一套理性的规范，在这种规则面前，科学的表象特征及其规律将一览无遗，这样便可一劳永逸地解决科学的合理性问题。

他们对科学知识的考察停留在理智哲学范围内，无论是科学知识的检验、证明还是知识的标准、意义问题，它都坚持在经验和逻辑范围内的检验和证实原则。这种科学观蕴含了一个基本的假设：科学认识活动是理性的，科学知识是理性的产物，而科学哲学就是探究科学活动的理性规则，以便更好地指导科学家们的科学活动。具体而言，以规范主义为特征的传统科学哲学是以客观主义和基础主义为前提，强调科学是一项客观性的事业，由此我们必须尽量排除各种人为因素、社会因素的影响，"这是所有科学的教育和研究基础的前提，就是科学家所持有的有关事物的普遍本性的信念"②。

而且，传统科学哲学表现出浓厚的基础主义色彩。它强调科学知识必须建立在某种客观基础之上，这样知识大厦才可以搭建得足够坚实。施泰格缪勒说过，西方哲学一直都在试图为人类知识寻找一个最根本的、绝对不容置疑的阿基米德点，因为在他们看来世界必然有一个终极的本质，只要哲学家将这一本质和意义揭示出来，一切问题就可以迎刃而解。而哲学肩负着为知识寻找基础并说明知识本质的重任，只有为知识提供一个稳固的基础才能更好地说明知识的合法性。一个理论的接受和拒斥归根到底取决于逻辑和经验这两个因素，而对方法论规则形式化说明的目的就是要保证规则和标准在使用中保持客观，不受认识主体的主观因素的影响，科学和科学合理性都是不依赖于主体的，它们相对于社会历史条件具有独立性。③

在客观主义和基础主义基础上，形成了理性主义、规范主义的科学认识论。理性是自然科学的最大特点，传统认识论被赋予了"理性主义"的立场，理解科学

---

① 邱慧：《实践的科学观》，载《自然辩证法研究》，2002 年第 2 期。

② M. Polany, *Science, Faith and Society*, The University of Chicago Press, 2011, p. 1.

③ 费多益：《略论科学合理性的演进趋势》，载《哲学动态》，2000 年第 7 期。

就是要理解一种由个体科学家们所运用理性方法的过程。“现代性”的根源就在于从肇始于笛卡尔的“我思故我在”的主—客对立的思维模式出发,“视主体性为基础和中心”,“坚持一种抽象的事物观”,具有对“基础、权威、统一的迷恋”①。所以,近代知识论把科学哲学的核心工作看作是寻求统一方法论的过程,并且这种方法在科学家决定、选择数据资料过程中已被验证了。从理性主义的立场来看,对科学核心部分的研究是逻辑和传统认识论的领域,并且与任何类型的社会分析都是无关的。② 总的来说,在他们看来,人类科学认识过程中存在着某种理性的活动规范,它是科学合理性的基础,哲学家的任务就是揭示这种规范,无论这种规范本身是理性的还是先天的,以便认识论者能够获得关于人类认知本质的知识,而认识的合理性就在于对规范的遵循。普特南对这种规范主义的总结是最有代表性的(他称之为“方法崇拜”),“许多哲学家一直相信,科学活动是通过遵循一个独特的方法进行的。如果事实上真有这样一种方法,借助于它,一个人可保证发现真理;如果其他方法都没有发现真理的真正机会,并且,如果正是科学且唯有科学对这种方法始终如一的运用,才能说明科学的非凡成功和非科学领域的无休止争论,那么合理性(如果有这样一种东西)也许应该等同于这种方法的拥有和运用”③。在表象主义方面来看,认识论作为一种“无主体”的哲学,除了在主体间的交往中征得他人的认同外,基本上“封闭了自己”,很难摆脱唯我论,至少是卡尔纳普所谓的“方法论唯我论”的困境。这也是后实证主义时代的科学哲学研究从科学的内在史转向社会学研究,其转变的实质就是科学观念的变迁,即要以一种新的科学观取代表象论的科学观的重要原因。④

劳丹认为,20 世纪以来的科学哲学和科学史研究,正是将科学的本质概括为这样一种方法论特征:科学的本质在于其“意见的高度一致性”。具体而言,就是这样一种“莱布尼兹主义观点”,虽然科学争论随时随地都会出现,但是所有的科学争论都可以通过适当的方法论规则得以公正解决。对于这种情况,劳丹写道:“方法论规则使得科学共同体形成一致性的看法。”⑤由于表象主义把知识的本性理解为人的表象,用罗蒂的话来说这实质上就是把人心理解为“自然的一面镜子”,在这种二元论的背景下具有镜式本质的心灵从身体出发过来把自己的身体

① 崔伟奇:《超越现代性何以可能》,载《学习与探索》,2008 年第 1 期。

② Sergio Sismondo, *Science Without Myth*, State of University of New York Press, 1996, p. 1.

③ [美]普特南:《理性、真理与历史》,童世骏、李光程译,上海译文出版社 2005 年版,第 210 页。

④ 邱慧:《实践的科学观》,载《自然辩证法研究》,2002 年第 2 期。

⑤ L. Laudan, *Science and Values*, Berkeley: University of California Press, 1984, p. 6.

看作一个客体,并产生了一种所谓的"超然脱离"的信念,即"他是如此地自由和理性,以至于他能够完全把自己跟自然的和社会的世界区分开来,这样他的身份就不再由他之外的这些世界中的东西来界定","表象作为意识的产物"而又脱离了主体的有限性。① 在这种背景下对表象主义的反思和评判成为重要的哲学问题,也是我们下面将要讨论的重要议题。

## 二、表象主义与科学形象的危机

随着自然科学在人类社会生活中影响的不断扩大,科学及其产品——科学知识在现代社会生活中具有了特殊的信誉和权威性,它一直是真理、公正、正确的代名词、人类知识信念的典范。但后现代主义思潮的出现,使得这种科学传统形象渐露危机,越来越难以维持其正统形象,而20世纪70年代社会建构主义的兴起再次对科学的传统形象以重大冲击,传统科学崇高的形象逐渐从"神坛"走向了世俗化形象。罗蒂自然之镜的科学知识观遇到极大挑战,科学开始从一种"高不可攀、遥不可及、使人敬畏"的权威形象开始转变为"世俗的、近在咫尺的、日常的"普通形象,从一种"非人化的、普遍的、永恒的"崇高形象转变为"个人化的、当地化的、暂时化的"世俗形象,以往无上荣光的"大科学"变成了普通的"手艺作品",而令人敬仰的科学家也随之降到了一般的手工工匠的水平,神圣的科学知识成了普通的手工技能。总之,自然科学在众多的冲击中越来越难以维持传统所赋予的"神圣"尊严了,这就是科学表述的危机问题。

### (一)主体理性支配下的科学形象

近代科学诞生之后,它逐渐取代了传统神学的地位。事实上自从16、17世纪以来,伴随着自然科学在人类社会生活各个领域所取得的突破性的成就和巨大进展,科学的光辉就开始照耀整个人类社会:"启蒙运动以来,人们就把科学等同于从传统和迷信中脱离出来的社会进步和道德解放,科学已被视为人类所有理性实践的典范。"②科学及其理性精神成为新的文化的指导性标准。赖欣巴哈这样评价说,"相信科学能回答一切问题……这简直使科学接过来了一个以前本是宗教所担任的社会职司:提供最终安全的职司。对于科学的信仰颇大程度地代替了对于上帝的信仰。……它的独断论以及通过确定性的保证对于思想的控制,都出现

① 晋荣东:《现代逻辑的理性观及其知识论根源》,载《南京社会科学》,2008第4期。

② Stephan Fuchs, *The Professional Quest for Truth, A Social Theory of Science and Knowledge*, State University of New York Press, 1992, p. 1.

在把科学视为不会错失的哲学里了”①。在人们看来科学已成为人类其他文化形态效仿的典范，它是历史上最典型的人类理性能力的产物。

牛顿经典力学成功地揭示了地球上的物体、空间天体的运动规律，之后能量守恒与转换定律的发现、细胞学说和达尔文进化论思想的确认以及完整的电磁理论的建立都使得自然科学进一步深入人心，科学成就在社会领域的广泛应用，人类生活发生了巨大变化。科学所取得的成功是任何其他学科都无法比拟的，人类社会走上了科学的时代，“对于知识和各种实践，科学的标签具有特殊的信誉和权威性……总之，科学已变成了当代的宗教”②，以至于人类行为都需要经过“科学”的检验，科学成为正确、真理的代名词，这正如费耶阿本德所评价的那样，“科学与启蒙是同一的，即使是最激进的社会批判者也相信这些”，社会批判者都需要听从于科学的判决，“克鲁泡特金（Kropotkin）想要摧毁所有传统的制度和信念，但没有涉及科学，易卜生无情地批判了人性最虚伪的假面具，但却依然要保留科学作为原封未动”③。科学为人类提供了最具客观性、公正性的知识，它真实反映了自然物质世界的本来面貌。传统科学观所赋予科学的客观性形象，首先体现在人们对科学理性、科学思维方式的推崇方面。科学主义（scientism）一词最早主要就是指自然科学方法在哲学、人文科学、社会科学在内的一切文化研究领域的广泛应用，而且它还重在强调，只有科学方法才能富有成果地被用来追求真正知识。这种“科学主义”思潮侧重于强调科学方法的客观性、中立性特征的优越性：它能应用于包括哲学和社会科学的一切领域，实证的科学方法逐渐成为一种主导的思维方式，所有其他学科都应按精确的科学形式来建立。事实上，科学方法在认识自然过程中的成功应用确实也对社会科学产生了重大影响，从孟德斯鸠、孔德等人开始，哲学家、社会学家们就试图凭借科学的理性方法来揭示人文社会和人类本性的规律，构建所谓的“社会的数学”和“社会的物理学”。人们坚信科学方法为人类提供了一个通向真理的大道，凭借严密的逻辑和客观的科学方法，所有科学领域的问题都能够最终得到完满的解答。科学已经渗入到人类一般思想之中，改变了人类的基本思维方式。

科学与社会进步、真理紧密联系在一起，成为人类文明发展、进步的标志。首先，科学与真理密不可分，科学的目标就是要追求真理，吉格斯（P. Riggs）为此总

---

① ［德］H·赖欣巴哈：《科学哲学的兴起》，伯尼译，商务印书馆2004年版，第38—39页。

② Stephan Fuchs，*The Professional Quest for Truth*，*A Social Theory of Science and Knowledge*. State University of New York Press，1992，p. 2.

③ Feyerabend，*Against Method* ：*Outline of an Archistic Theory of Knowledge*，London：rso. London，1979，p. 259.

结道,“在标准科学观看来,科学的最终目标就是发现有关外部世界的真理。科学研究是由公正的研究者通过逻辑和经验事实进行的科学活动。并且科学家工作的成果公开由公众检验,可以通过检验和批判来保证它们结果的客观性和正确性”①。科学以其可以完全排除私人的主观性为特征,显示出它作为人类认识自然所具有的绝对的客观性,确如理查德·罗蒂所描述的,人类的心灵是一面“自然之镜”,科学是关于自然的确切描述,是客观的真理。科学就是关于客观世界的“真的知识”,科学进步就是科学不断地转化为真理的过程。随着科学的不断发展,其理论中的不真实内容逐渐被代之以真的内容,科学进而发展并完善成为真理。但科学进步是一个不断积累、扩展和完善的过程,科学知识的大厦不断添加着新的理论内容和事实内容,它与客观世界越来越相符,因此人类的科学认识最终会客观化。

而且,自然科学又是和社会进步连为一体的。“现代世界的最后一个文化价值似乎是重要的,这就是‘进步’与社会改善主义(Progress and meliorism)的价值。”②随着自然科学的迅猛发展,以及它在人们社会生活中的广泛应用,科学技术的实践成功为社会带来前所未有的社会生产力。科学的发展给社会带来了巨大的物质和精神财富。近代科学作为在历史上起着巨大推动作用的重要力量,它主要以两种方式对人类社会发生作用和影响。一是作为“社会生产力”起作用,科学技术是提高社会经济效益的决定性因素;二是科学技术通过科学思想、科学精神和科学方法在社会精神生活中的作用和影响来发挥其社会功能和价值,促进精神文明建设和先进文化的发展。③ 培根和笛卡尔等启蒙思想家把科学进步和人类的自由幸福联系起来的观念愈发受到人们的普遍认同:科学的目的就是要发现自然的规律,而这些规律的发现建议直接为相应的需求做出贡献,造福于人类。为此多布评价说:“这场革命所带来的变化是出乎前人意料的,它改变了人们对世界的认识:过去人们认为世界是相对静止的,对传统的任何背离都是反自然的;而现在,人们认识到生活的法则在变化,世界在不断进步,这是一个健康社会的正常状态。”④作为文化的科学已经直接进入公众的思想深处。这种进步并不一定是一种单线的进化,但是它总是以一种积累的方式进化的,其中科学与理性知识都

---

① Peter Riggs, *Whys and Ways of Science*, Melbourne University Press, 1992, p. 10.

② [美]伯纳德·巴伯:《科学与社会秩序》,顾昕等译,生活·读书·新知三联书店 1992 年版,第 77 页。

③ 杨怀中:《科技进步是先进文化建设的有力杠杆》,载《科学咨询》,2003 年第 1 期。

④ [英]安德鲁·韦伯斯特:《发展社会学》,陈一筠译,华夏出版社 1987 年版,第 22—23 页。

是积累的,现代性与进步具有内在的一致性。①

现代性与社会进步相结合,赋予了理性以地位,因为只有理性的代表自然科学可以实现理性主义科学观的愿景,随着科学的发展,所有人类面临的问题都将得到解决。科学作为人类的理性事业,其目的正如培根所言是要给人类通过知识带来力量,从而使人类能更有效地控制自然、改造自然,进而获得自由,增进道德与幸福,这样人类的社会生活不断提高,最终随着科学的进步而获得自由、公正和幸福。② 随着人类的生活条件越来越好,最终也将获得等待已久的自由、公正和幸福,而且,这一过程是连续的、必然的甚至是线性的,理性的启蒙将会加速这一过程。③ 以至于孔多塞如此说道:"我将通过原因和事实显示出我所研究的成果,人类在实现其能力的完善上决无限制,人类的完善是真正无限的,这种不断完善的进步将挣脱任何想使之停顿的力量,它比自然所赋予他们的地球的持久还要无限,毫无疑问,这种进步只会在速度上或慢或快,但它决不会倒退。"④简言之,这种科学观主张科学的目的仅仅是追求客观世界的本质和规律性,科学家的职责只是提出科学问题,提出并验证假说,预见和发现科学事实,以及不断发展科学中的数学理性、实验理性、逻辑理性和技术理性等。正如爱因斯坦所说,"对于科学家,只有'存在',而没有什么价值"⑤。

这是现代性意义下赋予科学的新功能,而且,"现在似乎很明显,现代科学和技术随着经济的发展和人类境况的改善而紧密联系在一起"⑥,这种把科学引起的社会进步看作社会各个领域的同时进步的观点逐渐为人们所普遍接受,而卢梭"随着科学与艺术的光芒在我们的天边上升起,德行也就消逝了"的警示也很快随着科学所取得的巨大成就而被人们遗忘了,孔多塞针锋相对的评价最终得到人们的普遍认同,"德行的进步总是伴随着知识的进步的"。简单而言,这种科学观强调:第一,科学是求真的活动,其合理性目标乃是真理,所谓科学进步就是向真理的不断逼近;第二,前后理论存在着一定的逻辑联系,并存在着合理性的评价标准,以比较理论向真理的逼近程度,通过"逼真度"人们就可以判断科学的进步程度;第三,新理论在经验上不仅能够解释原理论所能解释的那些已知事实,而且能

---

① [美]伯纳德·巴伯:《科学与社会秩序》,顾昕等译,生活·读书·新知三联书店 1992 年版,第 77 页。

② 陈保卫等:《进步观念在近代欧洲的兴起》,载《华北电力大学学报》,2001 年第 4 期。

③ 单继刚:《作为意识形态的进步话语》,沈阳出版社 2004 年版,第 133 页。

④ 李宏图:《理性的批判与人类进步》,载《历史教学问题》,1998 年第 1 期。

⑤ [德]爱因斯坦:《爱因斯坦文集》第 3 卷,徐良英等译,商务印书馆 1977 年版,第 270 页。

⑥ E. Huff, *The Rise of Early Modern Science*, Cambridge University Press, 2003, p. Xiii.

预见和解释更多的新事实。总之,这种科学观洋溢着启蒙运动崇尚理性、确信社会进步的乐观主义精神。科学是排除个人主观情感的,科学家必须头脑冷静,情感中立而不带个人的情绪与偏见,做到客观地观察与分析自然对象。这种科学主义更多是对人类理论实践活动的产物的乐观总结,其中抽象的理论态度尤为明显,它强调自然科学的绝对客观性。排除了人为的因素的存在,于是在自然科学的整个客观世界里,自然成为一个彻底量化的失祛魅力的世界,这如同是一个在机器齿轮上转动并用数学方法精确计算的机械装备,换言之这是一个冰冷干枯、死气沉沉的世界。但事实上,自然科学仍是一种"人文的科学",它是充满着情感、自由和理性的综合世界。①

### (二)后经验主义的科学形象

随着当代科学的发展,科学哲学家也在开始反思传统科学观。其实,从逻辑经验主义开始,特别是在批判理性主义的兴起后将传统"科学即真理"主张修改为"科学逼向真理",正如这种观点的代表波普尔所说:"随着一门科学的进步,它的理论的逼真度也就不断地增长。"波普尔从他的证伪主义出发认为,进步是科学的本质特征,唯独在科学领域中我们拥有一种进步的标准,"甚至在一种理论受到检验之前,我们就可能说出它在受到某种检验时对于已知理论是否是一个进步"。②但波普尔又认为,人们远远不能真正达到真理。因为客观世界在人们的经验之外,它不可能为人们所真正认识,"作为符合事实的客观意义上的真理及其作为调节因素的作用,可以比做永远或差不多永远掩蔽于云雾缭绕之中的山峰。登山者不单是难以登上去——他甚至不知道什么时候可以登上去,因为在云雾缭绕之中他无法区分主峰和次峰"③。尽管以逻辑经验主义为代表的传统科学观主要从经验论出发理解科学,强调后继理论对原理论的涵括,旧理论是新理论的特例和极限情况,经验真理主要是一个积累过程;而批判理性主义则更多地强调猜测、反驳(即证伪、消错等方法)在科学进步中的地位,但它们的进步模式基本上都是一种"趋向真理"观,它在超越了绝对真理观的同时,又客观地肯定了科学的本质在于对真理的追求。这反映了科学认识论研究的进一步深化,波普尔等人的探索至少在形式上实现了科学进步模式在理论上的完整性。

---

① 黄文贵等:《从科学研究的过程和方法看科学的人文特性》,载《江西社会科学》,2003 年第 3 期。

② [英]波普尔:《科学知识进化论》,纪树立译,生活 · 读书 · 新知三联书店 1987 年版,第 199、177 页。

③ [英]波普尔:《科学知识进化论》,纪树立译,生活 · 读书 · 新知三联书店 1987 年版,第 189 页。

在逻辑经验主义衰落之后，科学哲学进入了后经验主义时代。后经验主义有时也被称为后实证主义，它是当代西方社会理论在科学哲学影响下出现的一股强劲思潮，其主要关注点是社会认识问题，试图在弥合传统的实证主义社会科学与理解的社会科学之间对立的基础上致力创建后实证主义方法论。后经验主义这一总称包括了各种不同的哲学倾向，其中最重要的当属批判的理性主义、历史—社会学派（库恩、拉卡托斯）等新兴起的各个科学哲学流派。① 从 20 世纪 60 年代开始，托马斯·库恩、费耶阿本德等人从科学历史主义及非理性主义出发，对此进行了批判和反驳。在这些新的思想影响下，波塞尔总结说："在步入新世纪之时，情况已经发生了根本性的变化，出现了一系列新的看法和观点。在波普及拉卡托斯工作过的地方，卡特瑞特（Nancy Cartwright）发表了一本题为《自然规律如何骗人》的大作；继布里曼奇、丁格尔、罗雷茨（Lorenz）之后，亚里希（Peter Janich）是又一个操作主义的代表人物，他提出了一个新的方向，叫做'方法文化主义'……我们还是可以发现背后隐藏着的观察角度的变化。变化产生的原因，一是因为我们看到了古典的关于科学的理论的局限性，同时也由于我们对科学所提出的知识要求有了不同的理解。这种变化常常以'后现代'的面目出现，亦经常与相对主义有关。"②

对传统科学形象的质疑，相应也主要集中在科学理性的地位、科学方法的客观性、科学的价值几个方面。"对科学作为产生可靠知识专门途径观念的挑战可以在多门学科中的不同形式里找到：文学理论、哲学、历史学、人类学和社会学。而且，不同意义的知识运动越过了这些传统界限并给多学科批评提供了基础：解构论、表述批评、结构主义和后结构主义、相对主义、后现代主义。"③随着这些思潮的日渐壮大，自然科学的合理性与客观性问题成为后经验主义时代解构现代性的重要目标和最坚固的堡垒。

对科学形象的质疑重复了德国物理学家基尔霍夫的老调，即对科学发展前途的怀疑，认为科学今后将无所作为，至多也只能在已知自然规律的公式小数点后面添加几个数字罢了。当然，基尔霍夫的悲观论调很快就被新的科学革命所湮没，经典物理学并非科学的终点。但 20 世纪后，这种思潮再度兴起，美国的霍根在其《科学的终结》中用大量的篇幅对此观点做了论证，他甚至指出，连科学家自

---

① 一般认为，后经验主义还包括反逻辑实证主义传统的科学实在论，在这里，我们把科学实在论排除在外，只考虑反（非）理性主义的科学哲学潮流。参见苏国勋：《社会学与社会建构论》，载《国外社会科学》，2002 年第 1 期。

② ［德］汉斯·波塞尔：《科学：科学是什么》，李文潮译，上海三联书店 2002 年版，第 234 页。

③ Steve Woolgar, *Science: The Very Idea*, London and New York: Tavistock Publications, 1988, p. 9.

己也开始意识到,“科学发现的伟大时代已经过去了”,关于宇宙以及我们在其中的位置的终极的、根本的、纯粹的真理,已经被描画出来。在描述宇宙的基本特性方面,从夸克到总星系的超级结构,科学一直都是极为成功的,以至于这一整个事业将有可能成为其自身巨大成就的牺牲品。“他宣称,科学在揭述世界方面已经取得的成就是如此辉煌,以至于将来的科学探索已不可能再给出更多的内容了”,所以,今后的科学研究“已不会产生多少重大的或革命性的新发现了,而只有渐增的收益递减”①。

库恩等人则认为,历史上前后科学理论之间属于不同语言、范式,没有可比性,那么科学的进步就是一种非积累(如库恩的“不断革命”)的方式。② “不可通约”思想否定了关于科学不断积累的传统观点,这无疑是对传统科学哲学的巨大冲击。这种理路的重要基础来自观察负载理论的观点,因为经验主义科学观要求经验与观察必须是中立的,否则经验事实难以为科学理论提供独立的检验标准,但是观察负载理论已经指出了问题的存在,任何观察者都做不到这一点。③ 当然,由于他们过分强调理论的不可比性,因而采取了否认科学进步的极端观点(范式之间)。正像费耶阿本德所说,科学无所谓进步与否,永远处于一种“无政府状态的海洋里”,科学的发展在原则上并不是一个进步过程,而是基本观念的转换,因此也如海德格尔所说,如果“要理解现代科学之本质,我们就必须首先抛弃一种习惯,这种习惯按照进步的观点,仅仅在程度上把较新的科学与较旧的科学区分开来”④。

对科学理性尤其是技术理性的批判则是人们对现代性批判的重中之重。从20世纪初法兰克福学派的社会批判理论开始,霍克海默、阿道尔诺、马尔库塞等人就展开了对技术理性问题的反思,并深刻反省了近代以来人们对技术理性片面重视而导致的一系列社会问题。在法兰克福学派看来,“科学技术像现存制度一样,作为统治的工具,有效窒息了人的解放需求”,为此,马尔库塞指出,“技术理性这个概念本身也许就是意识形态的。不仅技术的应用,而且技术本身就是对自然和人的统治”,这样,“连续不停的技术进步的动态,已经充满了政治内容,技术的逻各斯已经成为继续奴役的逻各斯”。⑤

---

① [美]约翰·霍根:《科学的终结》,孙雍君译,远方出版社1997年版,第54页。

② 后来,库恩本人也意识到这种观点的极端性和片面性,因此在《必要的张力》中用“部分交流”(partial communication)替代了“不可通约”概念。

③ 邱慧:《实践的科学观》,载《自然辩证法研究》,2002年第2期。

④ [德]海德格尔著,孙周兴选编:《海德格尔选集》,上海三联书店1996年版,第887页。

⑤ 魏小萍:《追寻马克思》,人民出版社2005年版,第182页。

汉斯·波塞尔在总结科学危机原因时将其归结为三大方面矛盾相互作用的结果,即科学与个人之间的价值冲突、难以实现的理想、科学与生活的意义。随着科学的发展,“人类的道德进步是无法因此而得到保证的。而这一点却是几个世纪以来在宗教理想破灭之后人们的共同愿望。愿望没有实现,失望所带来的损失却比任何一个科学上的假设失败后的损失要大得多,深远得多”①。而且不止于此,因为“即使是在自然科学理论的内部,理性的分布也是并不普遍的,而且还需要人去克服和超越这些因素,因为只有这样才能有利于其他因素起作用。所以,在自然科学领域内不存在方法论法则是普适性的,而且也不可能有什么东西是永远离不开的”②,科学的理性原则受到了彻底怀疑。其实这也正是因为科学理性,尤其是技术理性在西方极端发展的结果,它热衷于精神生活中的物质层面的关注,却最终导致了自然科学对人的价值的忽视,胡塞尔所谓的“欧洲精神”的丧失问题。

而后现代主义对传统科学观发动了最猛烈的攻击,直指科学最核心部分,解构科学的合理性、客观性、真理性,模糊科学与其他文化的界限。后现代理论特别是后现代社会理论家利奥塔、福柯、德里达,尤其是福柯那里,他们提出了知识的权力说,将科学与权力、利益政治斗争相联系,对于自然科学,包括其研究对象、目标以及它和真理的关系、功用、文化价值等,都提出了激烈的批判。在这些现代主义那里,真理和假设没有什么原则上的区分,它们都被主观性高度污染,真正知识可以超越感觉经验和日常信念而进达于真理的观念和获得理性认识的科学方法和程序都早已过时了。自培根以来一直被看作人类进步的保障的自然科学,在此面对的却是对科学的怀疑和批评,而“代之以”相反的观念。③

对科学真理、客观性的批判,事实上,后现代主义就是要“破除”现代社会科学、真理的权威地位,在他们看来,科学知识、真理只是人类生活的一种话语,而现代性却将它扩大了。这样,“中心问题已不再是科学中的陈述是否是真正的知识,而是人们已开始将科学看作是科学史及文化史中的一个现象,因而亦与对世界的总体看法紧密相关”④。如此看来,科学真理充其量不过是主体间的一致性关系,

---

① [德]汉斯·波塞尔:《科学:科学是什么》,李文潮译,上海三联书店2002年版,第242页。

② Feyerabend, *Aganst Method : Outline of an Archistic Theory of Knowledge*, London: rso. London. 1979, p. 179.

③ 为此,格里芬指出,在传统观念看来,科学是追求真理的,只有真理才能给我们以真相,但现在这种观念已经被某些领域代之以相反的观念:科学既不能给我们以真理,也不能探求真理。参见张之沧:《后现代科学观》,载《江苏行政学院学报》,2003年第9期。

④ [德]汉斯·波塞尔:《科学:科学是什么》,李文潮译,上海三联书店2002年版,第239页。

人们通过扩大协商的主体范围使得更多的人达到协同性认识。而“协同性”本质上不以客观性为基础,而是以有用性和伦理价值为基础,真理归根到底只是人的一种信念和价值观。①

此外,对科学理论的客观真理性的怀疑也至关重要。库恩认为,科学革命实现了科学的进步,但科学不是一种不断接近于自然界某个预先安排好的目的——真理的事业。外界事物的刺激是经过感官进入人的意识的,但外界事物到底是什么样子,人们只能局限于感官所提供的图案,而不能见其真面目。其实,波普尔虽然肯定了真理的客观性,但他本人也总是试图回避理论与客观实在及真理的关系。即使他提出了“逼真度”也还认为真理犹如缥缈的山峰,可望而不可即。而这种思想进一步彻底化,就很自然地会得出库恩等人的结论:“科学家并没有发现自然的真理,他们也没有越来越接近真理。”他认为:这种符合真理论确实在某种程度上蕴含着一个超越人们认识的实在;它外在于人们的认识系统,并对应着一个无限开放的过程,因此它更多的是一种理想的境界,是人们对真理观念的一种信仰,于是“真理并不是科学的唯一目标,我们并不仅仅需要真理:我们所寻求的是人们关心的真理”。库恩用生物进化与科学进步相类比,生物进化取决于生物群体的共同特征,其进化是盲目的,没有确定的目标;而科学也是一种群体过程,其理论的选择也是生存竞争。库恩得出结论说,科学越来越接近于真理的信念,只是一种预设主义,因为它没有说服力。“必须放弃这种明确的或含蓄的观点,即范式的改变使科学家和向他们学习的那些人越来越接近真理。”②

在后现代主义看来其实科学是一种话语,一种语言游戏,一种靠金钱运转的游戏规则。而且权力是与科学真理联系在一起的,福柯在这方面最有代表性,“经济与战略领域里技术—科学结构的拓展使得知识分子真的重要起来。在这种新文化领域的功能与威望中的知识分子不再被视为‘天才作家’(writer of genius),而只是‘绝对的仆人’,他不再担负所有的价值”,从此,“他不再书写永恒的赞美诗,而是写生与死的战略”。③ 利奥塔后现代社会理论也强调“元叙事”神话的破灭,科学与其他文化形态没有本质区别,科学不过是众多叙事形态中的一种。而且,这些元叙事方法已被大量语言游戏代替,而每个游戏语言又都有自己的一套游戏规则,这样科学内部存在着不同的科学叙事和游戏规则以及事实与理性的标准。与人们的预期不同,其实自然科学在后现代社会中已丧失了认识论功能,而

---

① 张之沧:《后现代科学观》,载《江苏行政学院学报》,2003年第9期。

② [美]库恩:《必要的张力》,纪树立译,福建人民出版社1981年版,第284页。

③ M. Foucault, *Power/Knowledge*, The Harvester Press. 1980, p. 129.

异化变为一种权力形式,一种服务于其所依附的意识形态的工具。①

而库恩、费耶阿本德等人将"不可通约"或"不可比性"概念引入科学哲学领域来论证科学的非客观性特征。他们指出,科学家总是按照一定的范式从事科学研究的,这些范式只是认识世界和解释问题的一种工具而已,所以它们作为工具而言并无真假之分。科学家常常是在不同世界里工作着,由于观察渗透着理论,不同理论都依照各自的标准、方法去寻求符合自己的观察陈述,因此,不同范式对某一特定问题可以做出不同的回答。即使偶尔使用同一术语,其意义也并不相同。例如,物理学中的质量概念在经典力学中被认为是物质的属性,而在相对论中质量却与运动有关,它随运动速度的变化而变化。正因如此,不同范式之间,特别是新旧范式(即科学革命前与革命后的两种常规科学传统)之间是不可比的,即不可通约的。库恩认为,范式的更替类似于心理学中的格式塔转换。这就导致竞争着的不同范式的支持者之间在观点上难以完全沟通。竞争着的规范(即范式—— 引者)的支持者对于任何候补规范必须解决的问题清单往往会不一致。他们关于科学的标准和定义是不同的。② 事实上,并没有超越诸理论之上的完全中立的判断标准,前后理论之间由于没有共同的语言,也不存在进行比较的元语言和理论,因而没有必然的逻辑联系。查尔默斯总结说,"按照费耶阿本德对这段历史的解释,伽利略发展他的理论是置经验证于不顾,而是依靠经验证据,并利用种种宣传谋略以特设方式来捍卫他的理论并使他具有感染力。认为伽利略采用望远镜而不是肉眼观察的唯一正当理由是望远镜支持哥白尼体系,伽利略引入他的环形惯性定律和相对性原理也是如此",同时,"费耶阿本德用这个例子和类似的其他例子来支持他的主张:如果有任何科学方法论提出,总是有可能发现科学中重大进展的例子是用破坏了那种方法论所包含的规则的方法作出的。因此,在一切条件下和人类发展的一切阶段能够为之辩护的只有一个原则,这个原则就是:怎么都行"③。

科学和非科学并无绝对的界限,在一些人看来也根本不存在划分科学与非科学、科学与宗教、科学与神话的绝对标准,自然科学的优越性只是源于近代科学战败了它的敌手,因此科学被普遍接受是通过力量而非论据。他们认为,这也适合科学的认知内部,因为在科学内部,理性也不是广泛存在的,人们还必须常常克服

① 蔡仲:《强纲领 ssk 的相对主义特征》,载《自然辩证法研究》,2002 年第 3 期。
② [美]库恩:《科学革命的结构》,李宝恒等译,上海科学技术出版社 1980 年版,第 188 页。
③ [英]艾伦·查尔默斯:《科学究竟是什么》,邱仁宗译,商务印书馆 2007 年版,第 227 页。

和除去其影响,这将有利于其他科学发展的动力。① 在费耶阿本德等人看来,科学不存在一成不变的方法论,也不存在那种动因是始终一以贯之的,因此人们不能完全排除掉非理性因素的存在,科学之所以具有理性的形象,实际上恰恰是当初各种非理性因素给开辟的道路。这样恰如后现代主义所理解的,无论是哲学、科学还是艺术都只是"一种文化样式和谈话声音",它们并不反映或表达客观世界,为此理查德·罗蒂主张要用新的说话方式去教化他人,反对传统哲学的反映论和实在论,否定传统理性的价值和作用。②

作为人类知识典范的科学知识,受到了相对主义、后现代主义强有力的解构,但还不止于此:这正如伍尔加所指出的那样,"最近二十年里,一些各不相同的学科对传统科学观提出了挑战。虽然对科学的政治性和影响的批判问题由来已久,但把批判的注意力直接指向科学的'内部'工作却是相当近的事。科学的教科书式(童话故事)形象——科学知识产品的固有观念,开始受到人们的质疑"③。20世纪后半叶,随着实证主义哲学的主导地位逐步受到严重削弱,一些反实证主义的理论传统在现象学、解释学、语言哲学等的刺激下纷纷兴起,使得当代知识论研究发生了多元化转向。在元科学研究中,科学史、科学哲学、科学社会学等多学科的研究都出现了反实在科学观倾向,而知识社会学的复兴特别是科学知识社会学建构主义纲领的提出对传统科学形象的置疑直接触及了科学的最核心部分——科学知识:"科学知识的建构,自然只扮演着微不足道的作用,甚至根本不起任何影响。"④

(三)小结:从"认识论"科学到"生产实践"的科学形象

事实上,到了20世纪传统科学形象的危机已经显现得非常清楚,弗里德里克·威尔(Frederick. Will)形象地这样描述道:"近来知识论中经验主义的衰落导致了这个领域一系列替代性问题的出现。对于许多经验论的议题,即使它是成功的,看起来能够提供相当满意的解答,现在也似乎变得充满问题。"⑤特别是科学知识社会学和知识权力论思想的出现,更加深了这种状况,它们强调科学活动中政治权力的规则性,把科学领域视作一种权力——利益的角斗场所,强调科学知

① 张之沧:《后现代科学观》,载《江苏行政学院学报》,2003年第1期。

② 张之沧:《后现代科学观》,载《江苏行政学院学报》,2003年第1期。

③ Steve Woolgar, *Science: The Very Idea*, London and New York: Tavistock Publications, 1988, p. 9.

④ H. Collins, "Stages in The Empirical Programme of Relativism", Social Studies of Science1981 (11), p. 3.

⑤ Frederick. Will, "Reason, Social Practice, and Scientific Realism", *Philosophy of Science*. 1981, 48, p. 1.

识是一种社会建构。于是在这种新的科学观看来,科学不再是反映客观世界的规律和真理,它是社会协商和妥协的产物,科学甚至是近似于宗教、巫术、神话一类的东西了。这样一来,科学开始从一种“高不可攀、遥不可及、使人敬畏”的权威形象开始转变为“世俗的、近在咫尺的、日常的”普通形象,从一种“非人化的、普遍的、永恒的”崇高形象转变为“个人化的、当地化的、暂时化的”世俗形象,以往无上荣光的“大科学”变成了普通的“手艺作品”,而令人敬仰的科学家也随之降到了一般的手工工匠的水平,神圣的科学知识成为普通的手工技能。①

事实上,从当代知识论研究的大背景看,政治和社会因素越来越成为哲学家们认识论研究的焦点内容,社会意象与人类知识的关系问题已经完全突显出来。所以,近代认识论对社会因素的排斥性做法不断受到质疑,这种情况正如奥利夫所指出的那样,“最近,在社会学家和哲学家的知识分析中,社会维度的作用显得愈发重要”,因为“知识作为一种社会现象,很少会有哲学家或社会学家争论其真实性。并且,他们都承认知识研究一定要仔细考虑知识的起源及其社会特征”②。从现代性的角度来看,这一问题也正是现代性中的启蒙理性精神的突出表现。以传统认识论为基础的科学形象开始出现动摇。特别是在经验主义衰落之后,历史主义、后现代主义哲学的发展,人们普遍意识到传统的这种唯理智主义知识观的局限性,并开始探索新的解决问题的途径。传统认识论正是局限于这种自然的实在论观念的,为克服镜式哲学的缺陷,人们开始普遍寻求一种新的途径来克服和超越这种表象认识论哲学。我们可以试问:如果科学不再被看作是客观世界的表象,对 RO 的映射反映,而是一系列实践过程的集合,这又会怎样呢?③这样,认识论一统天下的局面出现改观:无论是胡塞尔的生活世界理论,还是海德格尔的基础存在论或者后期维特根斯坦的生活形式理论,都突显了这种理论努力的倾向。

---

① Knorr - Cetina, Roger Krohn & Whitley. *The Social Process of Scientific Investigation*, D Reidel public. 1981, p. xii.

② León Olivé, *Knowledge, Society and Reality: Problems of The Social Analysis of Knowledge and of Scientific Realism*, Amsterdam - Atlanta, GA, 1993, p. 14.

③ 我们事实上不必再为证明或者证实一个命题而颇费苦心,“因为科学是一个尚未被给定,或者说是正在形成中的东西。与之相关,科学本质上成了一种能产生效果的施行过程。其次,这个过程不只是某一个体或抽象的类主体的实践,而是不同文化群体公共地参与的社会行为。对这样一种科学实践的研究与其说是哲学中的知识论问题,不如说是与社会建构论、文化建构论乃至与权力相关的政治学密切相关的问题。可以说,正是引入了实践,才使我们摆脱了纯粹思辨的束缚,使科学研究进入一个更广阔,更富有成效的研究领域”。参见邱慧:《实践的科学观》,载《自然辩证法研究》,2002 年第 2 期。

### 三、自然科学:从“敬畏自然”到“征服自然”

现代科学观必然涉及自然观问题,“人与自然”关系这一永恒的哲学话题不得不再次进入我们的视野。这也是我们进一步思考现代性与自然科学的关键点。所谓自然观就是人们对自然界的基本观点或基本看法,它既是人们对自然界状态和发展的最一般观点,同时也是自然科学研究的形而上学基础,有什么样的自然观就会有什么样的自然或科学研究思路。所以,自然观不仅影响着人们对自然界的看法,而且也对现代社会的发展具有极其重要的影响。

#### (一)从自在自然观到人化自然观

从历史发展的过程来看,一般哲学家的自然观都带有明显的实在论倾向①,他们把外部世界的存在视为理所当然,这属于朴素直观的经验自然观:自然先于人类及其社会而独立存在着,它是我们不能用意志所任意左右的生存环境与客观存在。在古代,自然观一般都带有明显的神话幻想思维痕迹和物活论倾向,在人与自然的关系上不自觉地会把自然界神秘化和有机化,人们普遍认为自然具有无限的潜能,并且是充满灵性的神奇存在,所以人也只能怀着恐惧或敬畏的情感对自然进行顶礼膜拜。一方面,这种自然观将人与自然视为一体,即有机论的看待自然,所谓物我不分、万物有灵,人与自然处于一种天人合一的混沌状态之中。但这种自然观却在另一方面潜在地或者有意无意地抹杀和压制了人的主体性和能动性。中世纪后,西方基督教文化为破除这种万物有灵自然观起到了重要作用。与传统古代有机论自然观相对,基督教持一种上帝创世观,它将人、自然对立开来进行等级划分,从此自然界由人们膜拜的对象下降为纯粹的供人们驱使和征服的外物,成为为人类服务的对象,这开始奠定了人是自然界的主人的人类中心主义思想。到了近代,随着理性精神的觉醒,人们从朴素的经验自然观逐渐向理性的自然观转化,开始用一种理论化的态度对待自然,理解自然进而将自然界抽象化。

---

① 人们往往把“自然”概念理解为“自然物”或“自然界”(自然物的集合)。穆勒在《论自然》中认为:“自然一词有两个主要的含义:它或者是指事物及其所有属性的集合所构成的整个系统,或者是指未受到人类干预按其本来应是的样子所是的事物。”在古希腊,人们主要是在“本性”的意义上讨论所谓的自然,而不是在“自然物体的集合”的意义上理解的。因为在希腊语中 physis 是指本性上就有力量如此的东西,其意思是依靠自己的力量运动、生活和存在,显现、呈现。所以并没有“天然自然”和“人工自然”的区分。亚里士多德作了一个著名的区分:人工制造的物体叫作“人工”或“技艺”(techne),以区别于天然形成之物,即区别于自然之物。由于人工制品是“人为物品”,违背自然概念的基本含义(自生的、符合本性的、非创造的),因而被排斥在“自然”之外。

这时的哲学家、科学家大多持有朴素实在论的观点，在他们看来，所谓自然就是这种脱离认识主体而独立自存的那个外部的自然界，而且是与人的实践活动目的有关，但未经创造和人化的自然界。近代产生的机械论的自然观则是一种物化了的自然观，它在人与自然的关系问题上通过对自然的祛魅而取消掉自然界的灵性，这也在进一步把自然界物化和机械化，只有没有灵性的自然属性才能确保人对自然控制和征服的合理性，所以时至今日，我们还面临着一个自然观念的转变问题，“一些重要思想家，马克思是其中的先行者，便已经注意到控制、征服自然的同时和稍后，有一个人与自然相渗透、相转化、相依存的重大课题”①。

按照古代朴素的自然观，自然就是一种完全与人无关的纯粹客观存在，它独立于我们的理论和实践活动。可以说，这种“抽象自然观”是以实在论为代表的传统认识论的典型观念，它强调自然与人的对立，以及自然与社会的分离。这样，它就是用一种绝对对立的视点来观察和理解自然界和人、自然和社会之间关系的观点，就是以一种非实践的方式来看待自然的，因为这种抽象自然观把自然界看成是外在于人的实践活动之外的纯粹的客观事物，以至于自然界好像是在没有人参与的状态下进行运动的。在这种观点看来，人的目的及其活动对自然的存在与发展是没有影响的，即使有影响也是微不足道的。② 因此，马克思把这种朴素的自然界称之为“抽象的自然界”，这种自然只是人们头脑之中的想象或理论的产物，是“被抽象地孤立地理解的，被固定为与人分离的自然界，对人说来也是无”③。

这种坚持从世界本身来说明世界的自然观也隐含着一种消极的、机械化的观念，即把自然与人的主体目的性活动绝然分开了。这一点是人们反思近代朴素唯物主义的一个基本特征，因为人不只是自然现象以外的独立观察者，而且还是作为自然界的一部分或成员参与到自然现象之中去的。④ 为此，马克思一贯主张，哲学所关注的应该是社会实践意义上的现实的自然，而不是逻辑与理论思辨意义上的抽象的自然，这也是我们区分理论与实践关系的一个重要内容。这也是刚提到的抽象、孤立的被动自然。⑤ 马克思认为，根据理论与实践的关系问题我们必须从实践的角度去考察和理解人与自然的关系，只有这样才能揭示出人与自然在实践基础上的辩证统一性，也才能进而克服传统哲学对自然的纯粹抽象理解。因此，与以往对自然观的理解不同，马克思的自然观强调的是以实践为基础来解读

---

① 李泽厚：《新版中国古代思想史论》，天津社会科学院出版社 2008 年版，第 254 页。
② 解保军：《试析旧唯物主义在自然观上的误区》，载《自然辩证法研究》，2000 年第 6 期。
③ 转引自周义橙：《自然理论与现时代》，上海人民出版社 1988 年版，第 93 页。
④ 解保军：《试析旧唯物主义在自然观上的误区》，载《自然辩证法研究》，2000 年第 6 期。
⑤ 解保军：《试析旧唯物主义在自然观上的误区》，载《自然辩证法研究》，2000 年第 6 期。

"人化自然"问题的,只有以社会实践为中介来重新确定人与自然的关系才能揭示它们的本质关系,也正是在此基础上马克思还提出了"实践的人化自然观念"。这种人化的自然是马克思在《1844 年经济学哲学手稿》中提出的一个重要理论范畴,他说:"人的感觉,感觉的人性,都只是由于它的对象的存在,由于人化的自然界,才产生出来的。"①

马克思指出,"因为人和自然界的实在性,即人对人说来作为自然界的存在以及自然界对人说来作为人的存在,已经变成实践的、可以通过感觉直观的,所以,关于某种异己的存在物、关于凌驾于自然界和人之上的存在物的问题,即包含着对自然界和人的非实在性的承认的问题,在实践上已经成为不可能的了"②。在实践哲学看来,这种强调"物质是独立于意识之外的客观实在"的旧唯物主义观点,不过是对意识和物质客体的抽象与割裂理解,它并没有说明实践对于客体的最终构成作用,为此,捷克哲学家科西克也认为人类在日常实践中作用的自然界才真正构成人类实践的直接对象,"人则表现为社会真正主体"。③ 另一方面,现代科学其实也已经否认了理论或纯粹自然观的可能性,这种情况的存在只是理论或头脑中的,人们在认知结构的参与下是从人自身的出发去认识和改造"异我自然"的。特别是量子力学很有说服力地指出,人们所观察到的微观过程的现象已经不再是微观客体本身的客观现象,它是由仪器与自然界微观世界相互作用的产物。④ 特别是随着现代社会与日俱增地把自然纳入社会生活之中,人们越来越意识到客观性的意义是与主体性相联系而非割裂的,在现实历史中,物质和外部世界总是社会生产关系的要素,如要保持反映这个问题的观念,那就必须说实在反映人们的实践,像人们的意识反映实在一样多。所以,"自然界不是孤立存在的,其历史一直打着人类社会的烙印,只有以人类历史为前提,才能谈得上自然"⑤。

也正是因为人们的劳动实践这一感性对象活动,构成人与自然辩证统一的各个环节,我们也只有从人类的生产劳动视角出发,从人的感性实践生活出发,才能从根本上超越传统理论化的自然观,并揭示其被遮蔽的真实意义。首先,劳动实践是将人类从自然界中分离出来并形成了与自然相对立的最关键环节,这是现代性逻辑展开的一个根本点,人类正是通过劳动这种特殊的实践活动方式印证着自

① 《马克思恩格斯全集》第 42 卷,人民出版社,第 126 页。
② 转引自朱哲:《回到文本:马克思主义经典文献解读》,武汉理工大学出版社 2009 年版,第 331 页。
③ 张之沧:《西方马克思主义的自然观念》,载《自然辩证法研究》,2000 年第 2 期。
④ 解保军:《试析旧唯物主义在自然观上的误区》,载《自然辩证法研究》,2000 年第 6 期。
⑤ 转引自张之沧:《西方马克思主义的自然观念》,载《自然辩证法研究》,2000 年第 2 期。

己，也在同时不断发展和创造着社会，这样一来又将自身之外的存在变为实践的对象，马克思说，“劳动首先是人与自然之间的过程，是人以自身的活动来引起、调整和控制人与自然之间的物质变换过程”①。其次，我们通过自己的实践活动实现了和自然界相互联系、相互作用和相互沟通，所以在某种意义上说人的生命存在的基本形式就是实践。这样，按照马克思的说法，自然界成为人本身的有机体，“必须与之不断交往的人的身体”，人的有机体的一部分。② 反之，其实也只有在人类的社会中，在人的感性实践活动中自然界才是人现实生活的真实的自然界，离开人类社会以及实践活动，人与自然、社会的关系只是理论上的，只有在现实实践层面人同自然界才实现了它们本质上的统一。

简言之，人类正是通过社会实践这种感性活动最终弥合了物质和精神、人和自然之间所存在的鸿沟问题，将它们实际上合为一体，人与自然以劳动实践为中介相互沟通起来，并成为一个整体。马克思认为实践与工业是理解人与自然关系的钥匙，而实践活动则是人本质力量的对象化，这也回应了现代性的核心本质，实践与工业成为理解和解读现代社会的关键钥匙，“生产活动是认识自然的基础”③。一方面，人与自然的关系是密不可分的，“自然界，就它本身不是人的身体而言，是人的无机的身体”④。另一方面，这种密不可分性质又是以双方存在的相对独立为前提条件的，人类的存在与发展都需要以自然的存在为基础，自然也正是人们感性活动的对象，所以，“我们统治自然界，决不像征服者统治异民族一样，决不像站在自然界以外的人一样，相反地，我们连同我们的肉、血和头脑都是属于自然界，存在于自然界”⑤。这样，我们才与自然是相互和谐，互为整体的。

正是在人与自然分化的基础上，马克思提出了人化自然概念。人化自然就是通过实践活动人与自然相互作用，从而使自然打上人类活动的烙印。而自在自然是指与人类实践活动没有发生关联的自然，它是处于我们认识之外的。正是人类的实践活动使统一的自然界分化为“人化的自然”和“自在的自然”两部分，但这种区分仍是有限的，“界限是相对的”，“相互包含和相互转化”，“人的实践”把这种转化变为现实，还在推动着“自在的自然”不断向“人化的自然”转化，从此“其自在性就潜藏于人化自然中，继续以规律、必然性的形式支配着人化自然的运

---

① 马克思：《资本论》第1卷，人民出版社，第201—202页。

② 袁霞：《析马克思恩格斯的生态文明思想及现代启示》，载《求实》，2009年第3期。

③ [奥]霍利切尔：《科学世界图景中的自然界》，孙小礼等译，上海人民出版社2006年版，第9页。

④ 《马克思恩格斯全集》第42卷，人民出版社1979年版，第95页。

⑤ 恩格斯：《自然辩证法》，人民出版社1971年版，第159页。

行”。人化自然是人类感性实践活动的对象性产物,自然科学,特别是与技术的联合极大推动了整个人类学意义上的自然界。① 为此,马克思写道,“在人类历史中即在人类社会的产生过程中形成的自然界是人的现实的自然界;因此,通过工业——尽管以异化的形式——形成的自然界,是真正的、人类学的自然界”,这个自然是人化的,离不开人类社会和人的活动,否则人与自然的关系也就无法理解,所以“工业的历史和工业的已经产生的对象性存在,是一本打开了的关于人本质力量的书”。②

在《德意志意识形态》中,马克思把“人化的自然”与“自在的自然”做了进一步的区分。马克思认为“人化的自然”是被“人的实践活动改造过并打上人的目的和意志烙印”的自然,而“原始的自然”是与人的实践活动没有发生关系的天然自然,其中“人化的自然”的重要特征在于其实践性。因此,“人化的自然”的出现是人的实践活动的结果或产物,由于人的实践活动的作用,自在的自然界才逐步转化为“人化的自然”。③ 这与海德格尔的思想比较相似,海德格尔也认为,作为此在的人及其世界是天然融而为一的,所以人无须从自己走向世界,他本来就“在世界之中”,这样人不可能离开自然世界而存在,同样,自然世界也不能离开人而存在。所以,通过人类的实践活动,或者是海德格尔的生存机制,我们就能再次揭示“认知活动的非本源性,消除了认识论的二元分裂,使得主体与客体在存在论的视野中重新得到统一”④。

一方面,马克思也并没有因为自然界通过人类实践而“人化”这一点,就要用实践活动来简单否定自然界的地位问题。相反,他始终都在肯定自然界的优先存在性问题,在以此为基本条件才承认客观自然界运动变化的客观规律性,马克思认为这样才使得客观的“自然规律”支配了自然界的运动,人类为了生存和发展需要才把丰富的自然界当作自己的活动对象,并通过实践活动不断改造自然界以使其不断人化。另一方面,自然界又是通过人的实践活动反作用于人及其社会的,并使人及其社会同时自然化。⑤ 在此意义上,我们说自然界并不是孤立自存的,其历史一直都打着人类社会实践活动的烙印,也只有以人类认识史为前提,才谈

---

① 王建辉:《马克思主义生态思想研究》,湖北人民出版社 2007 年版,第 65 页。

② 转引自黄楠森主编:《马克思主义哲学史》,高等教育出版社 1998 年版,第 350 页。

③ 胡德平:《森林与人类》,科学普及出版社 2007 年版,第 369 页。

④ 高忠建等:《论海德格尔对近代哲学的视野转换》,载《河南师范大学学报》,1999 年第 3 期。

⑤ 参见刘楠楠等:《马克思生态文明理论对我国生态文明建设的启示》,载《安徽文学月刊》,2007 年第 11 期;王建辉:《马克思主义生态思想研究》,湖北人民出版社 2007 年版,第 65 页。

得上自然和自然史。也即自然是人类所认识的自然，自然史是人类历史溯往的延长。① 自然史为自然科学研究提供了实践基础，“只有在反映自然界客观规律性联系的知识能够系统化的地方，才可以谈真正意义上的自然科学。因为，自然科学是符合现实并经过实践证明的、对自然的客观认识的体系”②。

在这种现代性视野中，在其对象性归属于人类活动的领域范围之中时，自然是一个已构成物，而在它不归属于这个领域之前，在思想上它仍只是一个预成之物，或按照霍克海默的说法，只要发生对自然对象本身的经验问题，对象本身的自然性就是参照社会世界来加以规定的，并在此情况下它依存于社会世界。③ 在从自在自然到人化自然的理解，亦存在着现代性的因素，自然科学与现代性社会具有内在关联，“科学就其起源和内容说，是社会现象”，而且是一种近代以后的社会现象，“人之所以能进行物质和精神生产，是由于他过的是社会生活”。④

因此，实践既是人的对象化和对自然的改造过程，又是人类自由的现实的实现历程，从认识论角度说，任何认识活动都是发生在生活世界中的活动，它们都毫无例外地包含着生活世界给予的某些隐蔽的前提。科学或日常认知活动看似是在不断揭示认识对象的实在性，甚至表现为一种单线性的认识与被认识过程，但这种揭示是被动与能动、反映与建构的辩证协同。⑤ 科学认识论是反映论与建构论、主动性与受动性的统一，它作为社会精神活动的再现，其思维方法只能是从抽象到具体，再从感性到理性的过程，这样，科学认识基础就是把物质世界的实在性理解为一个具体的总体，这是一个有结构的有机整体，一个进化着的而不是一成不变的僵化了的过程，一个处在形成过程中的整体。理性、经验这些认识论因素是相对于实践整体或生活形式来说的，它们只有相对性的意义。⑥ 我们通过对马克思人化自然的论述，可以将人与自然的关系理解为处于不断发展变化的一对耦合因子，它们相互对立又相互依存，共同构成一个有机整体。这也是科学研究的自然条件之一，“我们的自然观念在实际掌握自然的基础上的扩大就证明：科学的世界图景的精确性正日益增加”，这建立在人们只有在真正认识自然的基础上，从

---

① 张之沧：《西方马克思主义的自然观念》，载《自然辩证法研究》，2000 年第 2 期。

② ［奥］霍利切尔：《科学世界图景中的自然界》，孙小礼等译，上海人民出版社 2006 年版，第 10 页。

③ 张之沧：《我提出世界 4 的理论根据》，载《南京师大学报》，2003 年第 2 期。

④ ［奥］霍利切尔：《科学世界图景中的自然界》，孙小礼等译，上海人民出版社 2006 年版，第 10 页。

⑤ 庞立生等：《哲学向生活世界的回归》，载《东北师大学报》，2003 年第 4 期。

⑥ 张之沧：《西方马克思主义的自然观念》，载《安徽文学月刊》，2000 年第 2 期。

而才使人类能更有效地控制自然、改造自然,进而获得更大自由和增进幸福。①

(二)现代性与征服自然

现代性的主体理性原则取代前现代社会中"上帝"的核心地位,成为现代社会的规范性基础。在这一转变过程中,新的"正当性基础"转向主体性,并以世俗理性取代传统宗教的缺位,以便为"启蒙的理性"和"自由精神的合法性作论证"。现代理性与自由观念背后的强动力还是来自功利主义,这是现代性最核心的价值理念,它决定着现代社会的文化与认知追求。② 在此条件下,科学观亦由现代性的价值观所决定。在这里,培根的科学观正是近代科学理念的典型代表,我们了解这种近代科学观的关键就是"功用"和"进步"等现代性概念。从亚里士多德"为知识而知识"的科学观发展到近代"知识就是力量"的科学观,现代性是至关重要的因素。③ 传统的视觉主义科学观对自然界持一种"静观"态度,例如在亚里士多德那里"科学"更多表现为一种认知需求。贝尔纳称之为"理想主义科学观",他指出,持理想主义观点的"人们不承认科学有任何实用的社会功能,或者至多认为:科学的社会功能是一个比较次要的和从属的功能",而"理想主义科学观"强调的是"科学本身就是目的,科学就是为认识而认识的纯认识","这种观点在科学史上起了重大的作用,它在古典时代是一种占据支配地位的观点,"贝尔纳援引《理想国》中的话说:"学术工作的比较主要和比较高级的部分,究竟是不是便于我们对至善的本质形态加以观照。照我们看来,这是一切事物的倾向。这种倾向强迫灵魂转移到包含着真实的实在的幸福的部分的那个领域中去,而灵魂能见到这个真实的实在则是具有头等重要性的。"④

在古希腊时期,还没有现代笛卡尔传统的主体与客体、精神与物质的二分,心灵和自然二者也是不可分割具有内在一致的有机整体。心灵对自然的贯通,即大自然所运用的技艺是一种无法感知和无法模仿的自我复制,它也必须遵奉必然性的法则,任何一种与自然相竞争以制造为目标的努力都是错误的行为,古希腊传统观念堵住了通往现代意义上的科学之路,古希腊论道式的智慧"沉溺于争辩",却没有结出自然科学的果子。⑤ 在这方面,劳埃德对自然的发现的总结还是很有启发意义的,当然,"自然的发现"不是指希腊科学发现了各种各样前人未曾发现

① [奥]霍利切尔:《科学世界图景中的自然界》,孙小礼等译,上海人民出版社2006年版,第9页。
② 郑小霞:《从抽象理性批判到资本批判》,载《安徽大学学报》,2010年第1期。
③ 具体论述可见第一章"功利主义与两种现代性"一节,这里不再赘述。
④ [英]贝尔纳:《科学的社会功能》,陈体芳译,商务印书馆1982年版,第7页。
⑤ 毛建儒:《论科学的功利主义》,载《自然辩证法研究》,1998年第12期。

的"自然物",而是指发现了一种通过追寻"本原""本质""本性"方式,通过追寻"自然"——来理解和把握存在者及其存在的方式。而且,其中孕育了早期的自然法观念。① 最具代表性的人物如赫拉克利特就认为宇宙的根源是永恒的"火"②,他认为在火的燃烧中有一定的尺度和"逻各斯"。这个有秩序的宇宙既不是神也不是人所创造的,宇宙本身是它自己的创造者,宇宙的秩序都是由它自身的"逻各斯"所规定的。在毕达哥拉斯那里,不变的"逻各斯"成了"数",宇宙间一切事物之间都存在着一种"数"的和谐关系。只有通过数才能够揭示出自然界背后所隐匿的自然规律和宇宙间万物永恒不变的结构。这种自然法的"逻各斯"理解,又是以"观察"和理性的"看"为基础的。

为此伽达默尔进一步分析了古希腊理论的视觉主义:"理论这个词的意思,并不是像根据建立在自我意识之上的理论的思维构造这种优越地位所指的意思那样,指与存在者的'距离',这种'距离'允许存在事物以一种无成见的方式被认知,从而使它服从莫名的支配。相反,'理论'所特有的'距离'是切近性和亲缘性的'距离'。'理论'(theoria)的原初意义是派代表团参加一种崇奉神明的祭庆活动。观察这种神圣的活动,并非无介入地确证某种中立的事务状态,或无介入地观看某种壮丽的游行或表演。它倒是一种真实地参与一个事件,是一种真正的出席现场。"③

马克思说,"哲学家们只是用不同的方式解释自然"④,古希腊以来视觉中心主义构成了传统科学观的基本解释内核。亚里士多德写道:"求知是人类的本性。我们乐于使用我们的感官就是一个说明;即使并无实用,人们总爱好感觉,而在诸感觉中,尤重视觉",而"能使我们识知事物,并显明事物间的许多差别,此于五官之中,以得于视觉者为多"。⑤ 视觉隐喻构成理论的基本内涵,例如,"理论"一词就是由"神"和"观看"两词组成的,所以人们才说理论静观是最有德性的生活。当然真正的观察和发现自然,并非用眼睛简单地去看,这样"自然"不是感性世界,而是理性世界。⑥ 到中世纪奥古斯丁、托马斯·阿奎那等神学家那里,"科学"也

---

① 吴国盛:《自然的发现》,载《北京大学学报》,2008 年第 2 期。

② 这个有秩序的宇宙(科斯摩斯)对万物都是相同的,它既不是神也不是人所创造的,它过去、现在和将来永远是一团永恒的活火,按一定尺度燃烧,一定尺度熄灭。

③ [德]伽达默尔:《论科学中的哲学要素和哲学的科学特性》,姚介厚译,载《哲学译丛》,1986 第 3 期。

④ 《马克思恩格斯选集》第 1 卷,人民出版社 1995 年版,第 54 页。

⑤ [古希腊]亚里士多德:《形而上学》,吴寿彭译,商务印书馆 1997 年版,第 1 页。

⑥ [德]伽达默尔:《论科学中的哲学要素和哲学的科学特性》,姚介厚译,载《哲学译丛》,1986 第 3 期。

没有明确的干涉自然的意味。例如，他们认为上帝创造了万物，并制定了具体的规定万物活动的“自然法”而后便拂袖而去，让万物依法行事，他们只是试图通过自然界和自然秩序来证明上帝的存在。

不同于希腊文明的自然哲学，基督教事实上从教义上确认了人类可以支配自然：这一观念源于《圣经》，在《圣经》看来，自然就是上帝的艺术，而上帝的这种艺术暗含在了人类的技艺之中，这就恰如上帝的绝对自由意志暗示在人类的相对自由意志之中一样，人类被授予了支配其他造物的权力。① 进一步，基督教认为人的劳动是神圣的，不管这些劳动是否由奴隶或者自由民完成。不同于古希腊，物质的东西并不比非物质的东西低一等，它们同为上帝的创造物，从事物质性的职业不应被看作是不名誉的，也为“征服自然”的观念奠定了人类中心主义的基础。②

“视觉中心主义”的科学观随着现代性的发展而彻底土崩瓦解了。文艺复兴以后，“各种各样的文献到处在描述着乌托邦和技术进步的结果，因而控制自然的概念——这个短语也可代之以‘统治自然’，‘把握自然’和‘征服自然’”③。近代主客二分哲学把主体与客体区分开来，人们逐渐习惯于把自然等同于自然界或自然物，这样人从自然界中也从此独立出来而成为与自然对立的存在。于是，近代形而上学把自然描绘成了一幅表象主义的图像，它是摆置在人类面前的一种持存物，而且也只有当自然变成了图像和持存物的时候，它才能够被计算、被组合和被征服，反过来说就是人类也才有可能按照自己的意愿去征服自然和改造自然，进而控制自然为我所用。福柯这样描述说：知识就是权力的眼睛，但凡是知识所及的地方也就意味着这是权力所及的地方。

在由“视觉主义”科学发展到“功利主义”科学过程中，科学的技术化和狭隘化起到了重要的作用。众所周知，在古希腊时代，并没有一个和 science 等价的词汇，希腊语的“科学”一词是理论的总称，一般人们往往把 episteme 简单指称“科学”。特别是在亚里士多德那里，在他那里科学和理论基本是同义的，是关于不变事物的知识，它的对象是依据必然性而存在的，是永恒的；科学是可传授的、可学

---

① 毛建儒：《文化在中西科技发展中作用之比较》，载《山西师大学院学报》，2000 年第 2 期。

② 例如，《圣经》为诚实的生活所作出的规定就是圣训中的有关律令：“天日要劳碌作你一切的工。”正是由于中世纪宗教突破了古希腊文明为技术发展设置的种种理论障碍，提出了有利于技术发展的新的理论观点。参见毛建儒：《评霍伊卡在科学与宗教问题上的观点》，载《科学技术哲学研究》，1995 年 06 期。

③ [加拿大]威廉·莱斯：《自然的控制》，岳长龄等译，重庆出版社 2007 年版，第 11 页。

习的，是可证明的系统化理论化知识。① 但近代以来，培根传统意义上的科学狭隘化了，它仅仅同经验相关联，人们经常称之为“经验科学”“实验科学”。希腊以来“理论”的丰富内涵被淡化了，而且和技术逐渐密不可分，技术化了。之后，“科学依靠其自身的方法和概念，设计并且创造了这样一个宇宙，在这个宇宙中，对自然的控制和对人的控制始终联系在一起”②。

现代性决定了“功利是最主要的东西；真理似乎是有用的行动的手段，而且也只能根据这种有用的行动来加以检验”③。贝尔纳将这种观点称为“现实主义者的科学观”。近代以来科学被看作是一种通过了解自然而实际支配自然的手段，“人类获得力量的途径和获得知识的途径是密切关联着的，二者之间几乎没有差别：不过由于人们养成一种有事的积习，惯于作抽象思维，比较万全的办法还是从头开始。阐明各门科学是怎样从种种和实践有关的基础上发展起来，其积极作用又怎样像印戳一样，在相应的思辨上留下印记并决定这种思辨”④。贝尔纳这样引用写道：“随便问一个培根的信徒，新哲学（在查理二世时代，人们是这样称呼科学的）为人类做了什么，他就会立即回答说。‘它延长了寿命、减少了痛苦、消灭了疾病、增加了土壤的肥力、为航海家提供了新的安全条件、向战士提供了新武器、在大小河流上架设了我们祖先所不知道的新型桥梁、把雷电从天空安全地导入地面、使黑夜光明如同白昼、扩大了人类的视野、使人类的体力倍增、加速了运行速度、消灭了距离、便利了交往、通信、使人便于执行朋友的一切职责和处理一切事务、使人可以坐着不用马拖曳的火车风驰电掣般地横跨陆地、可以乘着逆风行驶每小时时速十涅的轮船越过大洋。这些只不过是它的部分成果，而且只是它的部分初步成果。因为它是一门永不停顿的哲学，永远不会满足、永远不会达到完美的地步，它的规律就是进步。昨天还看不到的一点就是它在今天的目标，而且还将成为它在明天的起点。’”⑤从此以后，科学研究工作已经不再是仅“供一位英国

---

① 具体论述见［古希腊］亚里士多德：《尼各马科伦理学》，苗力田译，中国社会科学出版社1999年版。

② ［德］J. 哈贝马斯：《作为“意识形态”的技术与科学》，李黎、郭官义译，学林出版社1999年版，第43页。

③ ［英］贝尔纳：《科学的社会功能》，陈体芳译，商务印书馆1982年版，第3页。

④ 贝尔纳指出：“随着亚历山大帝国和以后的希腊式城邦的建成，就开始发生了对这种观点的某种反动。亚历山大大帝的导师亚里士多德在自己的全面哲学中把实用因素和形而上学的因素结合起来，虽然他仅是通过后一因素对后代产生了影响。希腊的君主们喜欢比较实用的科学。这时的确也是希腊力学和数学的伟大时期，不过需要解决的问题是十分有限的，实际上只限于建筑和军事工程。”参见［英］贝尔纳：《科学的社会功能》，陈体芳译，商务印书馆1982年版。

⑤ ［英］贝尔纳：《科学的社会功能》，陈体芳译，商务印书馆1982年版，第11页。

绅士消遣的适当工作”了。正如德国哲学家文德尔班所说:“文艺复兴时代的人们向我们宣告的正是科学和人类状态的完全革新。……朝气蓬勃,洋溢着青春欢乐,投向现实生活,投向永远年轻的自然界。”①

所以,“在现代时期,这种非神秘化的持续不懈的努力以除掉世界的一切内在目的而告终。……在科学思想看来自然只是按照永恒规律运动着的物体的总和,这种观点的社会反映,是一系列经济行为的自然法则的观念,这些经济行为盲目地遵循既定的程序并显示出没有内在的合理性。这种观点的结果是不可避免地在控制的范围内设置人和自然的关系:人必须或者温顺地服从这些自然法则(物理的和经济的),或者企图控制它们:由于它们没有目的,或至少他不可能理解,因此不可能使他的目的与那些自然的秩序相一致”②。现代性的极端发展促进了科学乐观主义的盛行。③ 在这种现代思维模式的指导下,科学与技术成为人类征服自然的有力武器,再将自然置于任由摆布的现代性座架(Gestell)之上后,科学(技术)起到了通达人类幸福、自由的快车道。当然,不断的成功也使得人们对科学技术功用过度自信,这也导致了人们对自然的盲目乐观,而忽视或无视于人与自然之间的统一性,这为人类征服和改造自然提供了很好的借口和依据,而埃吕尔的名言“工业革命不是来自对煤的开采而是源自对整个文明一部分态度的转变”正道出了问题的实质。④ 随着现代社会商品经济的迅猛发展,人类理性的形式合理性通过商品市场的调节和调动作用,使得理性化更具可操作性,但也更加狭隘了,现代性所引起的人们对精确计算实现了现代意蕴的合理化形式。一言以蔽之,“科学与技术的合理性本身包含着一种支配的合理性,即统治的合理性”⑤,伽达默尔的一句话很好地概括了这一问题:“正是这种现代性的自我压抑的主观主义情境,赋予另一个领域以意义,这个领域已摆脱了近代的自我意识及其使生活达到无个性特征地步的自我扩张,这个领域确实允诺一种同一些旧的基本观念相反

---

① [德]文德尔班:《哲学史教程》(上卷),罗达仁译,商务印书馆 1997 年版,第 498 页。

② [加拿大]威廉·莱斯:《自然的控制》,岳长龄等译,重庆出版社 2007 年版,第 134 页。

③ 例如,牛顿曾经亲自动手磨制反射镜,制成了一架长 6 英寸、口径 1 英寸的小型望远镜,用它观察木星的卫星和金星的周相。后来他又制造了较大的望远镜,并把它献给了皇家学会。

④ 当然,近代科学家并不是都持一种“功利主义”的科学观,例如科学哲学家彭加勒在《科学的价值》一书中就明确地提出“为科学而科学”的观念,强调对于真理的探求是科学活动的目的和唯一价值。这种理想主义科学观主张:“科学的目的是追求关于客观世界的真理,科学家的职责仅仅是提出科学问题,提出和验证假说,预见和发现科学事实,建立和发展科学理论等;科学家在科学研究中应对社会采取超然的态度。”

⑤ [德]J.哈贝马斯:《作为“意识形态”的技术与科学》,李黎、郭官义译,学林出版社 1999 年版,第 42 页。

方向上的新的动力。”①

### 四、科学的“生产现代性”维度的凸显

传统认识论一直将科学视为对外部自然实在的客观反映或表象,它是人类理智活动的最高体现。这种表象主义认识论得以成立的前提在于近代哲学主客二分观念的确立,认识论的本质主义观点在表象中获得了支持点:表象就是我们对外部事物反映所产生的意象或信念。但从现代性的“经济生活变动的实在性因素”视角来看,科学是一种理论实践活动,也即“科学是一种生产的过程”。② 科学是一种复杂的社会实践活动,一种社会的知识生产过程,尤其是在大科学时代,它更多表现为自然科学知识的社会生产过程。主体理性并不表现为笛卡尔式的纯粹理性认知反思活动的“我思”,现代性根植于作为感性对象性活动的社会劳动。所以,从社会生产的角度来理解,科学活动本质上不只是一项知性的理性事业,更是一种物质性的社会实践活动,科学知识也是一种劳动生产的成果。

#### (一)阿尔都塞:透视现代科学的社会生产实践维度

传统哲学一直将科学视为一种具有特殊性的理性事业。劳斯说,“按照传统的看法,知识是通过认知者的认识和辩护才最后出现在精确性表象之中的”③,科学的特殊性正在于其对实在的精确表象,这种表象主义的科学观奠定了理智主义认识论的基本基调,科学是一种理论活动,人们应该从认识、理智的角度理解科学。但我们从“实践优先”的角度来看,科学是一种理论实践活动,在大科学时代,它更多表现为自然知识的社会生产过程。所以,科学活动本质上不只是一项知性的理性事业,更是一种物质性的社会实践活动,知识的劳动生产。那么,如何从实践的角度,从生产的角度来理解科学呢?④ 这方面最具有代表性的思想家莫过于后马克思主义者阿尔都塞。

其中,阿尔都塞主要接受了巴什拉的“认识论断裂”的认识论理论,他认为,“(巴歇拉尔)被公认的科学总是已经从它的史前时期中脱胎而出(史前时期始

---

① [德]伽达默尔:《论科学中的哲学要素和哲学的科学特性》,姚介厚译,载《哲学译丛》,1986 第 3 期。

② Rudner Richard S, *Philosophy of Social Science*, Prentice – Hall, Inc, 1996, p. 8.

③ J. Rouse, *Knowledge and Power*, Cornell University Press, 1987, p. 2.

④ 当代科学哲学发展的一种倾向就是从理路哲学传统向实践哲学的转变,许多学者已经指出了这种新的趋势,而且不少人也开始了具体的理论探索。但应该说这种思路还处于起步时期,并没有多少可供参照的研究范例,我们在这里主要借鉴了以巴什拉(Gaston. Bachelard)、阿尔都塞等为代表的法国认识论学派的一些基本观点。

终,作为科学的它物而与科学同时存在);这种脱胎方式就是巴歇拉尔所说的'认识论决裂'"①。阿尔都塞从"认识的生产"的角度把理论与实践合并为"理论实践",系统阐述了科学知识社会生产的理论。在本节,我们将从阿尔都塞的相关思想出发来进一步从社会实践角度来理解科学的特点。

阿尔都塞的"知识生产理论"是建立在对传统认识论批判基础之上的。他批判了近代以来的哲学认识论传统,将这种认识论称为"经验主义认识论",认为其"本质(神的逻格斯、神圣的文字,别的什么都可以)存在于现实中,因而,为了认识它,只要将它'抽出(抽象)'就足够了,阿尔都塞称这样的认识观为'广义的经验主义'"②。即人类科学知识的本质存在于社会现实之中,并且人们相信能够从现实中抽象出事物的本质。阿尔都塞认为,传统认识论,包括从笛卡尔经康德和黑格尔到胡塞尔的主观性哲学、英国的经验论以及美国的实用主义哲学,都属于这种传统。其实,它们的一个共同基础就是"主体与客体的镜像关系","无论是笛卡尔的唯理论,还是康德的唯心论和英国的经验论,都是在主体—客体模式的基础上展开的"③。所以,全部近现代哲学正是被这种认识论模式所支配的:它们或者强调人类认识是对客观实在的反映,或者强调知识是对人的存在本身的内省,或者是对本质意向的自观,这些都是主客体思维模式支配下的知识观。

在阿尔都塞看来,这种经验主义认识论是一种抽象的认识论。阿尔都塞认为,"经验主义的认识过程,存在于抽象的主体的操作之中。所谓认识,就是从现实的对象中抽象其本质,这时主体掌握其本质就叫做认识。不管这种抽象的概念所引起的每个变化怎么样,它总规定着成为经验主义独特标志的不变的结构。从所给予的现实对象中抽象其本质的经验主义的抽象,是使主体掌握现实的本质的现实的抽象。……现实的范畴在过程的每个契机上不断反复,是经验主义的思维方法的显著特征"④。这种抽象在本质上是指在现实对象中抽取出来现实意义上的被抽象物,阿尔都塞打了比喻说,这就如同金子是从泥土和沙子的混合物中分离出来,而金子在被淘出来之前,是与夹杂物混在一起的,与此相同,现实东西的本质,作为现实性的本质,是实际存在于包含它的实现的东西当中的。所以,我们

---

① [法]路易·阿尔都塞:《保卫马克思》,顾良译,商务印书馆 2006 年版,第 225 页。

② [日]今村仁司:《阿尔都塞——认识论的断裂》,牛建科译,河北教育出版社 2001 年版,第 166—167 页。

③ [日]今村仁司:《阿尔都塞——认识论的断裂》,牛建科译,河北教育出版社 2001 年版,第 167 页。

④ [日]今村仁司:《阿尔都塞——认识论的断裂》,牛建科译,河北教育出版社 2001 年版,第 169 页。

通常所谓的科学认识,就是"将现实的两个部分区分为本质的东西和非本质的东西,并且抽象出最重要的本质。排除无用的东西,同时选出重要的东西,这是同一个操作的两个方面。这就是所谓的抽象"①。在经验主义看来,由于现实是不透明的,有着表象和实质的分别,所以科学认识的过程就是揭开现实面纱的发现过程,通过科学的抽象使得真理显露出来。

在他看来,经验主义认识论的问题在于它将思维对象与现实对象混淆了。阿尔都塞指出,事实上科学的思维过程与现实过程是完全不同的,但经验主义却将"认识同现实结合在一起"来理解,这样一来,人类的认识就始终表现为认识的现实对象的内在的关系,但是真实的科学认识活动却是"通过特殊的认识实践"来表象其认识对象的,它不是科学认识的"现实对象"。为此,今村仁司总结说,"思维与外部现实是不同的,听起来是理所当然的,但是,思想史都不承认这种自明的事实。相反,思想史上的自明的事实却是,尽管不是直接(不可能有直接的同一)的,但也要用一定的方法将思维与现实'同一化'"②。例如,黑格尔典型地将现实过程纳入了思维过程,实现了二者的同一化。经验主义的一个普遍特征正是要消除现实与思维的差别。阿尔都塞认为,在这方面人们一般理解马克思主义也有这种倾向,"马克思主义中也孳生着这种经验主义。这就是著名的'逻辑的东西'与'历史的东西'一一对应或'逆对应'的观点"。③ 而一一对应又是经验主义和黑格尔主义的基本范式,逆对应则是颠倒了的黑格尔主义的范畴,人们以往对马克思的理解,就是建立在广义经验主义基础上的,是"戴着马克思假面具的近代意识主体哲学"。

阿尔都塞在批判经验主义片面强调感性经验在认识中的作用,将经验"所与"当作认识过程的出发点的同时,指出"任何科学认识的过程都始于抽象、始于一般性,而不是始于实在的具体"。所以与经验主义认识论相反,阿尔都塞认为,马克思事实上主张知识不是从具体上升到抽象,而是从抽象上升到具体,而且所有这一切是在思维中进行的,而产生着整个过程的实在却存在于"思维外部"。④

阿尔都塞在批判传统认识论的基础上,又将科学认识活动与社会生产劳动、

---

① [日]今村仁司:《阿尔都塞——认识论的断裂》,牛建科译,河北教育出版社 2001 年版,第 169 页。

② [日]今村仁司:《阿尔都塞——认识论的断裂》,牛建科译,河北教育出版社 2001 年版,第 170 页。

③ [日]今村仁司:《阿尔都塞——认识论的断裂》,牛建科译,河北教育出版社 2001 年版,第 170 页。

④ 徐崇温:《徐崇温自选集》,重庆出版社 1999 年版,第 160、166 页。

经济生产作了类比，指出科学知识也是一种“理论生产的过程”。像其他社会产品一样，“我把知识‘界定’成‘生产’，而且肯定各种形式的科学性是属于‘理论实践’的内在性”，阿尔都塞接着说，“关于理论，我们指的是实践的一种特殊形式，它也属于一定的人类社会中的社会实践的复杂统一体。理论实践包括在实践的一般定义的范围内，它加工的原料（表象、概念、事实）由其他实践（经验实践、技术实践或意识形态实践）所提供。理论实践的最广泛形式不仅包括科学的理论实践，而且包括先于科学的，即意识形态的理论实践（构成科学的史前时期的认识方式以及它们的哲学）”①。这样一来，科学活动就不再像传统认识论那样视其为“纯粹的精神活动”：事实上它也是一个相对独立的社会生产过程，“这种思维，根植于自然的现实和社会的现实中，并且是被在其中组织起来的思维装置历史地规定着的系统。它被现实的各种条件的系统所规定，这种系统，如果特意使用这个定式的话，就把思想作为特定的认识生产方式”②。

科学理论的生产，无论在形式还是在过程方面，都与社会经济生产的现实和过程具有相同的结构。在阿尔都塞看来，“思维是由它所思考的对象类型（原料）、它所自由运用的理论的生产手段（理论、方法、实验及其他技术），以及结合思维生产的历史关系（理论的、意识形态，同时又是社会的关系）的结构构成”③。阿尔都塞的这种认识论，与当代社会建构论者的某些思想极为类似，例如在塞蒂娜等人看来，虽然并非所有自然科学知识都是从实验室里生产出来的，但实验室集中体现了现代科学知识生产的这个过程，所以他们把“实验室”又称为知识的生产作坊（workshop），这是为了知识的生产而聚集起了大量科学仪器、设备及其他资源的加工厂。在这些实验室里创造出所谓的科学对象与科学事实。这样，实验室概念不仅开启了一个新的研究领域，也为这一领域提供了一种文化构架，而且“实验室”本身已经在人们对知识的理解中变成了一个理论性的概念。④

理论劳动与其他实践形式（如政治、经济）的不同之处在于，它把握实在的方式是一种“唯一无比的方法”。这种把握世界固有的方式，阿尔都塞称之为“认识效能”。“在思维中全面进行的认识过程，是通过怎样的结构，获得对实际存在于思维外部的现实世界的现实对象的认识的呢？或者说，认识对象的生产，是通过

① [法]路易·阿尔都塞：《保卫马克思》，顾良译，商务印书馆2006年版，第158—159页。
② [日]今村仁司：《阿尔都塞——认识论的断裂》，牛建科译，河北教育出版社2001年版，第171页。
③ [日]今村仁司：《阿尔都塞——认识论的断裂》，牛建科译，河北教育出版社2001年版，第171页。
④ 郭兴华等：《视角的转换》，载《自然辩证法研究》，2008年第9期。

怎样的结构，获得对实际存在于思维外部的现实世界的实现对象的认识的呢？”①知识的生产结构和认识效能的生产结构是一致的。当然，科学的理论实践还是和人类实践的其他形式有些差别。科学的理论实践虽然不能不使用一般的概念，但这个最初的一般同科学工作的产物却不吻合：它不是科学工作的成果，而是科学工作的前提。

阿尔都塞认为，任何科学的理论活动都是通过其概念的复杂统一体反映它的理论实践活动的结果，这些结果又反过来成为理论实践的条件和手段。② 理论作为一种特殊的实践，像其他任何实践形式一样，有着特殊的对象和产品，它以一定的生产原料和生产资料（包括理论概念以及概念的使用方法）来进行理论加工。所以，一言以蔽之，在这种特殊的实践过程中，特殊的对象制造出“特殊的产品”。③ 阿尔都塞认为将情况分成两种，一是新兴科学，由于它还具有浓厚的意识形态性质，所以“当新科学产生的时候，也就是当新科学从意识形态领域中分离出来、同意识形态决裂而产生的时候，这种理论的‘脱离’必然要引起理论问题式的革命性变化和理论对象的彻底改变。在这种情况下，我们说发生了革命，发生了质的飞跃和对象的结构本身的变化是非常恰当的”④。而且，“还可以借用加斯东・巴什拉关于认识论断裂的概念，以研究由于新科学创立而引起了的理论问题式的变化”，而对于成熟的科学，理论实践的生产资料就是“理论的概念和方法”，它是理论实践的前提条件，也是科学创造中最活跃的部分，“即过程的决定性因素”。⑤

阿尔都塞借鉴马克思“从抽象到具体”的表述，将科学理论实践的过程表述为三种一般性的复杂关系和运演过程。其中，第一个一般即“科学所加工的对象”。这个对象不是现实，科学加工的始终是“一般”，即使它以“事实”的形式出现时，它也是概念。第二种一般是科学用以生产的“生产资料”，“这些概念的矛盾统一体构成科学在特定历史阶段中的理论”，这实际上也是阿尔都塞所说的问题式。第三种一般就是认识，即理论实践的结果。阿尔都塞说：“最初的一般（我们称之为‘一般甲’）是科学的理论实践将用以加工成特殊‘概念’的原料，而这些特殊‘概念’则是另一种‘具体的’一般（我们称之为‘一般丙’），即认识。”⑥

---

① ［日］今村仁司：《阿尔都塞——认识论的断裂》，牛建科译，河北教育出版社 2001 年版，第 176 页。

② ［法］路易・阿尔都塞：《保卫马克思》，顾良译，商务印书馆 2006 年版，第 159 页。

③ 张一兵：《认识论断裂》，载《天津社会科学》，2002 年第 1 期。

④ ［法］路易・阿尔都塞：《保卫马克思》，顾良译，商务印书馆 2006 年版，第 176 页。

⑤ ［法］路易・阿尔都塞：《保卫马克思》，顾良译，商务印书馆 2006 年版，第 15 页。

⑥ 张一兵：《认识论断裂》，载《天津社会科学》，2002 年第 1 期。可参见［法］阿尔都塞：《保卫马克思》，顾良译，商务印书馆 2006 年版，第 176 页。

人们经常借用马克思以研究人口为例描述这一"抽象—具体"的运动方式:"如果我从人口着手,那末这就是一个浑沌的关于整体的表象,经过更切近的规定之后,我就会在分析中达到越来越简单的概念;从表象中的具体达到越来越稀薄的抽象,直到我达到一些最简单的规定。于是行程又得从那里回过头来,直到我最后又回到人口,但是这回人口已不是一个浑沌的关于整体的表象,而是一个具有许多规定和关系的丰富的总体了。"①阿尔都塞认为在这一辩证法的理论实践过程中发生了"认识论的断裂"。阿尔都塞强调,科学并不是像经验主义设想的那样从单纯的直接"感觉"和独特个体为其本质存在物作为加工对象,科学加工的只是"一般"。一方面,对于新兴科学而言,例如伽利略创立近代物理学,他要以现有的概念,至少是包含意识形态性质的一般甲进行加工,但它加工的并非纯粹的客观事实,因为这种客观事实是在理论实践的过程中才逐渐确立起来,即它通过对以往意识形态理论确定的意识形态"事实"的批判,才能确立自身的科学事实地位。另一方面,"当一门业已建立的科学发展时,它加工的原料(一般甲)或者仍然是意识形态的概念,或者是科学'事实',或者是已经过科学加工,但仍属于前科学阶段的概念。因此,科学的工作和生产就是把'一般甲'加工成'一般丙'(认识)"②。"一般乙"是怎样的呢?阿尔都塞说。"我称之为'理论'的一般乙,它的统一性很少在一门科学中以统一的理论体系的形式而存在。至少在实验科学中,它不仅包括单纯以理论形式而存在的概念,而且包括大部分理论概念在其中活动的技术领域。"③他又指出,如果我们把人从生产资料中抽出来,就可以称其为"一般乙",它由概念构成。

阿尔都塞总结说,"'一般甲'作为理论实践的原料,与把它加工为'思维具体'——即认识(一般丙)——的'一般乙'有着质的不同"。在认识发展过程中,新的概念体系与旧的概念体系在"履行职能的方式上",二者不具有同质性。因为这里已经发生了一次"场地变换","新概念将在'新场地'上经过长时间的酝酿,奠定一种科学理论的基础,这一发展不可抗拒地使新概念演变成为一门科学,一种不同寻常的革命的科学"。显然,阿尔都塞认为,从旧的意识形态到新的科学的发展是一种"断裂"④。而所谓理论加工,在他看来就是使用理论工具将原料加工生产成理论产品的过程。在劳动的过程中,原料一般是从前的产物,事先被劳动

① 《马克思恩格斯选集》第2卷,人民出版社1972年版,第103页。
② [法]路易.阿尔都塞:《保卫马克思》,顾良译,商务印书馆2006年版,第177页。
③ [法]路易.阿尔都塞:《保卫马克思》,顾良译,商务印书馆2006年版,第176页。
④ 张成岗:《阿尔都塞的科学认识论》,载《河北学刊》,2003年第2期。

加工过的,所以"劳动过程决不是对未加工的、原始的自然发生作用,而是从历史的结果出发的。已经被加工过的东西,已不再是白纸状态和无垢的自然这种个别性,而是一般性"①。理论实践的任务是用GB(一般乙)作为手段将理论原料,即"一般甲"加工成为新的科学理论——"一般丙"。这样,阿尔都塞在批判经验主义片面强调感性经验在认识中的作用的同时,具体描述了科学认识的过程始于抽象和一般性的主要内容。

阿尔都塞的知识生产理论,从生产实践的角度视科学不单纯是一种理性认知过程,我们应当将其视为当代社会的知识生产过程,它是一种复杂的社会实践活动。而且这一生产和其他社会生产并没有本质差别,阿尔都塞认识论的贡献就在于具体揭示了科学活动的"人类生活世界"本质。因为在马克思看来,任何一种哲学或理论,其根基都在于现实生活之中,都是对于生活中问题的从某种特定立场予以解决的企图。换言之,任何理论活动都是受制于生活实践的,知识论亦是如此。② 为此,马克思说,科学是人性化的关于人的,"至于说生活有它的一种基础,科学有它的另一种基础——这根本就是谎言"③。传统认识论一直将科学视为对外部自然实在地客观反映或表象,它是人类理智活动的最高体现。这种表象主义认识论得以成立的前提在于近代哲学主客二分观念的确立,认识论的本质主义观点在表象中获得了支持点:表象就是我们对外部事物反映所产生的意象或信念。但从马克思以来,一种新的实践论知识观逐渐形成,这种知识观不再片面强调人类知识的纯认知特点,而是将知识放在了"社会实践"的语境之中去理解。

### (二)社会建构主义对科学知识的社会模式解释

对传统表象主义科学观产生的冲击最大、最强烈的是社会建构主义思潮④,它使得传统科学观面临着一场新的表述危机。社会建构主义将自然科学视为社

---

① [日]今村仁司:《阿尔都塞——认识论的断裂》,牛建科译,河北教育出版社2001年版,第142页。

② 田丰等:《诠释与澄清》,商务印书馆2010年版,第60页。

③ 《马克思恩格斯全集》第42卷,人民出版社1979年版,第128页。

④ 建构主义作为20世纪后半叶极具影响力的思想潮流,在心理学、社会学、政治学、哲学、文学艺术各个方面都产生了巨大影响,形成了各个不同的建构主义学派,而且,各个流派之间的理论也存在着很大的差异,因此我们很难给出一个完全统一的说明。例如建构主义一词本身就存在争议,仅从onstructionism和constructivism这两个表述来看,我们就可以从中看到它们在理解上的差别。杰更(Gergon)认为,这两个词都表示了对传统经验论、逻辑经验主义传统的反对,但它们理论的路向却有差别,constructionism抛弃了二元论的传统,主要强调分析人的语言,而后者仍然基于二元论传统,只是强调知识是由个体建构而成的,不再去问知识是否与客体一致。

会建构的创造物,科学认知中的选择问题中的决定因素是基于社会意象和权力利益驱动的意识形态,与外部世界无关。在社会建构论看来,人类生来注定要和别人一起共同生活在这个世界上,并且会继续建构这个世界的未来,所以,世界其实就是人类控制的并由人类界定的实在。世界一经人类的建构就又反作用于自然和社会,它涉及自然科学,亦是如此由人类社会建构起来的。所以,人产生了实在,并在生产实在的过程中也生产了人自己。① 但鉴于社会建构论思想的复杂异常性,我们只能将社会建构论思想做一简单分析,来透视社会建构主义关于科学知识生产的基本思想内容。

在宽泛的意义上说,对社会建构论内部观点的划分,主要就是依据于社会建构论纲领的实践者对社会建构中社会秩序的关注程度来作出的。例如,具有代表性的是法国哲学家福柯的思想,在《规训与惩罚》和《性史》等著作中提出了一个全新的权力概念。社会微观权力不同于以往的司法权,它不是为某个人或机构所能够掌握,而只能存在于具体的日常实践活动中,所以这是一种权力的微观物理学研究。他认为所有知识和知识话语都源自社会控制下的社会过程,权力"代表的是一种人与人"之间的支配和影响问题。② 这种宽泛意义上的权力,是和社会建构论思想存在一致性的。一方面,以爱丁堡学派为代表的英国社会建构主义在案例分析中,的确揭示了科学共同体与社会团体以及这些团体之间的利益关系,而解决这种矛盾的过程就是一个社会协商,或者社会建构的过程。

哲学认识论方面的建构主义,它们的基本思路和观念是相通一致的。首先我们来看科学知识方面建构主义这一表述本身,希斯芒多承认,对于科学研究而言,社会建构论(social construtivism)和建构主义是颇为通行的,"但它有时并不确切地清晰它所宣称建构的是什么以及如何建构"③。希斯芒多认为,要探索"社会建构"隐喻在 S & TS 研究中的意义问题非常复杂,因为"这个答案并不直接明了,'社会建构'和'建构'在不同的作者那里其通常不指称同样的事物,即使是在同一本著作中,术语也引导我们注意不同种类的现象。bruno l. atour 和 Steve Woolgar(1986)讨论的是事实和事物的建构,Trevor Pinch 和 Wiebe bijker(1987)讨论知识的建构(直到他们应用到技术的建构)。从 Karin Knorr - Cetina( 1983 以及其他著作)来看,人们的印象是建构主义是一种非常特殊的研究纲领,但 Trevor Pinch 和 Wiebe bijke 近来却宣称所有的 S & TS 都属于社会建构主义。并且社会建构主

① 刘保:《作为一种范式的社会建构主义》,载《中国青年政治学院学报》,2006 年第 4 期。

② 孟强:《科学的权力/知识考察》,载《自然辩证法研究》,2004 年第 4 期。

③ Sergio Sismondo, *Science Without Myth*, State of University of New York Press, 1996, p. 49.

义隐喻至少有六种不同的解释或使用用法"①。

第一，建构，通过参与者和体制的相互作用，包括知识、方法论、领域、习惯和规则思想；

第二，尤其是社会建构这个术语经常被用于关注科学知识建构的社会过程——强调的是社会而不是建构；

第三，"异质建构"（heterogeneous construction）这个词关注科学家们使用各种不同的资源去建构稳定的结构的途径，导致对某种类型机制建构的深描（further description）；

第四，科学家们建构理论和说明，其意义在于它们的结构是建立在数据和观察基础之上的；

第五，通过物质干涉，他们在实验室中也建构人工物品；

第六，最后，科学家们被说是在建构思想和表述的客体（在新康德主义的意义上）。

一般认为在认识论方面，社会建构论包括三个主要主张。一是新康德社会建构论（*Neo - Kantian social constructivism*），这种观点很早就开始讨论，根据这种观点，科学范式的成功接受在科学家对现象研究上强加了一个准形而上学的因果结构。二是作为社会过程的科学社会建构论（*Science - as - social - process social constructivism.*），这种观点认为科学发现的成果是一社会过程，它们受到同种原因——文化，经济，政治，社会等——它们影响任何其他社会过程。三是揭示性社会建构论（*Debunking social constructivism*），这是一怀疑论立场，根据这一观点，科学中的发现工作无一例外或在很大程度上，不是由"事实"，而是由在科学共同体内部和更宽泛的对研究产生影响的共同体中的社会权力关系决定的。在现代科学研究和后现代主义影响下，三种观点开始相互融合，很难做出统一的界定。

其中，社会建构主义的爱丁堡学派以宏观研究方法见长，他们努力追踪经典社会变量（如相关群体的利益）与相关群体的知识内容之间的因果联系，在爱丁堡学派看来，所有人类知识，不论是经验科学知识还是数学知识，都应该进行彻底的社会学研究。② 对科学知识本身的真理性、客观性"本质"的解释，只能从社会学角度来思考。关于科学知识的社会学研究，它具体遵循四条基本原则即强纲领原则。"强纲领"的主要内容包括四个信条（tenets）。因果性。社会原因和其他原因共同导致知识信念的产生。公正性。对真理与谬误、成功与失败、理性与非理性、

① Sergio Sismondo，"Some Social Constructions"，*Social Studies of Science*，1993（3），p. 515.

② 刘华杰：《科学元勘中 ssk 学派的历史与方法论述评》，载《哲学研究》，2000 年第 1 期。

的信念持平等态度。对称性。同种类型原因能够同时说明真实和虚假信念。反身性。各种说明模式能够应用于社会学本身。布鲁尔的上述思想至少从认识论意义上回答了曼海姆知识社会学留下来的全部问题,成为完整的"知识社会学",为此富克斯(Fuchs)评价说,"布鲁尔的知识与社会意象确实是早期SSK最重要的纲领表述。布鲁尔'强纲领'的核心宣称科学知识内容可以接受社会学分析。这一宣言将SSK与经典知识社会学和默顿科学社会学鲜明的区分开来……强纲领引进了一个激进的科学研究新途径。它第一次提出了要解释科学活动的最核心部分"①,从而也就完成了把人类所有知识都划归社会学分析的初衷。

在"强纲领"基础上,巴恩斯等人又从解释学维度积极建构其"利益解释"模式,指出传统知识社会学将数学及自然科学拒之于社会学分析之外的作法是错误的,科学知识也应置于社会学研究之下,服从社会学因果分析、"利益原则","利益理论"成为爱丁堡学派的代表性理论之一。他们的基本观点可概括为:社会变量是科学知识生产的决定性因素,而一切社会变量最终又可归结为社会集团的利益问题,这样科学知识的生产,包括内容就和社会意象直接关联起来,社会利益成为决定科学知识的重要维度。具体而言,社会建构论者断言知识内容与社会的生活形式之间有着必然的因果关联,他们相信只有描述了科学活动的进程及其社会因素,才能呈现出科学知识的内容:从最初科学家提出科学理论开始,它就明显与社会因素相关联,当时的文化与社会变量对科学知识内容的产生有着内在关系,而且,科学知识内在地包含了文化与社会因素。所以,科学理论的评价和接受不再是纯粹逻辑或理性的工作,这更是社会建构的产物,它是在共同体内部科学家个人偏爱及群体利益协商与追求的过程中得以实现的。这样,科学知识在本质上就是社会性质的,是个人偏爱与群体利益相协商基础上形成的社会产品,它体现了特定群体利益以及不同社会境遇下人们的价值倾向。科尔对英国传统的社会建构主义做了如下总结:"建构论建立在这样几个假设上面:第一,自然科学并没有受到某种固定规则的支配,也不会遵循一套发现真理的特定程序;第二,在科学争论的解决过程中,经验证据起不到决定性的作用,它们只会在与理论相关联的时候才有意义,也就是争论的解决不是由证据所决定。第三,这是最重要的一点,他们一般都采用相对主义的哲学立场,对自然界的作用持否定态度,客观世界对科学知识起不到决定性的作用。"②

---

① Stephan Fuchs, *The Professional Quest for Truth, A Social Theory of Science and Knowledge*, State University of New York Press, 1992, p. 35.

② S Cole, *Making Science – between Nature and Society*, Harvard university press, 1995, p. 5.

而巴斯学派以微观的方法论研究为基本特点，他们研究了科学史上大量的科学争论案例，以此途径来试图展示科学知识的生产是怎样和科学行动者之间联系起来的。① 实验室研究代表了社会建构主义的微观经验研究进路，皮克林这样描述当时的情况："20 世纪 70 年代末情况发生了很大变化。无论英国国内还是国外，新的研究理路出现了，这些研究与传统科学知识社会学交汇在一起……。其中的主要标志是人类学著作《实验室生活》的出版（拉都尔和伍尔加著）。"②之后，更具社会学色彩的实验室研究发展起来，这些社会学家或人类学家采取了人类学的田野调查方法来深入科学家集中活动的实验室进行长期持续的参与和观察。他们在调查过程中对实验室的环境、仪器设备、科学家的日常活动和对话，科学家与实验室以外的联系，以至于科学论文的形成、发表，论文引证等等方面的情况进行详细的记载，并做出分析，写出研究报告或专著，这就是"实验室研究"。在这方面出现了许多大家熟知的代表作品，如"《实验室生活》和《知识的制造》"，"还有若干研究及其相应的成果"。③ 80 年代后，社会建构主义的最重要著作《建构夸克》和《利维坦与空气泵》先后出版，在学界引起较大轰动，较之于之前的爱丁堡学派，他们的关注点和方法论都有了明显不同，他们把研究的重点转向了实验室内部研究的构成，考察知识在实验室内部的生成过程。

自巴黎学派以后，社会建构主义研究出现较大变革，一些人开始试图改变以前以社会学和哲学家为主的理论观察模式，认为这种外在观察立场仍是传统理论至上的思想起着作用，他们特别强调用普通人和当事者的方法来考察科学活动，而不是把科学实践中一切理性规范毫无例外地还原到惯例、制度或利益关心等社

---

① 20 世纪 70 年代英国爱丁堡大学成立"科学研究小组"（Science Studies Unit）之后，在成员（主要包括巴恩斯、布鲁尔、夏平和皮克林（Andrew Pickering）、艾奇（D Edge）等的努力下，爱丁堡学派产生了一批令人耳目一新的研究成果，既引起了学界的不断赞赏，也引起学界的愤怒声讨。强纲领的思想扩散并渗透到一批从事科学的哲学、历史与社会学研究的学者中，特别是其方法与后现代科学批判等运动相结合，在当今学术界影响巨大。这使得英国学派成为社会建构论中影响最大的群体派别。（更具体内容可见刘华杰《科学元勘中 ssk 学派的历史与方法论述评》）。其中，SSK 在英国有两个中心，除了爱丁堡学派以外，另一个是巴斯（Bath）学派，它包括巴斯以及当时存在于英国的其他一些科学社会学家，主要成员有科林斯（H. Collins）、平奇（Lynch）、马凯（M. Mulkay）和特拉维斯（S. Traweek）等人。

② Andrew Pickering, *Science as Practice and Culture*, The University of Chicago Press, 1992, pp: 1—2.

③ 刘珺珺：《科学社会学的人类学转向和科学技术人类学》，载《自然辩证法通讯》，1998 年第 1 期。

会要素上。[①] 随着社会建构主义自身思想的不断变化,他们区别于传统科学研究的特点显示为对科学知识本身的属性理解,即应该理解为实在的反映还是社会建构的产品。当然,在建构主义看来,科学知识的内核仍是偏向社会层面,所以强调科学知识在建制上的社会化属性,在他们看来科学知识的内容与社会意象之间存在着具有必然性的因果关联关系。具体来说,社会建构主义对社会性因素在认识活动中作用的强调,其意义有三个方面。首先是针对了传统哲学认识论研究的个体主义倾向(这在前面我们已经提到),他们意在强调认识的主体不是单个人的,而是群体性、社会性的。其次,科学认识过程不是心理学意义上的发现,不是"自然之镜"式的简单映射,它是认识群体之间的对话、沟通与协商,这种交往负载着各种社会价值观念。最后,它彰显了人类主体在知识生产中的积极意义,并力图突破旧唯物主义纯粹客观的自然观念。在他们看来,实在就科学家们制造出来的,而不是被他们发现的。人类生来就是注定要与他人一起建构并居住在这个世界上,世界就是由人类控制的并可由人类界定的实在。人类的社会世界与自然相互作用。卢克曼说,人类生产了实在,并在生产实在中也生产了人类自身。[②]

在科学知识社会学发展的后期,特别是 20 世纪 80 年代以后,科学知识社会学家们的注意力开始转移向了对科学的经验研究。其中,微观的"方法论内部主义"主要集中在科学的内部社会实践方面,主要分析科学实践的常规过程、工作实践和具体生产过程、关注科学家世俗过程、科学家怎样通过相互影响、解释得出的结论。他们在评价前期 SSK 的工作时认为,爱丁堡学派简单论述科学知识与社会秩序的相关性,已没有多少吸引人之处了,所以现在的任务是如何对待作为社会产品的科学,揭示科学的实际运作过程。社会建构主义的实践者们通过具体的实践考察,表现为关注科学知识生产和接受的实践过程,而揭示科学活动的实际图景和科学家的世俗形象。[③] 米勒等人在描述科学知识社会学后期的经验研究时写道,"如果说科林斯和平奇是挑战新的科学知识是如何产生的这一传统简单图画,那么拉都尔则是要去除公众感觉中的科学研究品质。拉都尔对科学社会学家默顿在 19 世纪 40 年代建立的理想科学形象提出了挑战"[④]。深入科学家的工作

---

① 汪漪:《社会建构主义科学观研究》,大连理工大学硕士论文,2006 年,第 13 页。

② 刘保:《作为一种范式的社会建构主义》,载《中国青年政治学院学报》,2006 年第 4 期。

③ 皮克林等人尽管保留了爱丁堡学派的历史分析方法和利益说明模式,但他所选择的案例不再是比如 17 世纪的微粒哲学或 19 世纪的统计学,而是当代的实验物理学,所关注的问题比如重复实验问题、争论结束的机制等也更接近于巴斯学派。(《论奥特加的技术哲学》,第 45 页)

④ Jane Greory & Steve Miller, *Science in Public: Communication, Culture, and Credibility*, Plenum Press, 1998, p. 62.

环境,与他们共同生活,观察他们的一举一动,采用这种民族志的调查研究方法,这样一来,传统人们理想中的崇高科学家形象破灭了:他们也是凡夫俗子,与常人并无差异。而且,科学家的科学工作,也同世俗社会其他专业的人一样普通;科学家的社会,也只是世俗社会生活的一部分。科学家是科学范式的积极参与者,科学家的争论实际上同样代表着不同的社会利益与价值倾向,科学活动中也充满了利益的斗争,所以"科学家必须兼具将军和外交家的品质,就像安排战场上的军队一样来配置其论点、结果和设备,并极力与尽可能多的同事们建立联盟。这种作为战争式的马基雅弗利主义的科学形象和默顿所面对的无私利性、绅士般的合作的科学形象相去甚远"①。在社会建构主义者眼中,科学已从"神坛"走向了世俗,传统科学形象的光环消退了。

### (三)小结:实践论是理解科学的必要维度

阿尔都塞的"认识生产"理论和社会建构主义"强纲领"主张,都为我们理解当代科学的实践本质提供了一个很好的理论平台。它体现了从马克思开始的整个西方哲学传统的一次根本性转折,就是认识视野或哲学视野的根本置换,揭示了传统认识论"在想象中脱离生活的性质和根源的哲学意识",这样就把整个科学认识过程完全置于思想领域中的"理论实践"狭隘视野之中。特别是在阿尔都塞那里,科学的理论活动是和其他社会活动,诸如经济、政治、审美等人类活动类似的,并没有什么独特之处,而"强纲领"本身就是要破除科学理论与实际的特殊性。这样,科学认识实践在他们眼中就没有了理论实践的优越性,在把科学"思维力量"和"理论劳动"的手段结合在一起的过程中,就从概念、表象、直觉中生产出了这种特殊的知识产品,这种"理论"知识是脱离实践的"无源之水和无本之木的纯粹思维产物"。② 如此一来,"社会结构关系"中的生产关系至关重要,人的认识活动中"生产关系的总体结构"是决定性的,认识实践只是完成"规定的任务"。③

马克思把有限的感性实践活动,即生产劳动活动作为现代性的基点。启蒙理性为核心的主体性固然是现代性的根本原则,但这一主体性也有其存在论基础,即它是根植于感性实践活动,扎根于现实社会历史条件下的现实的个人实践活动,尤其是生产劳动。④ 在以生产劳动为支架的现代社会,理性主义又起到了引

---

① Jane Greory & Steve Miller, *Science in Public*: *Communication*, *Culture*, *and Credibility*, Plenum Press, 1998, p. 62.

② 黄楠森主编:《马克思主义哲学史》,北京出版社 1996 年版,第 342 页。

③ 徐正林:《欧洲传播思想史》,上海三联书店 2005 年版,第 435 页。

④ 郗戈:《异化劳动与现代性的"病理学"》,载《湖南社会科学》,2008 年第 5 期。

导社会运行的作用,在这种理性主义的宏大叙事背后也深深蕴含着特殊的权力关系,这主要体现为某种利益和意志的需求,因此理性形而上学的宏大叙事实质上是一种充满压制性、排他性的专制话语。① 按照哈贝马斯的理解,在实践哲学看来构成现代性原则的不是自我意识,而是劳动。所以,劳动是对现代哲学主体性原则的批判改造和继承发展,正是通过对理性主体性原则的具体化和现实化才构成劳动实践活动。可见,如何理解理性与生产劳动问题的关系问题构成现代性解读科学认知的一个关键点。②

结合以上阿尔都塞的提法,我们可以这样来理解:科学认识活动是科学工作者在一定的"理论一般"这个"准先验认识形式"作用下,对科学对象(科学实践作用下形成的经验和实在)的加工和建构过程,科学知识就是这种生产活动的典型产物。具体到实际的科学生产过程,"理论一般"对认识对象的加工过程是科学活动的关键环节。对于同一经验实在,不同的科学家往往会得出不同的结论,即他们对实在的加工会得出不同的产品。即从阿尔都塞的角度看,在经验与理论之间,传统理性哲学认识论的经验和逻辑的方法论法则不足以构成理论选择的真正标准。在实践哲学视野里,科学在生活世界之中"普通化"了,它与其他人类社会实践并无本质差异。这正如布鲁尔所描述的:"科学家形成实践者的'共同体'。'共同体'是一个有着固定生活方式的扩散力主题,它有着自己的风格、习惯和惯例,暗示着社会的团结。"③在这里,现代性赋予科学的"神圣"光环消失了,成为一种普通的社会现象,科学"通俗化"了。这样,科学从一种"非人化的、普遍的、永恒的"崇高形象转变为"个人化的、当地化的、暂时化的"世俗形象,以往无上荣光的"大科学"变成了普通的"手艺作品",而令人敬仰的科学家也随之降到了一般的手工工匠的水平,神圣的科学知识成为普通的手工技能。④ 我们对科学知识的理解,不能再仅仅强调人类知识的纯认知特点,而应将科学放在"社会实践"的语境之中去理解。

## 五、科学精神的现代性视野

"科学像所有社会组织起来的活动一样,是一项精神事业。也就是说。科学不能仅被看作是一组技术性和理性的操作,同时还必须被看作是一种献身于既定

① 贺来:《马克思的哲学变革与价值虚无主义》,载《复旦学报》,2004 年第 6 期。
② 郗戈:《异化劳动与现代性的"病理学"》,载《湖南社会科学》,2008 年第 5 期。
③ D. Bloor, *Knowledge and Social Imagery*, The University of Chicago Press, 1991, p. 59.
④ Knorr - Cetina, Roger. Krohn&Whitley, *The Social Process of Scientific Investigation*, D Reidel Public, 1981, p. xii.

精神价值和受到伦理标准约束的活动。”①由于自然科学的产生与发展是现代性展开的逻辑结果,而现代性又隐含了近代科学精神的内在特质,科学精神的特质是现代主体理性发展的产物,它在数学主义、经验主义和功利主义几个维度方面均有表现。科学主体通过理性的认知方式(诸如逻辑、数学或者实验)来把握表象世界,但同时这也决定了自然世界只有在主体理性和语言中才能向作为主体的人敞开,科学精神作为科学实践活动的文化价值软环境,同自然科学本身一样都是历史性的产物,它既是一种时代的文化精神,亦是维持科学持续存在和发展的动态文化观念。

(一)科学精神与现代性

科学精神(scientific spirit,或 The Ethos of Science)一直是科学哲学集中关注的问题之一。但作为一个理论概念,迄今为止人们对它还没有形成一个统一的共识。我们认为,造成学界关于科学精神争论莫衷一是的重要原因在于人们相关讨论缺乏一个共同的平台,同样是在谈论科学精神,但其内涵和意义却相差甚远,而且,许多讨论过于分散并没有抓住科学精神的本质。② 我们意在提供一个重新理解科学精神的重要维度:从科学史的角度,把科学精神放在现代性的视角下进行考察。在现代性中,隐含了科学精神的内在特质,现代性应该成为我们思考科学精神的重要出发点。

近代社会以来,自然科学越来越成为现代性的强势现象,进而居于整个人类社会文化系统的核心位置。科学及其产品——科学知识在现代生活中具有了特殊的信誉和权威性,它们成为真理、公正、正确的代名词,并与客观性、进步密切相关。随着自然科学的急速发展,以及对人类社会生活影响的不断扩大,对科学本身的研究和探索,也成为近现代哲学思考的重要讨论议题,甚至成了一个“无法跨越的时代性问题”,如何理解科学、科学知识,科学的合理性何在,这一直是哲学认识论转向以后的中心任务,也是整个现代文化不得不面对的核心问题之一。

这首先源自人们深刻认识到了科学知识、科学活动和科学建制的重要意义,

---

① [美]伯纳德·巴伯:《科学与社会秩序》,顾昕等译,生活·读书·新知三联书店 1992 年版,第 100 页。

② 国内对科学精神的相关讨论多数追溯到默顿《科学的规范结构》一文:“科学的精神气质是有感情情调的一套约束科学家的价值和规范的综合。这些规范用命令、禁止、偏爱、赞同的形式来表示。”默顿对科学精神的有关论述,主要是从社会学角度(着重于科学与社会建制的关系)来阐发的,这是从“应然”和理想化的角度来理解科学精神的。在此,我们对这种理解模式暂不做讨论,而主要从现代性角度(结合科学史)探索近代科学精神与科学的产生和发展问题,这是理解科学精神实然和现实性的维度。

"科学技术是第一生产力"的观念开始深入人心,但我们常常还只是从实用的角度去理解科学,认为科学的意义和价值在于其对我们人类和社会带来的巨大物质利益。从"师夷长技以制夷"到"赛先生"的发展,功用层面一直是主要的,梁启超早就对此现象进行过概括:我们中国人总是把科学看得太呆、太窄了,姑且不论那些鄙厌科学的人,即使是尊重科学的人也十有八九不真正了解科学,他们只知道科学的实用价值,而不理解科学本身的价值,特别是科学所蕴含的人文价值,须知科学本身的价值深植于人文精神之中。随着认识的深入,人们在关注自然科学知识本身的同时,也逐渐开始认识到科学中的传统观念的存在,感觉到科学的社会与文化同样不完全是冰冷干枯无情的世界,科学亦是人性化的。① 广义而言,这种渗透整个科学实践活动之中的精神动力与价值观念,是和科学家的科学方法、科学精神同等重要的,只有这种综合的人文精神与科学精神才真正构成科学认识实践的核心和灵魂。著名美国教育家科南特认为,科学教育不仅是为了学习科学知识,也不是只为了掌握科学的基本原理,而更重要的是为了养成一种理性习惯与理解力。其实这也是对科学精神的一种实在性的描述,正如早在20世纪美国《2061计划》所强调的那样,在科学教育中我们必须意识到自然科学不仅仅只是大量知识的积累和传授,或者实证的科学方法的教导,它还是一种融入人类价值观念的社会活动。科学教育对科学精神、科学方法的理解至关重要。② 其实,在科学探索过程中,科学家也总是要满怀情感,充满激情的,科学探索的过程是充满人性的,渗透在科学成果和科学活动中的科学方法和科学精神,是整个科学体系的核心和灵魂。③

目前学界对科学精神的关注虽然很多,但相关的讨论却比较混乱和模糊,关键在于没有形成一定的公式观念作为基础。这些讨论的一个基本特点是将"科学精神"做了泛化的理解:一般是简单把人类所有的美好的精神品质或观念都"慷慨地"赋予了科学精神,诸如对真理的追求、谦恭、宽容、正直、执着、献身精神等;或者是把科学活动及其成果本身的某些重要特征,如把科学方法、科学活动、科学规范方面以及对科学家的个人品质要求方面的一些内容都归之于科学精神。但是这种理解模式往往过于含混,对科学精神界定得过于宽泛,甚至不是在共同语境

① 参见黄文贵等:《科学的人文精神》,载《自然辩证法研究》,2003年第5期。

② 关于科南特以及《2061计划》的更详细介绍可见刘兵等:《科学史与教育》,上海交通大学出版社2008年版,第24—29页,此外科南特的著作 *Modern Science and Modern Man* 中的"Science and Spritual Value"又专门分析。参见 James B. Conan, *Modern Science and Modern man*, Columbia Unoversity Press, 1952.

③ 王能东:《现代反科学主义思潮的科学文化观》,载《自然辩证法研究》,2003年第8期。

之下理解，所以人们经常把科学精神与科学家的精神相混淆或等同，这样就会把科学家在科研活动中表现出来的各种令人称道的道德品质和价值观念都纳入科学精神的范畴。①

我们认为，造成学界关于科学精神争论莫衷一是的根本原因在于人们的相关讨论缺乏一个共同的理论平台，同样是在谈论科学精神，但只是名称相同而已，其内涵和意义却相差甚远。这样，正如我们对科学五花八门的理解一样，我们也没有抓住科学精神的本质。对科学精神的理解，必须以对科学的理解作为基础和前提，把科学与科学精神放到具体的历史语境之中去理解，而不应以一种纯绝对主义、客观主义的观点对科学及其精神做僵化的理解。从历史上看，现代自然科学的产生与发展是现代性逻辑展开的结果，现代性隐含了自然科学及其精神的内在特质。现代性作为"一种新的时代意识"，是通过更新其与古代意识的关系而形成的。究其内在本质，现代性是伴随着近代人们对主体自觉意识的觉醒而产生的，而近代科学正是现代理性精神发展的内在逻辑的产物。启蒙运动以来的现代性，是以倡导人的自由理性精神为主要特征的，于是启蒙思想家把人的理性作为衡量一切事物的根本尺度，以此来试图唤醒人们的彻底理性精神，并强调运用人类自身的理性能力来摆脱宗教、自然及社会等外在因素的束缚。这是现代性蕴含理性精神的实质，也是人的主体性的张扬过程。② 这种精神特质是现代主体理性发展的产物，现代性逻辑中的理性精神既推动了近代科学的产生与发展，也决定了自然科学在当代社会中的一系列现代性的悖论问题。从现代性的角度来看，从科学革命时期开始，科学精神的发展经历了主体理性阶段和实践理性阶段两个时期。

但以往对科学精神的讨论，都是认识论思维范式下的产物，对科学精神的讨论基本都属于认知性范畴。由此，我们对科学精神的理解，也停留在了认知理性的范畴之内。具体而言，传统科学哲学的合理性辩护以主、客体二分为认识论的基本原则，从认识论和方法论两个角度出发来论证科学合理性，它具体表现为实在论与方法论方面的合理性；而所谓科学精神，也包含在这种实在论和方法论的合理性理解之中，亦不难理解人们为什么总是将一些认识论价值观念置于科学精神的范畴之内。但这种认知模式一直局限于理论哲学思维范式之内，随着现代科学与哲学的发展，理论哲学的局限性日益突出，科学理性研究的视域也应该出现

① 更具体内容可以参考《科学精神的概念及其内涵》，文中对科学精神的具体内涵以及在缺乏严谨界定情况下相关讨论出现的问题有较为详尽的分析，"科学精神应该作为一个比较严谨的概念来使用，而不是凭想当然"，所以，科学作为一项精神事业，受到"既定精神价值和伦理标准的约束"。

② 李淑梅：《马克思现代性评判的视野》，载《天津社会科学》，2005 年第 4 期。

转变,“实践理性”以及“生活世界”理念开始进入科学精神研究的视野中,对科学精神的理解从认知理性层面转向人类现实生活层面。

（二）科学精神:从主体的理论理性到主体间性的实践—交往理性

近代自然科学促使现代性得以实现,拥有理性能力的“人”成为科学世界的主宰和中心。这意味着作为主体的人随之成为一切存在者的尺度和中心,同时作为存在者整体的世界则成为一种图像。所以,“我乃是此后一切确定性和真理据以立足的根据。但思想,即陈述、逻各斯,同时也是存在之规定即范畴的引导。范畴是以‘我思’为引线而被发现的,也即是着眼于‘我’而被发现的,于是,我就成为突出的本质性的人的规定性。直到那时及至以后,人都被理解为理性动物了”①。理性精神与主体性从现代性的一开始就紧密联结于一体,并得以使之逐步展开。康德在总结启蒙理性时说,“启蒙运动就是人类脱离自己所加之于自己的不成熟状态,不成熟状态就是不经别人的引导,就对运用自己的理智无能为力。当其原因不在于缺乏理智,而在于不经别人的引导就缺乏勇气与决心去加以运用时,那么这种不成熟状态就是自己所加之于自己的了。要有勇气运用你自己的理智,这就是启蒙运动的口号”②,在现代理性主义导引下,科学精神的逻辑逐步展开。

现代性作为“一种新的时代意识”,是通过更新与古代世界的关系而形成现代现象的内在规定性,并构成了近代西方社会和文化的时代特质和基础。而近代科学,并非凭空产生的,其存在总是扎根于某种“生活形式”之中的,即人们的科学实践活动都有其产生的历史传统和精神渊源,只有当自身内部条件以及外部条件成熟之后它才会发生并发展起来。近代科学的产生也是如此,斯特恩(Raymond. Stearns)这样说:“文艺复兴以来,科学概念已发生了明显的变化,在词汇中科学已经取代了自然哲学概念。孕育科学成就的心灵的态度(attitudes of mind),我们可以用‘科学精神’一词来表示。”科学精神这个“心灵态度”,为近代科学的产生准备了必要的思想和方法论前提,斯特恩紧接着指出,“虽然一些科学精神可能溯源于柏拉图学园及柏拉图开始的方法,但看起来大部分是文艺复兴时期的成果,这一时期,人们抛弃了他们心灵的独断论态度。替代了对亚里士多德、托勒密、奥古斯丁或经院哲学信条的无可置疑接受,坚信自然的秘密可以被发现,并被人类所理解,人们开始大胆地检验自然哲学中的长期被接受的信念,用实验

---

① [德]海德格尔著,孙周兴选编:《海德格尔选集》,上海三联书店 1996 年版,第 883 页。

② [德]康德:《未来形而上学导论》,庞景仁译,商务印书馆 1978 年版,第 22 页。

和理性化这把双刃剑建立了新的信念。”①在此意义上，现代性确实是与科学精神相贯通的，现代性也是我们理解科学精神的必要途径。

现代性是伴随着近代人们对主体自觉意识的觉醒而产生的，近代科学及科学精神正是体现现代理性精神的内在逻辑。这种精神气质也决定了科学精神的基本内涵。其中，理性精神是科学精神的内在本质，从现代性的角度来看，从科学革命时期开始，科学精神的发展经历了从主体理性阶段到实践理性阶段两个时期。

我们已经指出过，近代以来所形成的这种理性主义主要表现为一种主体理性，这种主体自我的确定性成为科学知识可靠性的基础。在理性主义导引下，现代性的逻辑逐步展开。主体理性成为人类科学知识走向确定性和客观性的根本保障。现代性的核心观念正是这种“理性主义”，它表达了近代以来这样一个最基本的哲学理念，理性与知识的同质性，这也成为哲学认识论的理论依据和方法论前提。这种理智主义认识论认为，人类的理性是至高无上的、绝对的和超历史的，“理性统治一切”，主体理性构成了人类认识和存在的可靠根据。即主体性的观念成为“现代性的根基”，也是近代自然科学的形而上学根源所在。现代性价值观，特别是其主体理性观念，对科学的产生发展起着催化作用，现代性中的主体理性主义价值观，直接决定了近代科学精神的一个核心观念——“对人类理性能力的信任”。②

自然世界在主体综合能力的作用下成为“遵循自然法则的自然科学的对象领域”。即近代哲学以个人的主体意识和感性活动为理论基点，以主体原则为知识确定性的基础，由此现代性就可以不再借用古典时代的某种外在的“阿基米德点”，而是从人本身中发现了能为自身立法的逻辑原点。现代性逻辑中的认识论本身是完全可以自足的，从此理性成为现代性的核心理念，它构成了传统形而上学与自然科学所追求的确定性和自明性的源泉，并成为概念、定义等理性思维形式得以确立的基础。这是近代启蒙运动以来科学精神的实质内涵，“启蒙运动以来，人们就把科学等同于从传统和迷信中脱离出来的社会进步和道德解放，科学已被视为人类所有理性实践的典范”③。

对人类理性能力的信任，“可以在数据分类的基础上从现实中得出结论，阐明

---

① Raymond Phineas Stearns, “The Scientific Spirit in England in Early Modern Times”, *Isis*, 1943 (4), p. 293.

② Raymond Phineas Stearns, “The Scientific Spirit in England in Early Modern Times”, *Isis*, 1943 (4), p. 293.

③ Stephan Fuchs, *The Professional Quest for Truth, A Social Theory of Science and Knowledge*, State University of New York Press, 1992, p. 1.

自然现象遵守的规律”①,现代性在自然科学中的实现和途径,主要是通过数学理性主义。鲍曼断言,几何学是现代精神的原型②,数学成了贯通主体与外部实在的关键。所以,“近代科学成功的秘密,就在于在科学活动中选择了一个新的目标。这个由伽利略提出的,并为他的后继者们继续追求的新的目标,就是寻求对科学现象进行独立于任何物理解释的定量的描述”③。而且也“一定存在一门普遍化的科学,它能够解释关于秩序和数量的所有问题,而和内容无关”④。孕育近代科学的精神沃土,正是科学的生命的起源所在。斯特恩指出,“英国科学精神的起源……可以追溯到罗伯特格罗塞特、罗吉尔、培根”。其中,培根坚信,自然是数学化的,由几何学语言写成,自然界具有数学设计的特点。而且“其哲学的要旨成为一种传统,在英国学者传承中没有中断过,尤其是在牛津,一直保留着活跃的新柏拉图主义,对数学和实验科学持支持态度”⑤。

再者,现代性对主体理性的强调,还意味着“对权威的批判性态度,它要求对自然现象(通过观察和实验)进行详细的相互比较和检查。这暗示了对实验的信赖,以至于放弃先前已经接受了的‘权威性’”⑥。其实现代性本来就是以“人的发现”(尤其是理性)为其标志的,这是启蒙理性的基础。经过文艺复兴和宗教改革的社会洗礼,终于导致了近代“人的发现”,人的理性、经验在与宗教权威的斗争中取得了胜利,从而确立了它们在人类认识中的地位,由此,经验证据取代传统的宗教或世俗权威,成为科学理性的依据,克勒夫(E. Kellev)总结为“让数据自己说话”⑦。

伽利略以实验方法为中心,在尊重经验事实的基础上,创立了近代科学的实验研究方法,打通了科学发展的康庄大道。这正体现了正是“培根强调理性和实验作为获得自然知识的最后方法”的理想,科学精神强调的是“探求数据及其意

---

① Raymond Phineas Stearns,“The Scientific Spirit in England in Early Modern Times”,*Isis*,1943(4),p. 293.

② Zygmunt Bauman,*Modernity and Ambivalence*,Cambridge:Polity,1991,p. 15.

③ [美]M. 克莱因:《西方文化中的数学》,张祖贵译,复旦大学出版社2004年版,第103—184页。

④ Parkinson,*The Renaissance and Seventeenth - century Rationalism*,Routledge,1993,p. 204.

⑤ Raymond Phineas Stearns,“The Scientific Spirit in England in Early Modern Times”,*Isis*,1943(4),p. 295.

⑥ Kate Lenzo,“Validity and Self - Reflexivity Meet Poststructuralism:Scientific Ethos and theTransgressive Self”,*Educational Researcher*,1995(4),p. 17.

⑦ Kate Lenzo,“Validity and Self - Reflexivity Meet Poststructuralism:Scientific Ethos and theTransgressive Self”,*Educational Researcher*,1995(4),p. 17.

义、对证实的要求”。①艾特(J. Etten)将这种世界观称为机械实在论(mechanical realism),“机械实在论成为现代科学的形而上学基础。随着机械实在论形而上学观念的深入人心,科学家就可以从他们的可操控实验中的归纳,扩展到实验室外的实在,因为它们是同样机制下的‘自然规律’。机械实在论模糊了传统思维中自然与人工的界线”②。近代启蒙科学精神对数学主义与经验主义的强调,通过主体理性实现了对自然的立法。伽利略借助数学化的方法来理解自然,自然数学化是近代自然主义走向实证主义的根源。

对“神圣知识”观念的打破与对世俗知识的传播,是现代性发展的重要结果。功利性正是现代性的重要价值观念之一,也是现代性作为一种新的精神形态的关键内容,其产生有着深刻的世俗基础,正是功利主义推动了现代社会的急速发展,现代社会的市场化和工业化构成了现代性的历史演绎结果。工业文明体现的是技术理性发展而来的世俗文明,所以对世俗功利的追求是这种文明本身的内核,作为现代性逻辑展开的必要一环,科学精神(包括技术)的功用化和世俗化特质是其内在具有的。功利主义把近代人从“沉思的生活”中摆脱出来,使之转向行动的现实生活,从此人们不再满足于纯粹的精神需求,物质需求成为时代性的追求,而人们渴望一种能够实际运用的科学知识,即笛卡尔所言“使人成为自然的拥有者和主宰者的科学”。在现代性的认识论和本体论视野中,起到联结二者的纽带作用的就是实践,所以只有感性的人具有改变对象的物质力量,科学知识不仅仅是对实在世界的“表象”,只有当它首先被理解成一种介入并改造对象的活动时,我们才有理由宣称“知识就是力量”。科学实践的结果不仅仅表现为互动性的知识成果,也体现为新的对象世界和生活空间。③ 近代科学文化在现代性,特别是工具理性的影响下,抛弃了本应负载的人文价值,当科学理性压倒价值理性时,这也“导致科学文化与人文文化”走向分裂。④

凭借现代性逻辑,近代科学精神以数学(几何学)和主体理性的联盟为支点,借助功利主义实现了现代科学的产生和发展。但科学精神的基本模式是以主体理性为支柱和核心的,这是近代主客二分思维的典型样态,它决定了近代科学的

① Raymond Phineas Stearns,“The Scientific Spirit in England in Early Modern Times”, *Isis*, 1943(4), p. 293.

② J. Etten,“Book Reviews: Modern Science and the Capriciousness of Nature”, *Science Studies*, 2007(1), p. 106.

③ 曾国屏、吴彤:《科学技术的哲学研究》,内蒙古人民出版社 2006 年版,第 161 页。

④ 杨爱华:《科学文化与人文文化分离的原因探析》,载《武汉理工大学学报》,2001 年第 4 期。

表象主义本质,罗蒂在描述这种表象主义时指出,“俘获住传统哲学的图画是作为一面巨镜的心的图画,它包含着各种各样的表象(其中有些准确,有些不准确),并可借助纯粹的、非经验的方法加以研究。如果没有类似于镜子的心的观念,作为准确再现的知识观念就不会出现,没有后一种观念,笛卡尔和康德共同采用的研究策略——即通过审视、修理和磨光这面镜子以获得更准确的表象——就不会讲得通了”①。二元论正是现代性展开理论论述的根本前提,本质主义在表象观念中获得了支持点,表象就是我们产生外部事物意象所通过的方式,表象不但是科学,而且是所有建立在客观主义认识论基础上实践活动的公理。表象主义试图借助科学方法(最主要的是数学)这一媒介去寻求同实在相符合的真理,宣称由此获得了某种超越活动本身的特性直达真理。“科学的现代性在于知识自身的进步;科学基本是稳定的现代性。”②随着现代性的发展,这种表象主义将传统科学观的反映论一直延续下来,产生了近代以来唯理智主义的科学观,一种强调静观、“上帝之目”形式的神圣科学观。

实证科学对“生活世界”的遗忘,才需要对现代科学精神进行批判。现代科学的二元论思维模式,强调以主客二分把握世界。这种立场使人们仅从狭隘的工具的角度去把握一切科学技术,自然科学的唯理性标准不仅支配着科学本身,而且也成为现代性衡量一切的、唯一的最高标准,所以,任何现存物,包括宗教、社会、艺术等都要受到人类理性无情的批判,一切都必须在理性的法庭面前为自己的存在辩护。理性原则成为现代社会的核心价值观念,这也造成了日常生活的被动性,即科学世界与人类生活世界的分离。现代科学精神对有序、确定性、普遍性的追求,对理性主义、生活的合理化和政治的文官化强调,也暗示了现代科学的非人性化一面,“自然科学必然会引起生活世界的非人化和现代化,进而导致生活世界意义的丧失”③。胡塞尔“生活世界”概念的提出,其本身就“包含着对现代科学精神的彻底批判”④。

科学的现代性给人类社会带来了物质的极大丰富,但同时在精神层面却有陷入技术理性独断危机的可能性。与技术理性的极度发展相对,启蒙运动以来科学精神中的人文主义日趋萎缩,现代性凸显的物质效率取向注定忽视人的存在和生活的精神意义和价值。人们以技术理性取代了启蒙理性的多维性,对现代社会造

---

① [美]理查德·罗蒂:《哲学和自然之镜》,商务印书馆版2003年版,第27页。

② Niklas Luhmann,“The Modernity of Science”,*New German Critique*,1994(61),p. 10.

③ [德]哈贝马斯:《后形而上学思想》,曹卫东、付德根译,译林出版社2001年版,第154—155页。

④ 参见[德]胡塞尔:《生活世界现象学》,倪梁康等译,上海译文出版社2002年版。

成的最突出问题就是技术理性的极端发展,而人文精神的匮乏。如在法兰克福学派看来,现代科学只关心那些可以衡量的东西以及其应用,而不再去过问事物的人文意义;只过问如何运用技术手段去达到目的,而不去关心其目的本身,于是科学所追求的真、善、美被剥夺了普遍的有效性。

科学精神主张人通过理性的方式(逻辑、数学和科学语言)把握世界,但自然世界也只有在主体理性和语言中才能向人敞开。所以,现代性表象主义所建构的世界只是抽象的"意识世界",科学知识其实不仅仅只是对实在世界的某种"表象",而只有当它被理解成一种介入或干涉性的改造对象的活动时,才是实践论观点下的科学表象。① 在贯通科学实在的过程中,简单而言,只有用实践论的科学观取代表象主义的科学观,以超越作为纯粹知识形态的科学精神去包容科学的物质、社会和时间的维度,才能揭示出前科学精神的"生活属性","宗教、家庭、国家、法、道德、科学、艺术等等,都不过是生产的一些特殊方式,并且受生产的普遍规律的支配"②。

马克思指出,"无论思想或语言都不能独自组成特殊的王国,它们只是现实生活的表现"③。事实上,马克思已为超越表象主义科学观以及现代生活的分化提出了新的理路:用实践理性取代传统的意识哲学;从单纯理性回归前科学的"生活世界",以恢复理性的多维角度;用现实生活世界的丰富性取代现代性功利主义的单维性。商品交换构成了现代性的内在根据,现代性的基本价值观蕴含于社会生产中,并为生产所进一步普遍化。"在其最简单的形式中,现代性是现代社会或工业社会的缩略语"④,我们对科学精神的理解,亦无法离开这一基础。现代性的内在逻辑决定了科学精神与人文精神的融合成为可能。因为,现代性本来就是以"人的发现"(尤其是理性)为其标志的,但是在现代性的展开过程中它却逐渐走向自我的否定,"如果真的存在一个与主体无关的世界,将会放弃人的责任"⑤。

而从现代性的内含来看,技术理性和人文精神之间本来就存在着工具性与价值性的对立,借助功利主义精神的推动,技术理性的张扬很难避免。其中,技术理性的工具性特征使它对自然、外物对象都只是更多从其有用性方面来进行考虑;

---

① 邱慧:《实践的科学观》,载《自然辩证法研究》,2002 年第 2 期。
② 《马克思恩格斯全集》第 3 卷,人民出版社 1960 年版,第 298 页。
③ 《马克思恩格斯全集》第 3 卷,人民出版社 1972 年版,第 525 页。
④ [英]安东尼・吉登斯、克里斯多弗・皮尔森:《现代性——吉登斯访谈录》,胤宏毅译,新华出版社 2001 年版,第 60 页。
⑤ [德]胡塞尔:《欧洲科学的危机与超验论的现象学》,张庆熊译,商务印书馆 2005 年,第 40 页。

而人文精神的价值立场则强调理性的价值论内涵，促使人们摆脱对事物所采取的那种对象性的把握方式，而非占有和非功利的观念和态度为其精神的另一方面。可以说，现代性必然带来技术理性与人文精神的张力，这也注定了二者的矛盾同样彰显于现代社会。因此，现实社会事实上不仅仅涉及技术性的生活，作为主体的人的现实生活理应超出技术的层面进达人文的生活，“技术”与“人文”二维构成了现实社会生活内在的基本结构。

一方面，现代性必然带来“技术的僭越”，这是功利主义导向的现实结果，所以以技术尺度取代人文尺度至少会是现代性社会的一种常见现象，这一点不可避免会导致现代生活中的“人文精神退却”。但理性精神不只是技术理性一维，所以，只有人文精神的回归才能重新恢复完整的人类“生活世界”。在对现代理性的理解方面，我们应把“理性本身分解为多元的价值领域，从而毁灭其自身的普遍性”①，恢复启蒙理性的丰富性。如果用韦伯曾区分过的两种合理性来说的话，就应该是形式合理性和实质合理性的结合，以克服法兰克福学派所断言的“两种理性的失衡或说技术理性的过分膨胀造成的现代技术危机”。只有以价值理性弥合工具理性的极端发展，科学技术才不再被仅仅视为冷漠的工具，人自身才是科学关注的中心，它具有人文意义和人文价值，即伯姆等强调说的：“必须消除真理与德行的分离、价值与事实的分离、伦理与实际需要的分离。”②

---

① [德]哈贝马斯：《交往行为理论》，曹卫东译，上海人民出版社2004年版，第237页。

② [美]大卫·格里芬：《后现代科学》，马季方译，中央编译出版社1995年版，第60页。

# 第三章　自然科学的发展与技术的现代性问题

现代性在自然科学层面以数学和主体理性的联盟为支点来推动自然科学在现代社会中成为可能。现代性的“生活世界”层面则为自然科学的产生和发展提供了客观前提,但科学的现代性使命还需要以技术的联盟作为最后的基础,现代技术才构成其强力支撑,这是其历史地位得以确立的现实保证。随着科学的技术化,现代科学展开了对新社会的全面规划(乃至包括政治、经济、文学、艺术等各个领域),自然科学的构成模式由此也贯穿于现代社会各个层面,以至于现代性作为近代以来的一种决定性的构成力量,使我们进入了一个崭新的历史时代,并构成了人类当下的存在——现代社会:我们逐步完成了对传统社会的全面跨越,从此步入了工业文明的社会,科学与技术日益成为社会的中心。① 在一定意义上可以说,自然科学蕴含着现代性的基本精神,科学与现代社会是同构的。自然科学的理性标准不仅支配着科学本身,而且也成为现代性衡量一切的唯一的标准,所以,任何现代社会中的现存物,包括宗教、文化、艺术等都要受到人类理性无情的批判和审视,即一切社会事物都必须在理性的法庭面前为自己的存在合理性辩护。简而言之,理性原则成为现代社会的核心价值观念,并在一定程度上压制和掩盖了现代性的多维可能性。在这一章中,我们要集中讨论自然科学在现代社会中的发展,以及在现代社会中科学与技术的关系问题。

## 一、科学、技术与现代性

“现代技术之本质是与现代形而上学之本质相同一的”②,现代性的危机在一

---

① 里西尔·布莱克曾强调说,现代化通过现代科学技术发展而实现了社会的变迁,在“现代性”社会中,民主化、法制化、工业化、都市化、均富化、福利化、宗教世俗化、教育普及化、知识科学化、信息传播化、人口控制化等因素都是现代科学技术发展的重要指标和产物。

② [德]海德格尔著,孙周兴选编:《海德格尔选集》,上海三联书店 1996 年版,第 885 页。

定程度上表现为形而上学的主体理性与其创造世界的分离。现代社会作为现代性逻辑的产物,在其产生之后,就会依照自身的逻辑运行,而独立于其创造者的存在。在这个意义上,我们就可以理解韦伯所做的断言——现代性的分裂表现为普遍价值的缺失。韦伯指出,现代性带来的是“世界的祛魅化”,这是自然和人类世界的理性化过程,它具体表现为世界意义的消解问题。现代科学与技术是实现世界祛魅化的关键。可是这里有一个我们老生常谈的问题:二者的关系又是怎样的呢?一方面,自然科学是现代性产物;但另一方面,技术则是自古至今一直存在的。我们认为,随着现代性的发展,自然科学从“自然哲学”中脱胎而出,而现代技术同样是现代性发展过程中的产物,现代性的本质决定了现代技术与科学的本质。① 这表现为技术与生活的理性化和“祛魅”(disenchantment)过程,并导致了技术的“功利主义”,科学与技术在现代性逻辑之中与社会一体化了。

(一)技术的现代性意义:祛魅

现代技术是与自然科学同源的,它们都是现代性发展的产物。海德格尔曾列举了近代以来的几种基本现象,包括科学、现代技术、艺术、文化和弃神(Entgoetterung),他认为近现代的最基本现象是科学,而根本的现象则是技术,技术在现代生活起到了支配性作用,体现了近现代的本质,为此海德格尔把现代称为“技术时代”。这样,“世界成为图像”而人成为“主体”。② 但在近代科学革命之前,技术与科学是并行发展的,工匠传统和学者传统互不沟通。其中,古代技术表现为工匠掌握的某种技能、工艺和方法,它是与工匠“日常生活”不可分离的,属于海德格尔所谓的“上手”状态。③ 例如技术(technology)一词,我们可寻根到古希腊的“techne”,有时也可翻译成“art”,其本身除了技艺、技巧方面之外,还含有审美的意义。④ 这种技术生活在人与自然关系方面,表现的是人与自然的和谐相处,海德格尔在《技术的追问》中对“耕作、风车”的分析,正是揭示了传统技术中人与自

---

① 在这里,首先涉及了科学与技术的关系这个古老的科学哲学问题。学界一般存在两种常见的观点。其中最根深蒂固的一种观点是科学主要表现为系统化的理论知识;而技术则是科学理论的实践应用,是应用科学。另一种有影响的观点是以海德格尔为代表的观点:“现代科学与现代技术在本质上是同一的,与其说科学是技术的基础,不如说现代自然科学拥有技术化思维的基本形式。”在本文我们试图从现代性的角度进一步从时间的层面来理解它们的关系。

② [德]海德格尔著,孙周兴选编:《海德格尔选集》,上海三联书店1996年版,第885—902页。

③ 参见李建珊等:《欧洲科技文化史论》,天津人民出版社2011年版,第176页。

④ T. J. Rivers, *Contra Technologiam: The Crisis of Value in A Technological Age*, University Press of America, 1993, p. 3.

然之间的融合关系:“风车的翼子的确在风中转动,它们直接地听任风的吹拂”,“耕作(bestellen)还意味着:关心和照料。农民在先前耕作的田野的情形则不同;农民所作所为并非促逼耕地。在播种时,它把种子交给生长之力,并且守护着种子的发育。”①芒福德也有相似的观点:古代的技术如农业,“是以适应人类本身生活的需要和情趣为原则的”,因此古代是具有多种价值取向的多元技术,这样以来,在现代性逻辑下逐渐发展为“单一的科学化技术”。②

但现代技术不再具有古希腊的亲和意味,它成为人们用以改造自然的工具、手段或能力,这就是技术的现代化过程。具体来说,技术的现代性过程,主要表现为技术与人类生活的理性化和“祛魅”,最终导致了技术的功用主义。哈贝马斯前面所界定的一种新时代意识意义上的现代性作为同传统意识相断裂的新理性意识的形成表现为社会的世俗化和理智化,其背后还存在着对社会(包括自然)的神秘化去除问题。这与韦伯有相同之处。在韦伯看来,现代自然与历史的发展和演变就是一个不断理性化、祛魅的过程,现代性在某种意义上就是理性化和去神秘性(其中,形式的合理性压制住了实质的合理性,这意味着可算计性、效率和非人性因素压制了人的伦理、政治及其他方面的需要),从而构成一个时代的“共识性话题”。③ 所以,现代性过程是一个对世界祛魅的过程,即格里芬所说的,“在祛魅的自然中,关于自然的现代科学导致了自然本身的祛魅。关于自然的机械论的、祛魅的哲学最终导致了整个世界的祛魅”④。

所谓自然的“祛魅”,是指对自然“神秘性”的去除,这是技术现代性的核心内容。近代科学通过实验和数学化而使自然界祛魅,人们逐渐排除了在传统世界观中存有的一些神秘主义信念,从此,自然界在原则上已经没有什么内容是人类理性所不可认识和不能支配的了。这样一来,自然界便可为人类所操控,技术在人类社会中起着可驾驭一切的力量。从此,这种祛魅化的自然观就不用再去寻求外在的神性力量,在现代性话语中自然界只是人类认识和征服的对象,由于其已经失去了灵性,因此人类对自然无须再抱有心存敬畏之心。随之,神秘与灵性退出了自然以及社会,机械化的观念深入人心,所以无论是在自然界还是社会中,技术成为新的社会的统治之术,秩序、理性和客观性成为现代性逻辑的内在本性要求,而情感、意志等非理性的东西被当作非科学或形而上学因素而被排除在科学的大

---

① [德]海德格尔著,孙周兴选编:《海德格尔选集》,上海三联书店 1996 年版,第 933 页。

② 陈凡等:《技术哲学的纲领》,东北大学出版社 2006 年版,第 56 页。

③ 赵景来:《关于现代性若干问题研究综述》,载《中国社会科学》,2001 年第 4 期。

④ [美]大卫·格里芬:《后现代科学》,马季方译,中央编译出版社 1995 年版,第 2 页。

门之外，由此，技术的传统存在意义被现代性技术取代了，即现代技术的功利性剥夺了传统技术的诗意、亲切感和“家园感”，所有“神秘之地置于科学的阳光普照之中”。① 现代意义上的“技术”出现了，这种“现代技术的特殊性之处在于其产生出了以往不曾存在的事物，这是一种新的方法论，它和技术，特别是与科学理论更密切相关”②。

技术与理论科学的联合，使得“祛魅”之后的现代技术由此转化成了单一的科学化的技术，这种技术以“科学知识和大量生产为基础，以指向经济扩张、物料充盈和军事优势”③，而且，“机械化工业的各种因素联合起来打破了传统价值意识和人性目标，这种目标一向还控制着经济，并使其追求权力以外的其他目标。股份主权、资本积累、管理组织、军事纪律，都是从一开始即为大规模机械化的社会性副产品。这样也就使早期的多元技术逐渐化为乌有，取而代之的为以无限权力为基础的单一技术”④。科学与技术渗透到了现代社会日常生活之中，随之它们共同走向世俗化，科学与技术在现代性条件下相互融合——科学逐渐技术化，技术也趋向科学化，这彻底改变了古希腊传统的科学观念。现代社会的形成中，技术因素是至关重要的，“技术使得现代性成为可能。它是现代性的引擎，形成和推动着现代性的发展”⑤。在此意义上，正是现代技术造就了当代人类存在的基本方式，即技术世界，由此技术成为人的存在方式本身。不过反过来也可以说，现代技术恰恰是现代性的基本体现和内在要求，用海德格尔的话说就是现代性使人由对“在”的领悟退回到了对“在者”的占有和把持，技术统管一切。

随着现代性过程中的自然“祛魅”，人类生活日益理性化和技术化，技术的主导作用越来越明显。人们把技术视为独立于人类的一种自我设定目标的自主力量，从而将技术及其作用偶像化和绝对化，并置于社会经济根源之上，看成是决定人类社会发展的终极原因。这种观念“误导”了人们对科学技术的真实把握。⑥以至于现代以来人们的技术观都普遍认为所有技术都是“好的”，它体现了人类文明的进步；而且，技术是人类社会的基本推动力，社会发展中所遇到的一切难题都可以通过技术进步来解决，所以从长远的角度看，技术是万能的。巴里·康芒纳

---

① 黄欣荣等：《论技术的现代性及其后现代转向》，载《社会科学》，2005 年第 1 期。

② J. Gasset, *Thoughts on Technology. Philosophy and Technology*, NewYork Free Press, 1983, p. 312.

③ [美]芒福德：《机械的神话》，钮先钟译，黎明文化事业股份有限公司 1972 年版，第156 页。

④ [美]芒福德：《机械的神话》，钮先钟译，黎明文化事业股份有限公司 1972 年版，第149 页。

⑤ Thomas J. Misa, Philip Brey, and Andrew Feenberg, *Modernity and Technology*, The MIT Press, 2003, p. 33.

⑥ 任皑：《技术文明社会的生态危机意识》，载《现代哲学》，2002 年第 1 期。

(Barry Commoner)指出,“在现代工业社会里,社会与它所依赖的生态系统之间的最重要联系是技术”①。由于现代性中的“资本”把人和自然界都客体化为物质性的生产资料,进而把物的“经济价值”普遍化和意识形态化,这从根本上确立了技术理性在现代性的核心位置。简单来说,现代技术与传统技术的不同,主要还是在于祛魅后的技术如何实现和科学与社会的紧密融合,“技术人工物及其工作方式是如何通过社会—技术网络形成的”②,这是现代性对技术的根本要求。

只有与社会、生产工业生产相结合的技术,才具有了现代意义,于是,马克思说,“宗教、家庭、国家、法、道德、科学、艺术等等,都不过是生产的一些特殊的方式,并且受生产的普遍规律的支配”③。现代性的基本价值观(理性、功利等)都蕴含于社会生产之中,并为社会生产的发展所进一步普遍化,“合理机械化的和可计算性的原则必须遍及生活的全部表现形式”④。因此,从文明形态来看,现代社会体现的是技术理性展开的世俗文明,正是资本借助理性化和形式化的形而上学,特别是形而上学中的技术理性精神,将这种理性力量转化为空前巨大的社会生产力,于是,现代社会对功利的追求成为工业文明本身的本质内核。“形式独特的现代西方资本主义,显然受到了技术能力发展的强烈影响。今天,这种资本主义的合理性,基本上取决于最重要的技术因素的可计算性。”⑤

卢卡奇在《历史与阶级意识》中进一步认为,现代社会“不断向着高度理性化发展”,劳动的发展过程是科学技术不断产业化的过程和理性征服自然的过程,但同时也是人性异化的过程。他还具体从生产过程和社会生活两个方面分析了技术和理性发展所造成的消极后果。在卢卡奇看来,理性的发展必然使“建立在被计算和能被计算的基础上的合理化原则”进一步确立,从而使得其结果就是劳动过程日益合理化和机械化,生产者由于被局限于某个方面而成为孤立的、抽象的“原子”,如此一来“科学技术的发展成为韧性丧失的过程”⑥。而且,商品生产的发展和工具理性的扩张改变了整个社会生活的面貌:在“现代化生产的每一个发展阶段,它不断革命的技术用一系列僵硬呆板的面孔对付着个体生产者”,它“把

---

① [美]巴里·康芒纳:《封闭的循环——自然、人和技术》,侯文蕙译,吉林人民出版社1997年版,第14页。

② Thomas J. Misa, Philip Brey, and Andrew Feenberg, *Modernity and Technology*, The MIT Press, 2003, pp:228、231、232.

③ 《马克思恩格斯全集》第3卷,人民出版社1979年版,第298页。

④ [匈]卢卡奇:《历史和阶级意识》,张西平译,重庆出版社1990年版,第153页。

⑤ 韦伯:《新教伦理和资本主义精神》,陕西师范大学出版社2002年版,第23页。

⑥ 李晓晴:《马尔库塞文化批判理论的思想渊源》,载《理论探讨》,2002年第1期。

现实世界撕成了碎片,使世界整体的美好梦幻烟消云散”。① 卢卡奇进一步分析了现代理性、技术产生悲剧性结果的原因。他认为“当科学的认识观念被应用于自然时,它只是推动了科学的进步,当它被应用于社会的时候,就反转过来,成了资产阶级的思想武器”②。现代科学与技术都是现代性逻辑发展的产物,现代技术是科学化了的技术,它是技术与现代科学相融合的结果,现代社会建制为科学与技术的一体化提供了可能性和必然性。“随着劳动被逐渐地理性化和机械化,随着人在这个过程中活动力的减少,他丧失的热情也越来越多,他的意志的沦丧日益严重。”③

(二)技术异化的双重属性

“每一种技术或科学的馈赠都有其黑暗面。”④现代技术为人类社会开创了一个崭新的时代,但其负面的信息效应也就随之产生了,但我们对技术异化的分析一般都停留在技术本身,人们的关注点主要集中于技术与人类社会、文化、政治、伦理功能的关系方面,停留在笼统谈论技术异化的成因与调控问题,这样的分析很难使讨论真正深入下去。事实上,技术异化(the alienation of technology)是现代性逻辑展开的一种表现形式,只有从技术的现代性本身来分析技术异化问题,从技术的基本结构和属性出发,即将技术异化纳入现代性的层面来理解,我们才能从更广阔的技术批判角度透视技术异化的本质,从而为克服技术异化提出真正有效的策略。

马克思曾指出:“工业是自然界同人之间——尽管是以异化的形式——形成的自然界是真正的,人类学的自然界。”⑤作为工业生产的基础,科学,特别是技术撑起了工业社会发展的基础,而且这一支柱出人意料地成功,以至于人们最后发现“技术发展是可怖的,它超越了控制它的人类的能力,即便人本身也被技术吞没,而成为一种可计算的量化主题,而最终被控制”⑥。这种担忧具有普遍性,异化问题逐渐成为人们关注的重要内容,虽然人们对技术异化的表述和理解都有所不同,但指出了技术异化的一个根本特性,即技术导致了人与周围世界的隔离,这脱离了人们技术应用的本来预期,技术(技术理性)在新世界中处于支配性地位,而其创制和使用者也要服从它的意志。这样的所谓技术异化,就是指技术发展产

① 李建珊等:《循环经济的哲学反思》,中国环境出版社2007年版,第133页。
② [匈]卢卡奇:《历史和阶级意识》,张西平译,重庆出版社1990年版,第13页。
③ [匈]卢卡奇:《历史和阶级意识》,张西平译,重庆出版社1990年版,第98页。
④ [美]尼葛洛庞帝:《数字化生存》,胡冰、范海燕译,海南出版社1997年版,第122页。
⑤ 《马克思恩格斯全集》第42卷,人民出版社1979年版,第128页。
⑥ [荷]舒尔曼:《科技文明与人类未来》,李小兵等译,东方出版社1995年版,第103页。

生的技术世界导致人类与“生活世界”关系的疏离化，或者说是“人类生活与传统技术关系的倒置”，这也回应了海德格尔则把技术异化看作是失去个性的日常生活世界中的生存方式的理解。①

技术异化的核心理念表现为技术理性的无限扩展，它强调人类理性和技术征服自然的无限可能性，这种技术理性逐渐在现代社会中发展成为一种霸权理性。而且，这种工具理性的扩张也使得人们的日常实践模式发生了变化，行动的目的开始服从于行动使用的工具，目的日渐工具化和功利化，这样的直接后果就是现代社会对效率优先、物质需求先决的强调，社会实践围绕利益原则运行，所以“对我们来说，最重要的是在起作用的原则：根据计算，即可计算性来加以调节的合理化原则”②。当然，这仅仅是对技术异化的主要意义的梳理，我们要具体理解技术异化的内涵，还需要从技术本身的基本属性来进一步深入剖析。

从技术本身的结构来看，它包括自然与社会属性两个方面，“现代技术的基本结构是由技术活动者、科学基础以及技术—科学方法构成其特性的”。一方面，技术是人类的基本活动方式，“人实施技术产品的成形”，“技术的形式赋予是由人类使用工具的技能决定的”，简言之，技术的社会属性即是指技术设计和创制的目的和程序所具有的社会性质，也就是说技术是按人的目的性和要求而创造发明出来的；另一方面，“它们还具有一种技术归宿。让我们把人们进入技术并进而构成它的那种关系叫作‘客体化关系’”，作为一种物品，任何技术都必须符合自然规律，具有这种自然的自身的内在逻辑，我们一般也称之为技术的自然属性。二者共同构成技术的基本结构，决定了技术的主要属性，“物理功能是技术客体最后的主体功能。它们是潜在的，只有在与人类活动联系时才会实现出来”。而“主体和客体功能也可以被看做是与技术事实相对应的”③。对技术异化的理解和分析，也必须着眼于这一基本性质。

技术作为一种自律的自在力量，它存在着自身的逻辑和基本属性。我们曾分析了技术的词源：technology 的源头 techne 有时也被翻译成 art。④ 舒尔曼也曾在这个意义上把技术界定为“人们利用工具，为人类目的，给自然赋予形式的活动”，尤其是在技术发展的古典时期，“早期技术仍受到人类自然潜能，即直接由人的肉

---

① 万舒全：《对技术异化的新解读》，载《科学管理研究》，2005 年第 4 期。

② ［德］哈贝马斯：《交往行为理论》，曹卫东译，上海人民出版社 2004 年版，第 341 页。

③ ［荷］舒尔曼：《科技文明与人类未来》，李小兵等译，东方出版社 1995 年版，第 10—18 页。

④ 参见 T. J. Rivers, *Contra Technologiam: The Crisis of Value in A Technological Age*, University Press of America, 1993, p. 3.

体给予的力量和能力的限制……这叫做前现代技术的自然性"①。在这里,他揭示了技术的自然属性,人类技术的自然属性在于把自在的自然资源转变为可以利用的有用之物,为自然规律发生作用创造的先决条件,拉普所谓"技术是对自然力的利用过程"正是此意。②

根据热力学第二定律,我们知道,把从单一热源吸收到的热量完全转变为有用功而不产生其他影响的机器是不存在的,也就是说,任何技术的效率也是如此,都不可能达到百分之百,即不会不产生任何副作用的后果,或者说绝对安全的技术的不存在的。所以从技术的自然本性来看,任何技术在满足人类某种需求的过程中,都将也会造成对自然和周围环境的破坏,甚至进而危及人类自身,"这是技术的性质所使然"。③ 这样,无论是从技术的自然属性还是社会属性角度来说,技术的应用存在一定的行为合目的性,但在技术层面和社会层面都无法保证这一过程的单向发展。在这个意义上,技术异化是具有必然性的,并且是难以消除的,杰里米·里夫金进一步指出,包括以"消解"自然界报复为目标的技术在内的一切技术都是有缺陷的,这是技术的自然属性所使然,是技术无法摆脱的弊端。④

拉普在谈及技术问题时将其提升到了文化角度,"技术是复杂的现象,它既是自然力的利用,同时又是一种社会文化过程"⑤。技术作为人的创造物,离不开人的活动和社会,技术是人类活动的产物,离开人类社会来讨论技术,就不能真正理解完整意义上的技术内涵。在现代社会中,技术的社会属性更加突出,从现代技术的结构来看,它无不体现出技术的社会性质。首先,技术活动者更加社会化,甚至技术"设计"和活动者本身都是社会妥协的结果,技术的个体化已经在现代技术中极少出现。其次,技术的"准备"和"实施"是一个社会化的过程。在技术"准备"和"设计"中,"人类的责任和决策转移到准备阶段,人类设计活动因而就占有较高地位"⑥。总之,从技术的自然与社会二重属性来说,中性的技术是不存在的,技术具有价值负载属性。既然技术作为人类社会化的产物,我们对技术异化根源的探究就不能脱离人类社会和人类自身,只有在"人类社会"的范围内来谈技术异化问题才是有意义的,现代技术既要服从自然规律(自然属性决定),又要服从人类社会的经济、文化等社会规律(社会属性决定),技术的自然属性和社会属

---

① [荷]舒尔曼:《科技文明与人类未来》,李小兵等译,东方出版社1995年版,第17页。
② [德]拉普:《技术哲学导论》,刘武译,辽宁科学技术出版社1986年版,第57页。
③ 万舒全:《对技术异化的新解读》,载《科学管理研究》,2005年第4期。
④ 王立新、陈凡:《论技术异化的二重性影响》,载《辽宁大学学报》,2008年第2期。
⑤ [德]拉普:《技术哲学导论》,刘武译,辽宁科学技术出版社1986年版,第58页。
⑥ [荷兰]舒尔曼:《科技文明与人类未来》,李小兵等译,东方出版社1995年版,第17页。

性是技术本身所固有的、不可分割的两种属性,这是理解技术异化问题的核心。因此,技术的自然属性和社会属性构成我们分析技术异化的关键环节。从技术异化角度来看,技术异化是技术现代性逻辑发展的产物之一,现代性中的“资本”在将一切社会价值都抽象为“交换价值”的时候,就把理性与价值交换化、工具化了,而技术异化是一种“社会异化”和“人的异化”。①

(三)科学与技术的一体化

在本节,我们将讨论科学与技术之间的复杂关系。对于这个难有确切答案的问题,贝尔纳指出过,自然“科学发展与具体技术发展之间总是存在着密切的交互作用。它们相依为命,互不可缺,因为要是科学不发展,技术就会老化,变成传统的工艺,要是没有技术的刺激作用,科学就会再度变成单纯卖弄学问了。不过这并不等于说,这种结合是自觉的或有效的;事实上,过去把科学应用到实际生活中去总是遇到极大的困难,即使在现在,当它的价值逐渐开始被人认识的时候,人们还是以极其偶然和无效的方式进行这项工作”②。从前现代时期来看,科学与技术的发展是并行的③,甚至我们可以说,科学和技术之间的区分在人类历史上是根深蒂固的。其中,古代技术表现为工匠掌握的某种技能、工艺和方法,它是与工匠“日常生活”不可分离的,属于海德格尔所谓的“上手”状态。例如在亚里士多德那里,科学只是为知识而知识的知识,它是第一原理和第一因的知识,其他知识可以从中推导出来;而所谓技术它只涉及做事,技术只是一种技艺能力。④

在历史上科学与技术的功能与形式均不相同,“科学从其诞生的时候(公元前6至公元前4世纪)起直到17世纪,一直执行着解释性的世界观方法的职能”⑤。所以,在古希腊工匠的制作活动和理论科学没有多少关系,科学更多是无生存之忧的有教养等级的理论思考活动的品质,技术则同个人的出于谋生的需要的、耗费体力与智力的操作性的活动相联系。可以说在近代科学革命之前,技术与科学是并行发展的,工匠传统和学者传统互不沟通,从“泛义”的技艺到技术被视为“最

---

① 万舒全:《对技术异化的新解读》,载《科学管理研究》,2005年第4期。

② [英]贝尔纳:《科学的社会功能》,陈体芳译,商务印书馆1982年版,第149页。

③ 例如从词源学角度来看,science源于拉丁文的“知识”,它是理性地、系统地探索自然,目的是寻求真理、发现的系统知识。技术即technology,由希腊文的“艺术或技巧”和“学问”两个字根构成,technology是有关实用技艺和工业艺术的学问。

④ 亚里上多德的技术概念是指技艺(tε′χνη),这个概念包含着技术与艺术多重意义,这样他就把诗歌、绘画、雕塑、演奏等艺术活动和医疗、航海、战争等专门职业的活动都统统纳入工匠的制作活动之中。

⑤ [苏]法明斯基:《科技革命和资本主义国家经济结构的变化》,李芳春等译,上海译文出版社1989年版,第24页。

重要的理性力量的时期”是一个漫长的历史阶段。①

所以,“科学和技术的关系是一个历史过程,而非总是一成不变地结合在一起的”②。我们对传统科学与技术关系的理解是在不自觉中从现代性的角度来理解的,在某种意义上,这种观点也确实体现了现代社会科学与技术的关系。传统科学与技术之间的关系在近代以后逐渐发生了转化。例如,“现今人们一般认为,技术是对理论科学的应用和延伸。但事实上伽利略的弹道理论和他发表的射程表反而是在设计技术成熟以后才出现的;而经度难题的解决不是来自科学而是来自技艺,而是一种非常精密的航海计时仪”,“总的来说,在16、17世纪并没有随着科学革命的出现而出现技术或者工业革命……总之,欧洲的技术和科学在那时基本是互不相干,无论在智力上,还是在社会学意义上,两者仍停留在自古以来的那种状况上”③,这种观点“即使在开发和研究相当紧密的今天,也只能是部分的正确;而在18世纪和19世纪初期,则是毫无可信之处”④。

我们已经分析过,古代自然哲学仅仅靠个人兴趣、爱好还不足以推动科学作为一项事业持续、稳定地发展。要解决这个问题,就需要为科学寻找新的动力,这就是科学的实用性价值,只有它才能为科学发展提供现实的原动力。这种实用价值的认定和确立,是与技术以及科学功利主义思想紧密相关的,科学的实用价值一旦通过技术实现并体现出来,就会为科学的发展提供强大动力,推动科学的进展,“技术在很大程度上依赖于科学状况,那么科学却在更大的程度上依赖于技术的状况和需要。社会一旦有技术上的需要,则这种需要就会比十所大学更能把科学推向前进”⑤。这正是对科学与技术结合的历史描述。科学与技术通过生产力系统中的各个要素的广泛深入的渗透,改变和影响着这些要素的内在情况,也改变着由这些要素的结合形成的既定结构和既定功能,从而在总体上提高了生产力水平,技术作为科学的物化起到了联结科学与生产中间环节的作用,成为现实生产力的条件和性质。⑥ 换言之,科学与技术的结合,是科学现代性的产物,这种状况是通过科学与技术对社会的“生产力”作用来实现的。

---

① 廖申白:《亚里士多德的技艺概念:图景与问题》,载《哲学动态》,2006年第1期。

② [美]麦克莱伦、哈罗德·多恩:《世界科学技术通史》,王鸣阳译,上海科技教育出版社2005年版,第1页。

③ [美]麦克莱伦、哈罗德·多恩:《世界科学技术通史》,王鸣阳译,上海科技教育出版社2005年版,第312页。

④ [美]麦克莱伦、哈罗德·多恩:《世界科学技术通史》,王鸣阳译,上海科技教育出版社2005年版,第337页。

⑤ 《马克思恩格斯全集》第39卷,人民出版社1974年版,第198页。

⑥ 王伟民等:《当代科技哲学前沿问题研究》,中央文献出版社2007年版,第251页。

从历史上看,科学同技术发生直接联系源自工业革命时期。在这一时期新兴的社会生产部门(尤其是棉纺织业、冶金业)发展起来,这些新的工业与技术为工业革命创造了条件。18 世纪中叶以前科学与技术的结合还不十分经常和普遍,而且情况往往是理论科学从当时的技术和工业中获益甚多,而理论科学其实对实用技术和工业的影响不大。例如在工业革命初期,由于没有新的科学观念的注入,纽克门蒸汽机几乎在 70 年内没有得到根本的改进。① 在近代产业革命以后这种情况发生了根本性的变化,正如贝尔纳所说,以发动机为代表的技术的"进一步发展需要全新的科学观念和熟练工艺(技术)的反复结合",而瓦特正是由于接受了布莱克的"潜热"概念,发明了分离冷凝器,使热效率和机械效率得以大幅度提高,从而使全新的蒸汽发动机问世,工业革命由此而推向高潮。18 世纪的科学研究一开始就同工业革命结下不解之缘。② 近代以来正是在资本与现代性逻辑的共同推动下,科学技术逐渐融为一体,并与社会相结合,科学技术开始表现为产业化和社会化的形态。

所以,新时代以后的"近代科学具有一种独特的功能。与那些陈旧的哲学科学不同的是,近代的经验科学自从伽利略以来是在一种方法论的坐标系中发展的,这种坐标系反映了可能用技术支配的先验观点","现代科学产生的知识,按其形式(不是按主观意图)是技术上可能使用的知识,尽管使用这种知识的可能性一般来说是后来才出现的。科学与技术的相互依赖关系,直到十九世纪后期仍不存在"③。如上文所说,在第一次工业革命中科学与技术之间的发展并未呈现出科学领先于技术的关系,这是由于技术一方面与社会和工业上的需要结合起来的原因,但在开始与科学原理如牛顿力学与刚刚出现的热学联系起来以后,就改变了 18 世纪中叶以前科学与技术彼此割裂的状况,科学发现开始领先于技术创新。④

其实到了 19 世纪,特别是随着工业革命的继续发展,科学与技术的融合就已经出现了融合的迹象和可能性,"科学从主要起世界观方面的作用变为主要起技术、物质生产的作用,科学开始变为直接的生产力"⑤。所以,这是科学技术一体化的关键时期,哈贝马斯特别强调指出,"自十九世纪末叶以来,标志着晚期资本主义特征的另一种发展趋势,即技术的科学化趋势日益明显",在现代性驱动下,

---

① 李建珊等:《世界科技文化史》,华中理工大学出版社 1999 年版,第 257—258 页。

② [英]贝尔纳:《科学的社会功能》,陈体芳译,商务印书馆 1982 年版,第 84 页。

③ [德]J. 哈贝马斯:《作为"意识形态"的技术与科学》,李黎、郭官义译,学林出版社 1999 年版,第 57 页。

④ 李建珊等:《世界科技文化史》,华中理工大学出版社 1999 年版,第 258 页。

⑤ 何顺果:《比较开发史》,北京大学出版社 2002 年版,第 424 页。

"随着大规模的工业研究,科学、技术及其运用结成了一个体系"①。"现代科学产生的知识",在原则上表现为技术上可以应用的知识,科学、技术与社会生产日益结合为哈贝马斯所谓的统一"体系",在这一现代性社会建制的支持下,科学的技术化与技术的科学化不可逆转,它们二者的紧密结合构成现代社会生产力的"第一位"要素,科学技术在社会生产中的地位大大加强,这造成的最终的结果是,"科学研究与技术之间的相互依赖关系日益密切,这种相互依赖关系使得科学成了第一位的生产力"②。

可见,现代意义上的技术已经是"科学化"的技术了,反之亦然。近代新"理论科学的兴起"和新工业文明的诞生,也即科学与技术的现代化造成了知识和技术的可复制性,以及可转移和批量普及的技术条件,在社会需求和适当的社会环境下导致了技术力量的迅猛崛起,这在客观上推动了科学技术的自信,也无形之中引导了整个社会的各领域的发展方向,技术精神在社会中"处于了支配地位"。③人类以日益增长的技术力量为改造自然和获取经济利益的有力武器,在社会实践中取得了一个又一个的重大胜利。④ 所以,马克思指出资本主义生产的发展和大工业技术基础的建立是科学技术变成直接生产力的历史条件之上的。⑤ 事实上,随着现代科技的发展,科学的影响力越来越大,以至于技术几乎都以科学知识为基础,或者从中转化演变而来,现代自然科学对技术的理论基础作用十分突出,为此盖赛特评价说:"现代技术的专门性根本不同于产生所有以前的技术的那种东西,而且它的确是思想本身既从技术上有甚至更多地从纯(或科学地)理论上对所出现的东西加以操作的一种新方法。"⑥

现代性的进一步发展还强化了技术与自然科学理论之间的密切关系,技术革新与科学研究有着越来越深刻和紧密的相互联系,技术越进步,这种联系就越明显。从科学史的角度我们可以看到,近代以来科学理论一般总是落后于技术的革新,如热学理论落后于蒸汽机的发明;而随着科学的发展科学理论越来越超前于

---

① [德]J. 哈贝马斯:《作为"意识形态"的技术与科学》,李黎、郭官义译,学林出版社 1999 年版,第 62 页。

② 宋霞:《哈贝马斯科技理论探究》,载《历史研究》,2001 年第 2 期。

③ 事实上,这种情况也适用于艺术等诸多领域。例如本雅明认为,在原则上一切艺术作品都是可以模仿或者复制的,但艺术的大规模复制却是现代社会的产物。这是现代艺术与传统艺术的不同之处。参见林学俊:《技术理性扩张的社会根源及其控制》,载《科学技术与辩证法》,2007 年第 2 期。

④ 林学俊:《技术理性扩张的社会根源及其控制》,载《科学技术与辩证法》,2007 年第 2 期。

⑤ 魏屹东:《马克思论科学、技术与生产的关系》,载《现代哲学》,2001 年第 2 期。

⑥ 转引自黄欣荣:《论奥特加的技术哲学》,载《科学技术与辩证法》,2003 年第 6 期。

技术的革新,如原子能的发现及其利用就是如此。也就是说,现代技术的特征是与科学理论有越来越紧密的联系,而且它们之间的相互作用也越来越得到加强,科学的进步部分地依赖于技术的进步,而技术的进步也越来越依赖于科学的进步,并且它们之间相互转化的时间跨度也日益缩减。让·拉特利尔同时也强调这种相互作用并不能抹杀科学与技术的区别。他认为二者的区别在于,"科学力图构造解释和预言系统",而技术的根本问题却在于"干涉事件的进程,或者是预防某种状态的发生,或者是造成某种不能自发出现的状态"。也就是说,"科学的目的在于推进知识的进展,而技术的目的则是改造特定的实在"①。可他最终认为科学与技术组成了一个自组织系统,一个超级结构:"这个超级结构在这种意义上是自组织的,即它自己构成自身,并在自身功能的基础上分化,它以自身的内在源泉来利用它与外部系统的相互作用,利用它自身内在的不平衡。在这种意义上它又是自我取向的,它决定自己的演化方向。"②

而且,科学技术的一体化还意味着科学、技术与社会的融合。在现代社会,"以交换价值和货币为中介的交换,诚然以生产者互相间的全面依赖为前提,但同时又以生产者的私人利益完全隔离和社会分工为前提,而这种社会分工的统一和互相补充,仿佛是一种自然关系,存在于个人之外并且不以个人为转移。普遍的需求和供给互相产生的压力,作为中介使漠不关心的人们发生联系"③。随着现代性逻辑的发展,人们不断意识到:科学作为人类理性认识的成果,在人类的进步与发展中有着重要的推动作用,无论是在传统工业经济时代,还是在知识经济时代,知识和科技都是经济发展的基础,科学"作为人类认识的成果和结晶"构成现代社会的基本"推动力"④。而且,在与技术的联合过程中,与现代社会成为一体,所以,哈贝马斯才强调说,"科学、技术及其运用结成了一个体系","科学技术便成了第一位的生产力",特别是在现代晚期资本主义社会,现代社会已经超越了启蒙理性时期的初步发展,"科学与技术常常是交织、渗透在一起的,并且迅速地转化

---

① [法]让·拉特利尔:《科学和技术对文化的挑战》,吕乃基等译,商务印书馆1997年版,第36—38页。

② [法]让·拉特利尔:《科学和技术对文化的挑战》,吕乃基等译,商务印书馆1997年版,第47页。

③ 《马克思恩格斯全集》第30卷,人民出版社1995年版,第106页。

④ 李建珊等:《循环经济的伦理反思》,中国环境出版社2008年版,第127页。

为现实生产力”。①

在技术科学化同时,科学的技术化也是现代社会的一大特点。与古希腊科学与技艺的区分相比,这也意味着科学实践概念的泛化②,在现代性视域中的实践,却已经完全“功利化了”。这种科学的实践更着眼于认知成果的社会应用和功用,实践成为亚里士多德狭隘意义上的“创制概念”。例如在柏拉图那里,理论学术如哲学、几何学,这些比较重要的学科是对“至善”理念的本质关照,用亚里士多德的目的论说明就是这些知识的目的在于其自身,这是最高的知识;亚里士多德也曾经指出,求知是人的本性,知识本身就是我们所要追求的结果,而不是知识产生的后果。但随着现代性的深入发展和资本的无限增殖,现代社会转变了以前的看法,客观上引发了社会生产对于科学技术的实用性需要,科学技术伴随着随资本的扩张,向经济、政治、社会、文化等领域扩展和渗透,科学在生活世界之中“狭隘化”,理论作为“最高的善”的神圣地位被工具化取代了,这是“现代性逻辑的生成和发展”的一个重要结果。③

(四)现代性中的技术理性扩张

现代化起源于启蒙运动,它是“一个范围及于社会、经济、政治的过程,其组织与制度的全体朝向以役使自然为目标的系统化的理智运用过程”④。技术的现代性以及科学技术的一体化给我们社会带来了物质财富的极大增长和思想观念的迅速更新。但另一方面,吉登斯称现代性是个充满危险的难以驾驭的时代,现代性本身也具有双重性:既给人类社会带来了进步与繁荣,同时又带来许多令人担

① 特别是在现代晚期资本主义社会,随着20世纪现代性的成熟,科学、技术在现代社会中交织、渗透在一起而迅速地转化为现实的社会生产力。所以,科学技术进步与社会、政治、经济、文化的深层互动所产生的新的理念,也已经辐射和渗透到社会生产和生活的各个方面。马克思把科学技术比作历史上起推动作用的有力杠杆,他在研究资本主义机器工业生产方式时,就敏锐地发觉科学力量对促进生产力发展的重要作用,断言科学技术是“潜伏在社会劳动里”的生产力。更具体可参见[德]J. 哈贝马斯 :《作为“意识形态”的技术与科学》,李黎、郭官义译,学林出版社1999年版,第62页。

② 一般认为,亚里士多德是实践哲学传统的代表。亚里士多德把人类认识活动划分为理论、实践和创制三个部分,理论是指探索自然普遍原理的认知活动,实践则是追求伦理道德和政治公正正义的活动,创制指生产生活资料的劳动。其中,理论和实践都以自身为目的,即目的在于活动本身,“以善为目标”“一切技术一切规划以及一切实践和选择,都以某种善为目标。宇宙万物都是向善的”;而创制的目的超出自身之外,被排除在实践之外。因此,实践是目的内在于事物自身的超功利的自由活动,“最高的善”,所以“作为幸福,我们为了它本身而选取它,而永远不是因为他物的目的才是最后的,而永远不是因为其他别的什么”,实践在本质上是一种道德、伦理或政治关怀。

③ 郗戈:《从资本累计看现代性逻辑的生产与发展》,载《社会科学辑刊》,2010年第1期。

④ 艾恺:《全世界范围内的反现代化思潮》,贵州人民出版社1991年版,第6页。

忧的问题。所以,“利用全新的自然知识和成熟”的理念去进行技术追思非常必要。① 现代技术作为现代性运动产物之一,“技术问题”不仅反映了人类与自然之间的冲突,还反映了技术理性这个现代性运动的核心文化理念自身的矛盾与困境。关于技术现代性的这种深层矛盾的运行,我们在借鉴查尔斯·泰勒的观点基础上予以说明:近代以来的现代性表现出的三个基本特征,工具主义、个人主义的扩张和人文主义的缺失,随着现代性逐步展开的深入,其中的矛盾也日渐突出。②

工具主义,即技术理性主义,指的是一种我们在计算最经济地将手段应用于合目的时所凭靠的合理性,一切都逐渐演绎为可以用函数进行量化分析并以经济生活的“帕累托最优”为度量衡。在技术层面它具体表现为经济利益衡量原则和技术乐观主义。韦伯在揭示现代性困境时曾指出,现代性造就了现代社会生活的合理化以及管理的科学化,其中社会生活的合理化体现之一是对效益的过分强调,以有用性为标准对周围的事物进行取舍,为了这一目的生产者被迫日益陷入单纬向度的发展,这单向度体现为人的被工具化。贝尔也指出,在看重效益的现代社会,个人受到社会角色的要求,必然被当作物而不是人来对待,他成为最大限度谋求利润的工具,人本身异化为资本、利润的工具。正是由于工具理性的无限扩张,才导致了现代社会中的诸多问题。因此,现代性“涉及技术的运用”,基本原则就是“功能理性”对低成本高收益的追求。③

卢卡奇在《历史与阶级意识》中指出,劳动的发展过程是科学技术不断“产业化和理性化”地征服自然的过程,但这同时也是人性异化的过程,这种人的异化基于现代性蕴含的理性,这是一种算计或计算的理性。④ 现代性支持下带来了技术理性的无限扩展,它强调人类理性、技术征服自然的可能性,技术理性在现代社会中发展成为霸权理性。随着人们对自然的征服,轰轰烈烈的工业技术实践活动使得以往只有想象中存在的东西转化成了现实,理性也由一种解放力量逐渐退化成一种压抑力量与统治手段,启蒙理性退化成技术理性,并逐步占据社会文化核心位置。此时人们完全相信在理性指引下,可以摆脱各种自然和社会历史条件的束缚,依靠自身力量决定历史的方向,塑造人类自己的世界和生活。而且,这种工具理性的扩张,使得目的服从于工具,这样的直接后果就是现代社会的效率优先性、物质需求先决性,一切必须服从利益的原则。所以卢卡奇说:“对我们来说,最重

---

① 张成岗:《技术、理性与现代性批判》,载《自然辩证法研究》,2004 年第 8 期。

② 参见周宪:《现代性的张力》,载《社会科学战线》,2003 年第 5 期。

③ 周宪:《现代性的张力》,载《社会科学战线》,2003 年第 5 期。

④ 李建珊等:《西方技术批判理论及其启示》,载《南开学报》,1999 年第 3 期。

要的是在这里起作用的原则：根据计算，即可计算性来加以调节的合理化原则。"①

技术理性的极端发展带来的是现代性的"个人主义隐忧"。进入现代社会以来，个人主义追求经济利益的极端化，造成了人类本身的生存和意义问题被日益严重地遮蔽。机械化工业的各种因素联合起来打破了传统的价值意识和人性目标，这种目标控制着经济，并使其追求权力以外的其他目标，股份主权、资本积累、管理组织、军事纪律。② 这样，现代技术作为一种事物非本质存在的形式，已经成为一种海德格尔意义上的"座架"，"人被坐落在此，被一股力量安排着、要求着，这股力量是在技术本质中显示出来的而又是人自己所不能控制的力量"③。由于作为座架的现代技术的作用，这造成了人一直处于被逼索行为的情境下，相对于传统技术关照来说这已经不再与一般对象关系相同，在座架或者机械技术的作用下把这些对象转变为可计算、可度量的有用性工具，而技术本身却非工具化了。原来大自然的诗情画意荡然无存了，农民的田园生活也失去了传统的内涵，在技术的促逼下"连田地的耕作也已经沦于一种完全不同的摆置着的自然订造的漩涡中了"④。

处于现代社会中的人们，通过市场关系形成了个人与个人之间交往的中介，工业和商品关系构成了物化的社会关系网络，这是现代性的生存方式。所以，物的依赖性成为现代社会关系的一个重要内容，尤其是以"资本"为基础"支配"的社会关系高度形式化和物化了。⑤ 在现代社会中的经济与管理诉求决定了技术理性的极度发展，但这势必也会造成人类的人文精神日趋萎缩。现代性技术凸显的物质效率维度、物质取向，注定忽视了人及其存在和生活的精神意义和价值。现代性带来科学技术的高度发展，却没有实现人自身解放的理想，相反却使科学技术自身成为一种全面统治的工具和对人性的更深的压抑。资本颠覆了传统宗法的、田园诗般的古代社会关系，进而创造了一种抽象的物化世界，"它使人和人之间除了赤裸裸的利害关系，除了冷酷无情的'现金交易'，就再也没有任何别的联系了"⑥。基于这些原因，弗洛姆认为当今社会在利用科学技术知识驾驭自然

① [德]哈贝马斯：《交往行为理论》，曹卫东译，上海人民出版社 2004 年版，第 341 页。

② [美]芒福德：《机械的神话》，钮先钟译，黎明文化事业股份有限公司 1972 年版，第 149 页。

③ [德]海德格尔著，孙周兴选编：《海德格尔选集》，上海三联书店 1996 年版，第 933 页。

④ [德]海德格尔著，孙周兴选编：《海德格尔选集》，上海三联书店 1996 年版，第 933 页。

⑤ 郗戈：《现代性的基础》，载《天津社会科学》，2010 年第 4 期。

⑥ 《马克思恩格斯选集》第 1 卷，人民出版社 1995 年版，第 275 页。

方面虽然取得了非常辉煌的成就,但其后果却是把人变成了被动而缺乏情感的麻木的人,人成为一种没有思想的"经济工具",而现代社会也正在变成执着于物质生产和消费的机械社会。技术理性的极端发展结果便产生了技术决定论,它的一个前提是技术拥有自主的功能逻辑,而不必求助于社会①,而且在一定意义上决定着社会的发展。

在技术理性这个技术化的霸权社会,技术理性精神之外的自由、情感和责任等价值问题变得无关紧要,经济和功利衡量压制了一切社会文化的多样性,人文关怀和生活的价值意义等终极关怀问题不再是人们关心的内容。芒福德用"巨型机器"(Megamachine)的比喻形象描述了社会运行的基本状况,技术理性一统天下,影响和支配着"人类思想和活动的一切领域",这种状况又使现代社会陷入了现代性本身的一个悖论,科技理性的成就极大激发了人类对自身理性的认同,然而这里也暗含了一种现代性危机。哈贝马斯总结说,"今天,统治不仅借助于技术,而且作为技术而永久化和扩大;而技术给扩大性的政治权利——它把一切文化领域囊括于自身——提供了巨大的合法性。在这个宇宙中,技术也给人的不自由提供了巨大的合理性,并且证明,人要成为自主的人,要决定自己的生活,在'技术'上是不可能的"②。在海德格尔那里,现代性把周身一切纳入自己功利、算计性视域内视之为可由自己绝对自由使用的本钱、原料、能源、储备物,现在它竟然也已经沦为一种摆布着自然、土地的"订造"(bestellen)。于是,原本意义上的"耕作农业"堕落为机械化的食物工业。③

现代性发展的自身的负面影响逐渐显露出来,在人与自然关系问题上它主要表现为科学主义的极度扩张和全球性的生态危机;在社会经济生活(即马克思所说的"商品、货币、资本")方面,它表现为社会生产成为追求利益最大化的活动,即"资源—产品—资本"单一的线性模式。现代性的极端发展,促进了科学主义的过度盛行和对科学技术进步的盲目乐观,而对技术带来的文化和生态诸多问题视而不见。这种对科学与技术应用能力的过度自信,最大的问题在于产生了对自然的否定和无视心态,这在过分夸大人的主观能动性的同时,就将人与自然的关系完全对立化起来。对立则意味着无须顾虑自然界,这种强人类中心主义必然无视人与自然的有机统一性。由此,人与自然的关系在现代性价值观的影响下走向征服

---

① Andrew Feenberg, *Between Reason and Experience*, The MIT Press. 2010, p. 8.

② [德]J. 哈贝马斯:《作为"意识形态"的技术与科学》,李黎、郭官义译,学林出版社 1999 年版,第 42 页。

③ 李智:《海德格尔对现代性的批判》,载《厦门大学学报》,2000 年第 3 期。

和掠夺,工业革命以来产生的一系列环境生态问题便是明证。现代性主导的社会生产过于追求经济方面的利益而稍有考虑环境的可持续与治理问题,人们在社会生活中更多强调人与自然的对立,把自然界纯粹看成是人类的掠夺和服务的对象,一味索取、疯狂掠夺,造成了大片森林毁灭、多种珍稀动植物物种绝灭、大片土地荒芜而沙漠化、厄尔尼诺现象频繁出现、全球生态破坏遭到巨大破坏,这是现代性本身所没有想到的,以至于当今时代发生的能源危机、资源枯竭、环境污染、人口爆炸、粮食短缺等一系列问题成为困扰人类生存和发展的全球性问题,"技术理性这个概念本身也许就是意识形态的。不仅技术的应用,而且技术本身就是对自然和人的统治"①。

总而言之,现代性的基本矛盾可以概括为理性形而上学的极端扩展和价值理性的相对萎缩,这种不平衡性造成了现代性本身(当然包括工业主义)发展的有限性。马克斯·韦伯就把现代性解释为"工具理性日益增长的历史性趋势",海德格尔也把现代性理解为"技术主宰一切",他们都强调了现代社会文化中技术理性的突出支配地位。技术理性成为现代性运动的核心文化理念。现代性的理性主义、个人主义、功利主义精神将中世纪以来"超世的天国"拉回了现实世界,人的世俗生活重新成为人们普遍关注的中心后,征服自然和改造"自然成为时代的口号"。"实质的合理性"即通常我们所说的价值理性,却同时被大大压制了,但事实上,人们的行动(包括经济行为)不可能只以理性计算为核心,人的伦理、情感、审美等价值需求同样是和技术理性并行的,这种不平衡性带来的结果只能是人本身发展的受限,也不可避免最后会阻碍现代性工业主义本身的发展:人们对"技术的掌握,如果缺少了公众的智慧,只能带来灾祸",由于"缺乏公众的智慧,对于人自身、其他生命以及地球本身都是个威胁。当前的生态危机就已证明了这一点"②。现代工业使科学技术逐渐全面异化,技术理性作为工具主义成为社会的"意识形态",实现了对人类社会的全面统治,由此形成了法兰克福学派所谓的"单向度的社会"和"单向度的人"。

而且,在现代社会中,技术理性的发展还导致了科学技术本身发展的不平衡状况。这种不平衡主要表现在当前社会普遍存在的重技术、轻科学的价值判断上面。造成这种现象的根源在于实用主义、功利主义在当代社会生活中的兴盛,并受实证主义科学观的影响,将科学和技术做了简单化、片面化、抽象化的理解。这

---

① [美]马尔库塞:《单向度的人》,张峰、吕世平译,重庆出版社1993年版,第135页。

② [德]绍伊博尔德:《海德格尔分析新时代的技术》,宋祖良译,中国社会科学出版社1993年版,第80页。

种抽象化的理解,确如鲍尔格曼所批评的那样,在科学技术对现代产生的重大的影响中,关键问题是造成了一种以侵略性的现实主义、有条理的普遍主义和意义含糊不清的个人主义为特征的社会秩序,这种社会秩序中的人变得冷漠、消极、不负责任、愠怒不快、自私自利、精神空虚。① 因此,只以一种拿来主义的态度对待科学与技术,往往由此将科学最终归化为技术形式。② 这是非常有问题的方向,罗素指出,从此人们“目的不再考究,只崇尚方法的巧妙。这又是一种病狂。在今天讲,这是最危险的一种”③。在这里,我们可以以恩格斯的那段名言作为提示:“我们不要过分陶醉于我们对自然界的胜利。对于每一次这样的胜利,自然界都报复了我们。每一次胜利,在第一步都确实取得了我们预期的结果,但是在第二步和第三步却有了完全不同的、出乎预料的影响,常常把第一个结果又取消了。”④

## 二、科学革命和现代社会的形成

吉登斯做过一个判断,“我们必须从制度层面来理解现代性”,“现代性是一种后传统的秩序”。⑤ 现代性意味着秩序化,特别是体制的秩序化,近代科学革命构成了现代性发展的一股决定性力量,它使我们进入了一个崭新的历史时代。从此,人们逐步完成了对传统社会的跨越,并步入了工业文明的现代社会,科技日益成为社会的中心要素。爱森斯塔德在《现代化:抗拒与变迁》一书中明确地指出:“就历史的观点而言,现代化是社会、经济、政治体制向现代类型变迁的过程。它从17世纪至19世纪形成……现代社会是从各种不同类型传统的前现代社会发展而来的。”⑥现代性社会表现为整个社会生活和生产的理性化、科技化,这些基本精神都有近代科学方面的根源。现代化作为一种社会历史运动与社会进程,它

---

① 黄欣荣等:《论技术的现代性及其后现代转向》,载《社会科学》,2005年第1期。

② 在科技发展现状方面,这种不平衡表现为技术发展的优先性和理论科学的相对滞后。但这种情况造成的结果就是科学与技术发展的不协调削弱了技术创新能力本身,而且由于科学知识积累上的不足也影响到技术发展的后劲。在国家科技政策、管理方面,事实上两者得到的支持不同。由于科学的基本形态是知识体系,其本身不能直接创造出经济财富,因此科学研究支持来源是单一的,政府是科学研究经费的唯一供给者。技术则不同,技术可以转化为直接的生产力,创造出物质财富,技术通过创造财富为其提供经费来源。

③ [英]罗素:《西方哲学史》,马元德译,商务印书馆2005年版,第380页。

④ 恩格斯:《自然辩证法》,人民出版社1971年版,第158页。

⑤ [英]安东尼·吉登斯:《现代性与自我认同》,赵旭东等译,生活·读书·新知三联书店1998年版,第1、3页。

⑥ [以]爱森斯塔德:《现代化:抗拒与变迁》,张旅平等译,中国人民大学出版社1988年版,第1页。

见证了人类社会自17世纪以来科学所发生的深刻变化,这些变化开创了近代人类文明史的一个新时代。现代性仅支配着现代科技和工业的发展,而且也支配着社会体系和人类的整个文化活动,甚至支配了我们的生活世界。

(一)科学作为社会建制的体制化过程

按照吉登斯的看法,"现代性是一种后传统的秩序",亦即制度化的秩序。所以,吉登斯进一步强调说"我们必须从制度层面来理解现代性"①。科学技术的现代性问题也不例外。科学作为一项具有独特精神气质的社会建制(social institution),并不是从来就存在的,它是从中世纪末、文艺复兴以来逐步发展、完善起来的,在经历了16、17世纪一个较漫长的形成、发展过程(从严格意义上而言,在经历过近代科学革命之后,其体制化程度还远远不够,但它已基本上为以后科学的体制化奠定了基础),直到19世纪之后才算发展成为较为健全的社会建制,逐渐彻底实现了科学的社会化。但科学建制发生"质变"的关键环节,还是在于16、17世纪,可以说,科学的社会化与当时科学革命发生几乎是同步的。

从人类社会产生开始,前科学也就随之开始了其缓慢的发展过程,但一直没有达到社会化的程度。在古希腊时期,这种早期科学得到了较迅速发展,但其社会角色并未被社会所认同,其影响也是极为有限的。正如本戴维所指出的,"在整个希腊化时期,科学的地位,以及在教育或其他公共方面的影响一直是极其有限的……科学在修辞学校的课程中几乎是不存在的,而这种学校是分布最广的教育机构"②。在当时,由于"科学因素与普通的哲学体系结合,往往迫使科学套入一种不合适的理论框架之中,这样只会歪曲科学知识"③。从而造成了科学实际影响力的极其有限,科学价值并未被社会所完全认可,其社会影响也就可想而知了。

那么,科学的社会化关键的质变期发生在16、17世纪的原因何在呢?事实上正如美国科学社会学家默顿所指出的那样,科学与社会的互动是科学社会化的根本原因。我们对科学社会化问题原因的研究,也将主要从科学与社会的相互关系入手探讨科学、社会在当时的各种特点,进而来考察"科学社会化"的原因所在。

首先,随着近代科学革命的产生,自然科学的价值开始得到社会认同,科学的社会地位受到肯定,科学社会化成为现实可能。默顿认为,在17世纪英国宗教文化价值占主导地位的情况下,自然科学之所以能够得到迅速发展,其根本原因就

---

① [英]安东尼·吉登斯:《现代性与自我认同》,赵旭东等译,生活·读书·新知三联书店1998年版,第3、1页。

② [美]本戴维:《科学家在社会中的角色》,赵佳苓译,四川人民出版社1988年版,第81页。

③ [美]本戴维:《科学家在社会中的角色》,赵佳苓译,四川人民出版社1988年版,第55页。

在于在现代性的影响下科学与宗教取得了某种一致性,从而使得科学的社会角色认可度大大提升:“科学史家普遍承认,17 世纪的欧洲科学革命,从整体上来看,与社会结构和经济结构中的封建主义到资本主义的转变是密切相关的。这一转变又为资本主义企业家这种角色提供了强大的精神和道德支持的宗教改革联系在一起,新教神学和科学的自然哲学之间的历史联系有很大的争议,但毋庸置疑的是,传统科学精神气质中的个人主义与新教理想,即服从行为的内在化规范和为神圣目标而努力的个性,是完全一致的。”①清教主义认为,科学对自然的研究是促进赞扬上帝的手段之一,因此神职人员也开始成为科学共同体的组成成员,科学与社会价值观相统一,清教主义大大促进了近代科学的体制化②,这样,自然科学就在社会结构中获得了合法性和体制上的保证。

同时,社会化、体制化也是科学发展的内在需要,科学历史发展的必然趋向。著名科学社会学家魏因伽特从历史学角度考察近代科学的社会化问题后得出结论:科学建制的产生是近代自然科学发展到一定程度而与社会发生冲突后而采取的一种新形式——社会建制。而且,自然科学成为当时社会发展的重要需要,而其自身也需要一定的社会条件并以适当的组织形式才能够快速发展起来,这是科学社会化发生的社会因素。另外,科学自身的特点也要求科学不断体制化、专业化,近代科学在本质上是实验科学,“正是科学的试验性促使了科学的社会化”。随着自然科学的成长,实验的地位和作用越来越大,随之实验的基本物质设施要求提上日程,科学实验室、科学仪器越来越复杂、精密,耗资巨大,大型科学实验室和仪器成为新的发展趋势。在这种条件下,只有靠专业、社会集体力量才能负担得起,获得合适的工作场所和必要的仪器设备。科学要实现迅速发展,体制化、社会化成为必然。

近代科学体制化起步于中世纪末,当时其社会建制还处于初级阶段,科学研究仍以个人研究为主,只是偶尔进行一些通信、互访等形式的联系。事实上,在16、17 世纪,科学体制化也具有了一定的前提基础。从 12 世纪开始,中世纪的大学建立起来,并逐渐遍及欧洲。虽然在课程设置上,它们以宗教神学以及哲学为主,但也包括算术、几何、天文、医学等科目,而且,它还培养了一大批具有科学思想的有识之士。这些都为以后科学的发展奠定了基础,特别是到了中世纪后期,许多为科学发展作出杰出贡献的科学家,就是集中在各大学、学院进行研究工作

---

① [英]约翰·齐曼:《元科学导论》,刘珺珺等译,湖南人民出版社 1988 年版,第 248 页。

② 参见默顿:《十七世纪英国的科学、技术与社会》,四川人民出版社 1986 年版,“新科学的动力”一章。

的。所有这一切都为科学的社会化准备了必要的前提条件。在科学影响力的日益扩大的情况下,科学的体制化逐步得到了社会的认同,并得到飞速的发展:科学开始为社会所接纳,科学角色实现社会化,科学价值与社会价值趋向一致。这种社会化主要表现为科学研究体制、建构机制(如场所、规模、体制)的社会化,即科学从单纯个人研究发展到集体和全社会范围,逐步扩展到社会生活的各个领域,以及科学研究方式的社会化甚至技术化:这包括科学发现、科学研究过程、应用、推广等阶段的社会化。

到了17世纪,随着科学的发展,研究领域不断深入,各门学科逐渐独立起来,学术交流也日见其多,社会体制化进一步加强。其中,各国科学学会、社团的出现,是科学体制化的关键环节。这为科学研究场所、规模的社会化(即科学从单纯个人研究发展到集体、社会范围,逐步扩展到社会生活的各个领域的社会性活动)以及科学研究的社会化准备了必要条件,使其成为可能。文艺复兴后期,一些科学组织开始在意大利、英国等地陆续出现。实际上,科学性的学社和学会在古希腊时期就已经存在了,但作为科学活动的重要方式,那还是近代以后的事。1603年在意大利出现了猞猁学院,一般被认为是近代最早的科学社团,其中,伽利略就是当时的重要成员,1611年左右曾参加了学社的活动。到了1657年,又成立了著名的西芒托学院,在美迪奇家族创办的试验室里定期集会、实验、交流经验。维维安尼、托里拆利、波雷里、斯特诺等一大批著名科学家都曾在这里参加过科学研究活动。这些早期出现的科学团体和组织对科学的发展起到了重要的作用,因此意大利也成为当时世界科学发展、研究的中心。为此巴伯总结指出,"这些学会开了专业化的先河。科学正变得足够专业,以至成为一种职业工作"①。

17世纪初德国也相继建立了一些自然科学研究的社会性社团,例如1622年生物学家荣吉乌斯创办的艾勒欧勒狄卡学会,就对当时德国自然科学的发展起到了巨大的促进作用。英国皇家学会,1663年正式成立,世界上第一个有影响的官方科学组织产生了,这也可以被认为是最早的科学共同体。其中参加的有社会活动家、文学家、诗人等,它起到了凝结科学爱护者的作用。这不仅宣布了科学在英国社会中得到承认,而且也宣布了科学活动的初步体制化。② 学会定期集会,交

---

① [美]伯纳德·巴伯:《科学与社会秩序》,顾昕等译,生活·读书·新知三联书店1991年版,第63页。

② 据统计,在当时的社会专业中,诗人和教士的人数在17世纪的前70年减少了,而医生和科学家的人数在同期都增长了1.4倍。这种实用主义、功利主义倾向使得科学成为"时尚",以至于科学著作出现在贵族夫人的梳妆台上。一时间,功利主义成为人们的行为准则,有人对自己儿子的忠告竟然是"不要学习任何东西,除非它能帮你谋利"。

流研究、实验情况信息,到 1664 年,建立了机械发明、贸易史、农业和天文学等职业委员会。对英国科学在世界上的领先地位起到了决定性的作用,17 世纪的英国成为世界科学发展的中心。但英国科学体制化还是初步的,它还没有任何经济上的资助,仅仅是只是“业余科学的堡垒”,还不存在以科学为营生手段的职业科学家。这些局限性也使得英国的科学中心地位很快为法国这一科学更为体制化的国家所取代。

1666 年,法国科学院建立。它设有了专门的科学研究机构,并由国家支付其各种活动科的经费。此后又确定了人员编制、研究生导师制度,科学家可以得到丰厚的年薪并配有助手,这种国家支持下的职业科学机构诞生。从此也成为欧美科学建制化的标准,为以后各国科学发展提供了榜样,德俄就分别以此为模式建立了各自的科学院——柏林科学院和彼得堡科学院,它们为以后欧洲科学的发展打下了坚实的基础。

正是这些社会性科学团体的出现,不但实现了科学研究场所、机制和规模的社会化,把科学活动从单纯个人研究发展到集体和社会范围,而且它又实现了科学研究整个过程社会化,科学的社会交流在科学研究、科学应用中的作用越来越重要。其中,学会成为国内外新科学知识交流的主要渠道。例如,17 世纪以来,“任何重要的科学实验和文章在欧洲大陆上刚一出现,就以这种方式报告到皇家学会。当科学家们旅行时,他们发现他们在其他国家为人所知并为人所研究,……这些学会出版了最初的科学期刊,其中现在仍可以读到的是皇家学会的《哲学会刊》,他们出版由他们自己的会员和外国同行撰写的科学书籍,我们可以回想一下,正是皇家学会的催促下,牛顿才第一次发表了他的新发现,而他在许多年前就已做出了这些发现”①。

科学期刊的发行,是科学体制化的重要表现。1665 年 1 月,法国巴黎发行了《学人杂志》,同年 3 月,英国《皇家学会哲学会刊》创办,这成为交流科学思想、实验结果的重要杂志,也开创了科学团体出版杂志的先河。这些杂志成为科学家们传播科学知识、交流科学研究经验、科学成果的重要阵地。W. 迪克为此指出,“从 17 世纪开始,定期刊物是报道新发明和传播新理论的主要工具,我甚至可以说,如果没有定期刊物,现代科学会以另一种途径和缓慢得多的速度向前发展,而且科学和技术工作也不会成为如同现在一样的职业”②。科学期刊在当时的科学活动

---

① [美]伯纳德·巴伯:《科学与社会秩序》,顾昕等译,生活·读书·新知三联书店 1991 年版,第 63 页。

② 转引自夏禹龙:《科学学基础》,科学出版社 1983 年版,第 197 页。

中起到了关键的作用,推动了科学的发展,大大提高了科学在社会上的影响,它为科学研究的社会化(科学发现、科学研究过程、科学应用、推广过程的社会化)起到了突出的作用。

为此,本戴维在提及科学体制化的含义时说:“社会把一种特定的活动接受下来作为一种重要的社会功能,它是因其本身的价值才受到尊敬的。”①正是科学的体制化使得科学研究具有了共同的目标,科学工作者得到了很好的训练,共同的科学方法、共同的专业语言都成为科学发展的动力。近代科学开始逐渐发展成为一种新的社会产业方式,这时候,科学家们自筹经费、自己动手制造仪器设备、自由选择研究课题,仅凭个人兴趣探索自然奥秘的时代已过去了。科学自身的发展,已使个人无法再完全把握科学发展的方向,因此,科学的定向研究和合作研究不可避免了。② 新的科学专业化研究取代了传统的私人性研究。自此以后,“作为劳动者的科学家我们必须认识到:科学之所以能够在它的现代规模上存在下来,一定是因为它对它的资助者有其积极的价值。科学家总得维持生活,而他的工作极少是可以立即产生出产品来的。科学家有独立生活资财或者可以依靠副业为生的时代早已过去了”③。这样,科学家作为社会劳动者的一员已经开始职业化了,这种新的科学家专业很快融入整个社会大系统之中。

(二)科学技术的体制化的统一

正是这种全新社会建制面貌的出现,才使得科学逐渐占据社会系统的核心,最终成为引导社会发展的决定性力量,并主导了现代性的全球化扩展:“科学使欧洲在技术上对世界的霸权成为可能,并在很大程度上决定了这一霸权的性质和作用。”④所以,我们对近代科学革命的理解,不能仅仅从科学思想、知识层面的巨大变革来看待。我们还需要从另一纬度——社会学角度即科学的社会化过程角度来看这一问题,因为近代科学革命又是一场社会建制的伟大变革,它对人类社会产生了决定性影响。从本质上说,科学的“社会化”是指科学社会性的全息化的过程。在这里,我们用“科学的社会化”来借指科学逐步与社会相适应,发展成为社

① [美]本戴维:《科学家在社会中的角色》,赵佳苓译,四川人民出版社 1988 年版,第 147 页。

② 巴伯总结说,直至 16、17 和 18 世纪的伟大科学家们那里,他们还都是典型的“业余爱好者”,或者是那些经常把科学作为其非本职工作的人。那些当时从事科学的人经常靠其他办法谋生,他们从事科学工作时,确实尽了最大的努力。

③ [英]贝尔纳:《科学的社会功能》,陈体芳译,商务印书馆 1982 年版,第 46 页。

④ [美]斯塔夫里阿诺斯:《全球通史:1500 年后的世界》,吴象婴、梁赤民译,上海社会科学院出版社 1999 年版,第 271 页。

会大系统中一有机组成部分的渐进融合过程。具体而言,“科学的社会化”基本可以概括为:科学的体制化过程以及科学家个人的社会化过程(即科学家社会角色的形成过程)两个主要方面。著名学者本戴维将科学家角色的演变与科学体制化进程联系起来进行了系统考察,完成了《科学家在社会中的角色》一书,这也成为研究科学家社会角色的权威之作。在他看来,科学家社会角色的形成也是科学活动社会化的一个关键环节,这是科学体制化、社会化的重要内因。作为科学活动主体的科学家是在历史发展过程中逐步形成的,它作为社会角色的出现并被社会所认可也是一个渐进的历史过程。

“科学家之职业角色,决不是‘自然’出现的,更不用说科学之极其专业化的子部门了。除了在近几百年内,科学在很大程度上一直是专心于其他工作的职业角色的副产品,而不是由技术观测设备来检验的普遍性概念框架之发展的副产品。”①社会角色是与一定的社会体制、社会规范和社会价值体系相连、相统一的概念,本戴维在回顾科学史时指出,在古代传统社会,科学及其活动成果是通过非科学家角色来辗转实现的,其中这里面主要包括两类研究人员:技术人员和自然哲学家。由于古代社会并没有专门的科学家这一社会角色(科学家的角色是不大固定的,也没有形成一种社会职业),科学知识也主要是通过哲学家和技术人员来应用和传播的。这样在社会价值取向上,科学还不能凭借自身价值而成为社会目标,它更多的是借以哲学面貌来出现的,其社会价值并不突出。为此培根评价说,希腊科学具有儿童的特征:只能够谈论,但不能生育,充满着争辩却无实效,没有服务于人类的实用性。② 当然,培根的评价有些极端,但也确实道出了古代科学没有复制起来过程中存在的一些问题。

到了中世纪末文艺复兴时期,科学家这一社会角色的发展才到了关键的孕育阶段。直至近代自然科学兴起之后,这种社会职业的位置才大量涌现,我们已经看到十六、十七和十八世纪的伟大的科学家们,基本都是典型的“业余爱好者”,或者是那些经常把科学做为其非本职工作的人。③ 一般认为,职业科学家出现在大革命之后的法国,法国科学院法国政府资助下的科学院,科学家担任多种教育、顾问职务,德国出现集教学与研究于一身的教授角色和研究实验室。科学家角色最

---

① [美]伯纳德·巴伯:《科学与社会秩序》,顾昕等译,生活·读书·新知三联书店 1991 年版,第 81 页。

② 参见北京大学哲学系外国哲学史教研室编译:《西方哲学原著选读》,商务印书馆 1982 年版,第 340—343 页。

③ [美]伯纳德·巴伯:《科学与社会秩序》,顾昕等译,生活·读书·新知三联书店 1992 年版,第 81 页。

初雏形正是出现于欧洲的中世纪后期以及文艺复兴前后:从12世纪以来发展起来的大学,经过14、15世纪的发展,原先处于外围和业余地位的科学教育得到了很大的发展,从中分化出来一部分教授科学知识的教师。其次,一些艺术家、工匠角色也发展起来。这些大学中的职业教师、艺术家等逐渐成为科学家的雏形,"一旦把大学教师所具有的学术传统和实验研究与探索精神结合起来,就会实现真正的现代意义的科学研究,也就是科学角色的形成"①。科学研究者从私人身份开始向公共身份、社会身份过渡,科学研究成为正式的社会职业,研究者的社会身份得到确认。贝尔纳指出,他们这些人是依靠科学工作为生的,至少是部分地依靠科学工作为生的。所以对他们来说,科学工作是他们生活的主要事情。② 科学的体制化以及科学家社会角色的形成,标志着科学在17世纪实现了初步的社会化。

安德列耶娃曾指出,"社会化是一个双方面的过程,它一方面包括个体进入社会环境、社会体系,掌握社会经验;另一方面,包括个体的积极活动,积极介入社会环境,而对社会关系体系积极在现的过程"③。即科学进入了社会系统,成为其中的一部分,并具有了社会的属性。同时,科学又积极介入了社会活动,影响社会,与社会开始融而为一,科学社会化、社会科学化,成为当今时代的特点。正如巴恩斯说描述的,"社会变革与文化变革看起来确实在走向融合,构成与传统单一社会发展不同的方面。其中最大最明显的事例通常就是指,工业的兴起和科学的兴起,他们都发生在近三个半世纪里,科学与工业看似并行发展并在短期内生产了巨大影响"④。

科学家专业的社会化,是现代性发展的产物,"只有在现代工业体系中,随着其复杂的劳动分工体系的形成,社会才承认并非常赞同为那些其职业(也只有这个职业)是了解科学并促进科学发展的'工作人员'所安排的位置。事实上,直至近代科学兴起之后,这种职业位置才大量涌现"⑤。特别是17世纪,标志着业余科学家向专业科学家的过渡阶段⑥,在这一时期,"这种新的科学家角色得到了社会的承认和接受,在庄严方面他享有传统的哲学家神学家和天文家的同等地位,

---

① 刘珺珺:《科学社会学》,上海人民出版社1990年版,第117页。

② [英]贝尔纳:《科学的社会功能》,陈体芳译,商务印书馆1982年版,第63—64页。

③ [苏]安德列耶娃:《社会心理学》,李钊译,上海翻译出版公司1984年版,第311页。

④ Barry Barnes, *About Science*, Basil Blackwell Ltd, 1988, p. 1.

⑤ [美]伯纳德·巴伯:《科学与社会秩序》,顾昕等译,生活·读书·新知三联书店1992年版,第81页。

⑥ [英]贝尔纳:《科学的社会功能》,陈体芳译,商务印书馆1982年版,第14页。

在实用性方面，它比这些传统角色优越”①。科学家社会角色的形成也使科学家之间的私人关系社会化，科学共同体在社会大系统中得到巩固和加强。于是“自然科学家开始变成了一个专业共同体，他们抓住从任何方向提供给他们的有利条件，使这些条件转而成为科学探索和他们自己的个人兴趣服务”，而且，“一旦形成科学家的角色，就有了科学会成为社会的一个相对独立的子系统的可能性”。②随着自然科学以及科学家专业领域的清晰化，自然科学从哲学、宗教、技术这些相关领域分离开来，科学家角色变得与其他社会角色不同了，科学家之间开始系统地交流合作，科学共同体逐渐形成，科学通过社会化进而获得了自我强化的能力。这种由正式的社会组织和非正式的社会组织所组成的科学共同体，其本身又构成了相互交织、相互作用的复杂社会结构。③ 科学共同体作为一种科学活动的社会建制，为自然科学的发展提供了坚实的社会基础和发展空间。

科学家角色的社会化过程不仅是科学家个人社会角色的获得过程，而且也是科学家社会角色不断转换的过程。这种社会角色的变革随后引起了科学家在思维方式、价值观念、生活方式、行为模式等诸多方面的巨大变化。在这种背景下，科学家个人如何根据社会情境以及科学研究模式的变化而相应做出应对，进而转换科学家的社会角色和社会行为方式，从而成功地扮演全新的社会角色以便在进入不同的社会阶段时，能够有效完成自己的社会职责和工作，这也成为多个世纪以来人们所不断讨论的重要问题。因此，马克斯·韦伯的“利益驱动机制”分析也进入了神圣的科学殿堂。如此一来科学家的研究已不再是纯粹的个人兴趣与爱好，个人经济利益与社会利益、个人兴趣与社会需要问题开始导引科学研究的方向。科学共同体作为近代以来形成的一个特殊的社会建构，传统社会分层所体现的一些问题，诸如不平等性也同时被建构在这种社会结构之中。在新的社会结构里，自然科学已经作为社会大系统的一部分，不仅仅表现为传统静态知识体系的形象，而且也是与整个社会，尤其是与政治和经济等看似无关问题是紧密相连的，并且相互作用、相互影响。这样，在现代社会中，自然科学更重要的存在意义成为了作为一种社会建制，通过这种社会存在形式发挥其多种作用。在当代科学社会化的大背景下，也赋予科学家作为科学研究活动的主体更多的角色责任，他们需

---

① [美]约瑟夫·本-戴维：《科学家在社会中的角色》，赵佳苓译，四川人民出版社1988年版，第331页。

② [美]约瑟夫·本-戴维：《科学家在社会中的角色》，赵佳苓译，四川人民出版社1988年版，第331页。

③ [美]黛安娜·克兰：《无形学院——知识在科学共同体的扩散》，刘珺珺、顾昕、王德禄译，华夏出版社1988年版，第3页。

要承担着的社会责任因其职业的不同而与普通大众的有所不同，在此意义上科学家还应当承担与本专业相关的特殊的社会责任和义务，这是现代社会的基本要求。特别是随着当代科学与技术负面效应不断突显，日渐突出的情况下，科学家的社会职业责任和行为规范在整个社会中的意义越来越重要。

### （三）近代科学革命与文化变革

现代性开启了一个“新的历史时代”，科学革命的理性精神开始在现实社会生产和生活的方方面面扩展和延伸，新的现代性自我意识成为社会文化的主导意识，这样传统的自然伦理和文化失落了，而市民社会逐渐取代传统家庭这个社会组织模式，新的文化变革在所难免。在近现代社会中，个体之间通过市场形式而形成了一种社会行为和组织关系，这超越了传统社会以单个家庭为基础的社会形式，新的复杂社会关系已经远超血缘、地域层面的简单社会交往。现代性的功利主义诉求预示着更多的物质和经济利益关系，现代社会关系构成现代性资本的展开场所，而资本则构成其发展的基本驱动力。如此一来现代社会依据现代性的逻辑就逐渐摆脱了传统社会对血缘关系和宗法人身依附关系的束缚，即“物的依赖性为基础的人的独立性”成为整个现代社会的新组织原则和结合方式，所以，“市民社会是在现代世界中形成的，现代世界第一次使理念的一切规定各得其所了”①。在新科学文化形成过程中，科学技术起着决定性作用；近代科学革命所形成的科学文化又构成了现代性发展的一股决定力量。②

随着近代科学革命的步步深入，自然科学作为认识世界和改造世界的新事业形象已经深入人心，人们深信这就是培根等人期盼的“新哲学”。特别是在世界地理大发现过程中新航路的开辟以及随后的殖民扩张，世界进入了新的知识需求时代，而自然科学知识与革命的适时出现，在迎合了新时代需求的同时也使得科学的伟大力量日益为人们所普遍认可，就此人类文明逐渐进入现代社会。对于近代科学对现代社会的影响，巴恩斯做了一个很好的描述：“它与工业化社会大量的利害关系和价值的体系相关。尤其是，科学可以用来做为正在迅速扩展的商业和工业中产阶级人士的文化表达和符号表达的一种媒介，并且可以被他们用来作为证明他们自己和他们的社会方式的一种手段。”③其实，马克思在考察这一问题的时

① ［德］黑格尔：《法哲学原理》，范扬等译，商务印书馆 1961 年版，第 197 页。

② 当然，科学文化不能等同于人类文化的全部，它只是人类文化系统的组分或要素，然而，近现代文化史表明，科技发展的水平与程度已越来越从根本上规定了文化进化的水平与程度。从这个意义上讲，人类文化史研究中一个重要的领域是探讨科学技术作为文化系统的组分和要素之发生、发展，直至在文化系统中占据主导与核心地位的过程及其规律。

③ ［英］巴里·巴恩斯：《局外人看科学》，鲁旭东译，东方出版社 2001 年版，第 21 页。

候也特别强调过,“科学是一种在历史上起推动作用、革命的力量”①。近代科学革命及其发展对人们的思想观念、生活方式、社会产生力发展等多方面都产生了决定性的影响,从此,自然科学不再只是单纯的知识体系,它凭借其“知识的力量”而超越了传统国界和单纯的文化行业,已经发展成为全世界人民所共有、共享的主流文化,“知识系统与技术系统明显地形成这一意义下文化的一部分”②。

如果说,文化是人的存在方式,那么科学就是现代文化精神中的“硬核”。科学现代性不仅仅带来一种新的社会生产方式、经济运行模式,它还是一种新的发展观、价值观和文化观。随着近代科学革命的完成,自然科学的进一步深入人心,以启蒙主义理性为原则的现代性科技理性主义思想建立起来。伯林认为整个近代启蒙运动的基本信条就是:“一组普遍而不变的原则支配着世界,有神论者、自然神论者和无神论者,乐观主义和悲观主义者……莫不如此认为。这些规律既支配着无生命的自然,也支配着有生命的自然,支配着事实和事件、手段和目的、私生活和公共生活,支配着所有的社会、时代和文明;只要一背离它们,人类就会陷入犯罪、邪恶和悲惨的境地。思想家们对这些规律是什么、如何发现它们或谁有资格阐述它们或许会有分歧;但是,这些规律是真实的,是可以获知的——这仍然是整个启蒙运动的基本信条。”③

随着科学革命取得成功并在现代社会的“安家”,与之相适应的新的社会文化变革也在进行着。自然科学作为在历史上起着巨大推动作用的重要社会和文化力量,主要以两种方式对人类社会发生着作用和影响。一是作为“社会生产力”起作用,科学技术是提高社会经济效益的决定性因素;二是科学技术通过科学思想、科学精神和科学方法在社会精神生活中的作用和影响来发挥其社会功能和价值,促进精神文明建设和先进文化的发展。④ 与此同时,科学对社会文化的影响还以技术进步为纽带,科学与技术的一体化是现代性逻辑的一个根本点。这也决定了科学不仅仅通过自身的理论以及生产力影响而和现代社会的政治、经济、文化发生深层次的联系与渗透,而且通过技术的科学化辐射到社会文化的每个角度,现代技术社会的形成过程也是科学文化的影响过程。马克思在把科学技术比作历史上起推动作用的有力杠杆时,专门提到了“生产力中也包括科学”⑤。从社会维

---

① 《马克思恩格斯全集》第19卷,人民出版社1963年版,第375页。

② [法]让·拉特利尔:《科学和技术对文化的挑战》,吕乃基等译,商务印书馆1997年版,第49页。

③ [英]伯林:《反潮流:观念史论文集》,冯克利译,译林出版社2002年版,第4页。

④ 杨怀中:《科技进步是先进文化建设的有力杠杆》,载《科学咨询》,2003年第1期。

⑤ 《马克思恩格斯全集》第46卷,人民出版社1965年版,第211、217页。

度来看,“科学成为一个特殊的社会学范例,具有特殊的认识论地位”①。现代性强调人类社会文化各个领域都要以自然科学为模本,建立起科学的方法论与世界观,在这种科学精神与方法的影响下,近代文化的科学化和技术化成为一个重要的发展趋势。

我们已经提到近代科学对人类社会影响的不断扩大,是与自然科学本身的社会建制化发展联系在一起的。随着自然科学从边缘走向社会体制的中心,科学以它特有的理性力量展现了知识的巨大力量和无限魅力,科学(技术)从知识形态向文化形态发展。特别是随着现代科学在“大科学时代”的发展,科学、技术与社会的融合正在有效实现着科学的社会化和文化化。正是这种全新社会建制面貌的出现,才使得科学及其文化逐渐占据社会系统的核心位置,并最终成为引导社会发展的决定性文化力量,科技文化进而主导了现代性的全球化文化扩展:“科学使得欧洲在技术上对世界的霸权成为可能,并在很大程度上决定了这一霸权的性质及作用。”②可以说,现代社会作为近代科学革命与发展而产生的社会形态,具有了现代性的一致性和形式化特征,在全球化过程中的每一个国家或民族都经历着理性化的洗礼,经济和功利导向推动着全球化的深入发展,现代文化与价值的公约性更多来自科学与技术的文化基因。“合理性”就此规定了资本主义的经济活动形式,“即资产阶级的私法所允许的交往形式和官僚统治形式”,“合理化或理性化的含义首先是指服从于合理决断标准的那些社会领域的扩大。与此相应的是社会劳动的工业化,其结果是工具活动(劳动)的标准也渗透到生活的其他领域(生活方式的城市化,交通和交往的技术化)”。总之,“社会的不断‘合理化’是同科技进步的制度联系在一起的。当技术和科学渗透到社会的各种制度从而使各种制度本身发生变化的时候,旧的合法性也就失去了它的效力”③。

科学的社会建制体系的形成,使得科学共同体具有了一个可靠的社会活动平台,这“注定它要走向独立”,这不仅意味着科学社会的规范化和体制化,同时也预示着科学作为一种文化的形成被社会容纳。随着科学共同体的发展,一系列新的文化观念稳定下来,构成“科学文化的精髓”,体现出“人类理性的最高形式及其成

---

① M. Mulkay, *Science and The Sociology of Knowledge*, George Allen&Unwin ltd, 1979, p. 2.

② [美]斯塔夫里阿诺斯:《全球通史:1500年后的世界》,吴象婴等译,上海社会科学院出版社1999年版,第271页。

③ [德]J. 哈贝马斯:《作为“意识形态”的技术与科学》,李黎、郭官义译,学林出版社1999年版,第38页。

果”特色。[1] 施路赫特在分析现代性的理性主义时认为,现代性首先“是一种通过计算来支配事物的能力”,更近一步说“这种理性主义乃是经验知识及技能的成果,可说是广义的科学——技术的理性主义”。而且,“理性主义意味着(思想层次上)意义关联的系统化,即把‘意义目的’加以知性探讨和刻意升华的成果。这一份努力乃源自文化人的‘内心思索’”,按照这种理路,“人们不但要求将‘世界’当作一个充满意义的宇宙来把握,更必须标明自己对此‘世界’的态度。这层含义下的理性可称为形上学—伦理的理性主义”[2]。最后,在施路赫特看来,“理性主义也代表一种有系统、有方法的生活态度。由于它乃是意义关联及利害关系制度化的结果,可称为实际的理性主义”[3]。

以理性主义为核心的现代性文化表现为一种科学或技术的工具性文化思维,形式计算和功利考量居于核心地位。而且,这种文化观念渗透到了现代社会的各个方面,按照里西尔·布莱克的说法,现代化主要是通过现代科学与技术发展而推动和产生的一系列社会变迁,在现代性社会中的民主化、法制化、工业化、都市化、均富化、福利化、宗教世俗化、教育普及化、知识科学化、信息传播化、人口控制化等因素都成为现代科学发展需要衡量和评价的重要指标。事实上,当代社会的现代化正是依靠科学与技术的发展而得以实现的,科学技术与社会之间的理性互动既有利于社会的现代化步伐,也有利于科学技术自身的健康发展。为此,现代性社会表现为整个社会生活和生产的全方位理性化和科技化,这些基本精神都有自然科学的根源,现代化作为一种社会历史运动与社会进程,它见证了人类社会自16世纪以来科学所发生的深刻变化,这些变化开创了近代人类文明史的一个新时代,“技术和科学变成了第一位的生产力”[4]。

---

① 杨爱华:《科学文化与人文文化分离的原因探析》,载《武汉理工大学学报》,2001年第4期。

② 杨晓东:《关于现代性政治的缺憾及其建构的思考》,载《唯实》,2006年第9期。

③ [德]施路赫特:《理性化与官僚化》,顾忠华译,广西师范大学出版社2004年版,第3页。

④ [德]J. 哈贝马斯:《作为“意识形态”的技术与科学》,李黎、郭官义译,学林出版社1999年版,第62页。

# 第四章　科学世界与人类生活世界的分离

近代自然科学诞生之后，科学作为人类理性知识在实践中获得了一系列巨大的成功。人们开始为科学所创造的奇迹（如对哈雷彗星回归的预测、天王星的发现）喝彩，这种理论上的成功是前所未有过的，它实现了人们千百年来的一个知识理想，获得了真正的客观性真理："科学的成功把哲学家们催眠到如此程度，以致认为，在我们愿意称之为科学的东西之外，根本无法设想知识和理性的可能性。"①在这种背景下，科学主义发展起来，成为一种具有决定性影响的文化潮流，它直接影响了以后世界范围内的哲学、文化和艺术的发展。在这一过程中，现代社会的内在矛盾和张力起着决定性作用，运行的结果便是当前的现代社会，一个科学化抑或技术化了的科学世界，在这种现代性逻辑的影响下科学技术与理性合为一体，新的人类生活样态或生活形式产生了。但较之于科学革命之前的社会与文化，人们习惯对这两个世界进行比较，而在这种对照过程中，现代性维度是最为关键的一个视角。在现代性展开中，传统的社会的日常生活开始被分裂为一个个专门的领域，这些分化出来的新领域却又统一于现代性的逻辑。现代社会在技术理性和现代功利主义的作用下，传统的日常生活（海德格尔的诗意生活）趋向于单调和千篇一律的样式，丰富多彩具有无限可能性的生活世界丧失了前现代的"诗性"。

## 一、现代性和科学主义

现代性尤其是启蒙现代性本身就孕育着现代社会中的科学主义、个人主义、乐观主义和功利主义等基本内在要素。启蒙运动以后现代性开始作为一种文化

---

① 普特南还接着分析说，科学在一般文化中的崇高声望要极大的归功于科学的工具性的巨大成功，这是传统社会中宗教和其他文化艺术等无法比拟的。参见［美］希拉里·普特南：《理性、真理与历史》，童世骏 、李光程译，上海译文出版社 2005 年版，第 206 页。

理念逐步渗透于现代社会现实之中,在此意义上,科学主义本身就意味着一种“启蒙”。在科学主义对人类理性,特别是工具理性的大力推崇下,人类终于摆脱束缚自己的精神枷锁而获得新的空间,在对新空间的立法或建构过程中,来自自身的理性成为重建的先锋。这既是现代性发展的要求,也是人类自我发展的动力,所以,我们可以说,现代性孕育了科学主义,而科学主义正是极端现代性的产物。自然科学的伟大成就使人们看到了一幅诱人的图景:在自然科学的指引下,所有的人类面临的重要难题都将迎刃而解,人类的生活各方面会越来越好,并最终将获得等待已久的自由、公正和幸福的生活。在人们习以为常之后,人们有意无意地认为:“在当前世界,科学及其分支被视为现代性的典范,处理每个自然、人类或社会问题的科学方法,很明显是无处不在的,如果没有这种科学途径的应用,相关处理和分析被认为是有缺陷或者可疑的。”①在这种科学观看来,在科学的推动下人类社会将呈现近似于线性的发展态势,理性精神在现代社会的影响使得整个社会走向完美进步。把科学所引起的社会进步看作社会各个领域的同时进步的观点逐渐为人们所普遍接受。在科学不断取得进步和成功的乐观主义情绪影响下,科学主义思潮产生了。

科学主义最直接的观念是源自自然科学及其方法所取得的一系列辉煌成功,鉴于人类社会产生以来其他文化都没有能够像自然科学(包括方法论)那样富有成效地生产出普遍客观性的知识信念,而且其社会应用还获得了前所未有的成就。面对自然科学取得的空前胜利,人们不免确信终于寻找到了理想的新自然哲学知识,而且获得这种客观知识的方法也必然具有万能的有效性。这两点对世人的震撼无疑是极为深远的,科学具有以往哲学所不具备的客观性和真理性,其技术应用同样是充满无限可能的,而且其效果也是有目共睹的。这样,科学与进步无可争议地联系在了一起,人们满怀信心地认为,科学(技术)为人类未来的发展与进步提供了可靠保证,科学能够为我们社会的发展提供无所不能的知识、精神和物质支持。

随之,对科学与技术的崇拜自然而然的产生和发展起来,科学主义正是其中的代表性思潮。从词源上看,“科学主义”(Scientism)这个词语在1877年出现时的原意是指:作为科学家特征的方法、精神态度等,或者如吉格(Roger Trigg)所言,科学是我们唯一接近实在的手段,这是科学主义的最基本和主要的意义。按照普遍的理解,我们现在一般把科学主义区分为三个方面的含义:一是强调自然科学知识是人类知识的典范,它不仅是必然正确的,而且可以推广用以解决人类

① E. Huff, *The Rise of Early Modern Science*, Cambridge University Press, 2003, p. 8.

面临的所有问题；二是强调自然科学的方法应该被用于包括哲学、人文学科和社会科学在内的一切研究领域，只有这样的方法才能富有成效地被用来追求知识；三是强调科学精神是一切研究领域都应遵循的基本精神。在这其中，三个方面的内容是由内在关联关系的，但对科学方法的推崇和认同构成科学主义最根本的立场。①

现代性的理性精神与科学的普遍客观主义，以及科学基础主义对知识确定性的要求，是和科学主义观念紧密契合的。一般认为，科学主义思潮源自启蒙主义，形成于实证主义，这一精神承接了培根"知识就是力量"的名言，成为科学主义者最常用的口号，在他们心目中的知识即是现在的自然科学。这种集力量、普遍性和理性于一体的新知识代表了现代社会对人类实践活动成果的一种期望和诉求，并被理想化为典范。② 特别是17、18世纪以后，随着经典物理学大厦的正式建成，它以机械力学的基本原理为基础来解释地球上的物体以及月上天体的运动规律，一位位重要的科学人物陆续登上科学历史舞台，自然科学在各个领域随之发生翻天覆地的变化，人们在不断揭开自然奥秘的同时，也不可避免增强了对科学技术的信心，托马斯·库恩在评价哥白尼革命的功绩时所说，它不仅带来了天文学基本概念的更新，也标志着人类对大自然理解的一次根本性变更，这构成了"西方人价值观转变的一部分"③。随后的社会实践科学仍不断获得成功，造成科学的威望空前提高了，特别是牛顿物理学的发展，使得社会思想和活动的方方面面"都留下牛顿革命的重大影响"，"牛顿科学仍然在许许多多科学的和日常经验的领域占据着至高无上的地位"。④ 牛顿理论的成功使人看到了科学在阐释世界方面的理性力量，由此宗教对自然的阐释权逐渐让位于自然科学的逻辑，科学获得了宗教的部分神性。到19世纪，随着科学完成了几个大的综合，数学、物理、化学、天文学、地学和生物学所谓六大学科都自成体系，并互成体系。这形成了以数学为基本语言，以实验为基本手段的庞大的演绎体系。科学被认为反映了自然的本质规律，是绝对正确的客观真理。同时这也造成了以人文学科为代表的众多领域的竞相模仿、移植和借鉴，自然科学的概念和方法，有力地促进了整个社会文化的发展。⑤ 这一时期自然科学的三大发现，即能量守恒与转化定律、细胞学说和生物进化论的相继提出，使得自然科学的胜利战场不断扩大，并深入人们社会生活的

---

① 李侠：《解释学视域中科学主义的理论与实践》，载《上海交通大学学报》，2005年第5期。
② 田松：《唯科学．反科学．伪科学》，载《自然辩证法研究》，2000年第9期。
③ 陈保卫：《技术进步观念在西方的兴起》，载《华北电力大学学报》，2001年第5期。
④ [美]科恩：《科学中的革命》，鲁旭东等译，商务印书馆1998年版，第221页。
⑤ 田松：《唯科学·反科学·伪科学》，载《自然辩证法研究》，2000年第9期。

各个方面,成为新的社会权威,以至于人们认为在现代社会"唯一值得提到的知识一定是科学的、客观的;唯一的实在当然一定是为客观规律支配下的客观实在"①。

经过几个世纪的发展,人们对科学的崇拜思想也逐渐蔓延开来,这种"新型的科学文化"日益深入人心,从此,"认知价值开始附属于一种科学的",而"科学被认为提供了认知框架,这不仅对科学是如此,而且对所有学科如神学。形而上学、政治学、政治经济学、法律和历史也是如此"。② 从18世纪人们开始视科学为真理,直到19世纪人们欢呼进入了科学的世纪,才彻底奠定了科学知识在人类知识中的典范地位。

日常生活有很多证据说明科学受到高度尊重,尽管有人对科学不再那么着迷,因为有人认为科学应对像氢弹和环境污染这类后果负责。广告常常宣称一种特殊的产品已经科学地证明比它的竞争产品更白、更有效、更性感或者在某方面更优越。这样做他们希望说明他们的主张根据特别充分,并且也许是不容争辩的。最近一家报纸刊登了一幅提倡基督教科学的广告,标题是"科学说话了,它说圣经已经证明是真的",接着告诉我们说"甚至科学家自已现在也信圣经"。这里是直接诉诸科学和科学家的权威。

以物理科学为代表的自然科学的成功不仅对其他科学,对人文社会科学等也都产生了重大的影响。科学方法论首先成为各学科争先效仿的对象,于是物理学和数学方法纷纷被引入人文和社会科学等研究领域,这种方法论的引进和学习成为一股重要的思想潮流。查尔莫斯说,在所谓的社会科学或人文科学里的许多人同意这样的论证路线,因为过去300年物理学无可争议的成功应归因于一种特殊方法,即:科学方法的应用。所以他继续总结说,这种论证路线提出两个基本问题:作为物理学成功的关键的科学方法是什么?将这种方法从物理学转移并应用于别处是否合理合法?③ 这种方法论的崇拜还在不断扩张,甚至人们认为即使是伦理学这样的文化学科,也"应当像建立实验物理学一样来建立一种道德学",这种科学主义思想颇有代表性,推动了社会科学等新学科的产生和发展。④

在哲学史上看,从孟德斯鸠、孔德等人开始,这些哲学家们就试图凭借科学的

---

① Nicolescu, Basarab, *From Modernity to Cosmodernity*, State University of New York Press, 2014, p. 40.

② Stephen Gaukroger, *The Natural and the Human: Science and the Shaping of Modernity*, 1739—1841 , Oxford: Oxford University Press, 2016, p. 2.

③ [澳]查尔莫斯:《科学究竟是什么》,鲁旭东译,河北科学技术出版社2002年版,第4页。

④ 北京大学哲学系编译:《十八世纪法国哲学》,商务印书馆1965年版,第430页。

理性方法揭示人文社会和人类本性的规律,试图由此构建起所谓的"社会的数学"和"社会的物理学"。人们在模仿的过程中也坚信科学方法能够为人类提供一个新的通向真理的大道,凭借严密的逻辑和客观的科学方法,人类所有的学科和领域的问题都能够最终得到完满的解答。其实,"科学主义"作为一个概念的形成是和实证主义哲学密切相关的,所以很多人认为科学主义形成于实证主义阶段。如在孔德看来,实证哲学应该以经验为基础,以自然科学的实证方法为前提从而建立像自然科学一样清晰确实的知识体系,这是历史上第一个明确科学主义精神的一次尝试,并将科学方法与科学知识崇拜取得了初步的结合。孔德这样描述他所理解的科学精神:"我们今天在适度普遍推广实证科学方面所应追求的,首先是精神的然后是社会的效果;这种重要效果必然取决于严格遵循序列规律。"①

在20世纪的科学哲学将实证主义与经验主义结合起来以后,科学主义甚至成为一场浩浩荡荡的哲学运动,科学的实证主义把哲学的任务理解为逻辑分析,这是一种自然科学式的方法论学科。科学主义的统一科学运动也如火如荼的发展起来,在奎因等人影响下新的自然主义思潮产生,他们试图彻底将自然科学与哲学贯通起来,进而使得哲学认识论成为自然科学尤其是心理学的一个分支。以实证主义为基础的科学主义逐渐为西方社会普遍接受,成为社会思想的内在构架。自然科学成为社会文化诸多领域的最高的判断标准,人们希望用科学的标准来衡量人类其他文化成果如文史哲、政治、经济、法律等,并希望这些人文学科也具有自然科学一样的严密性、准确性、可预测性,这就是实证主义的科学主义运动思潮的典型观念。②

索雷尔在《科学主义》一书中明确界定了"科学主义"。他说:"科学主义是一种科学信念,特别是对自然科学的信念,它是人类学识中最有价值的部分——因为它是最具有权威,或者严肃性,或最有益处的部分。"③依据上面对科学主义的划分,其中最有影响的科学主义主要是指人们对科学方法的极端推崇的方法论科学主义,以至于人们甚至认为,只要掌握了科学方法就能在认识上获得真理,这保证了在实践上取得成功。这样,科学主义者不再对自然抱有传统的敬畏之心,科学在原则上可以解释一切现象,而技术可以解决一切问题。④ 在这方面,社会科学的学习与模仿积极性最高,他们都渴望通过方法论的引进可以实现一门新的社

---

① [法]奥古斯特·孔德:《论实证精神》,黄建华译,商务印书馆1999年版,第74页。
② 田松:《唯科学·反科学·伪科学》,载《自然辩证法研究》,2000年第9期。
③ Tom Sorell, *Scientism: Philosophy and The Infatuation with Science*, Routledge, 1999, p. 1.
④ 李侠:《解释学视域中科学主义的理论与实践》,载《上海交通大学学报》,2005年第5期。

会的自然科学,因为社会事实与自然现象一样,“不能自然而然地与人的智力相互渗透,不可能仅仅通过一种简单的心智分析来给出一个与它完全相符合的观念。只有离开大脑思维本身,通过观察、实验的方式,从事物最直接的外部性质开始,逐步地进入到最深的内部性质,才能了解它”①。

面对科学主义的扩展,哈贝马斯总结说:“科学主义或唯科学论就是科学对自己的信任,即坚信,我们不再把科学理解成为一种可能认识的形式,而是必须把认识与科学等同看待。为了事后巩固科学对自身独特价值的信念,而不是为了反思这种信念,以及为了在这种信念的基础上阐明科学的结构,既使用了经验主义的传统要素,又使用了理性主义传统的要素。”②所以,在科学主义看来,自然科学是人类唯一拥有的真正知识,而科学方法论则是获取知识的唯一正确方法。这样一来,人类社会面临的任何问题,包括自然科学之外其他所有研究领域,诸如哲学、艺术、历史、宗教、道德和社会科学等,以至于“自然科学领域的整体性方法、发现自然规律的可能性及其成果,极有力地鼓舞了某些人把发现规律的企图运用于作为整体来考察的人类社会领域”③。

首先,“科学主义实际上是一种特殊形式的理想主义,因为它把宇宙和关于它所说及的托付给一种类型的人类知识”④。这种理性立场表现为一种对客观性的追求,在他们看来,只有自然科学以其完全排除了人的主观性的面貌,显示出它作为人类认识自然所具有的绝对的真理性,而且,“是关于实在认识的唯一可靠来源”⑤。人们强调知识信念是对某种人类经验、生活或客观世界的反映,而至于科学知识,它是科学家在对自然界研究过程中形成的理论化、系统化的知识,并且在一定程度上,它反映了外部客观世界的真实面目。科学是一项理性的事业,利用它可以获得对自然的正确认识。这时的科学知识被视为客观的、严格决定论的、精确的、形式简单的。也正是由于这种客观的关于自然的绝对的科学真理观的影响,尤其是在科学主义心目中科学是绝对正确的,它可以作为人类知识的典范、真理的代名词,它要求我们不再把自然科学理解为知识的一种,而是把它与真理知

---

① ［法］迪尔凯姆:《社会学方法的准则》,狄玉明译,商务印书馆 1999 年版,第 2 页。
② ［德］哈贝马斯:《认识与兴趣》,郭官义、李黎译,学林出版社 1999 年版,第 3 页。
③ 梁锋:《哈耶克政治哲学研究》,知识产权出版社 2007 年版,第 74 页。
④ 魏屹东:《科学主义的实质及其表现形式》,载《自然辩证法通讯》,2007 年第 1 期。
⑤ 肖显静:《概论科学主义与反科学主义》,载《科技导报》,2002 年第 8 期。

识等同起来。①

其次,科学主义强调的是自然科学方法的万能性。普特南这样写道:"许多哲学家一直相信,科学活动是通过遵循一个独特的方法进行的。如果事实上真有这样一种方法,借助于它,一个人可保证发现真理;如果其他方法都没有发现真理的真正机会,并且,如果正是科学且唯有科学对这种方法始终如一的运用,才能说明科学的非凡成功和非科学领域的无休止争论,那么合理性(如果有这样一种东西)也许应该等同于这种方法的拥有和运用。"②科学的合理性,首要就在于科学方法的客观有效性,按照巴伯的说法就是科学方法是达到知识的唯一可靠的路径。科学知识的可靠性正是源自科学方法论的客观性和中立性。③ 从科学科学研究过程和方法来看,这正是科学合理性的最根本特征,也是我们理解科学主义的最常见视点,对于这种情况,劳丹写道:"方法论规则使得科学共同体形成一致性的看法。"④

再三,对科学精神的推广。哈耶克(Hayek)指出:"所谓正确的运用理性,我是指那种承认自我具有局限的理性,这是一种能够进行自我教育的理性,它要正视经济学和生物学所揭示的令人惊奇的事实所包含的意义,即在未经设计的情况下生成的秩序,能够大大超越人们自觉追求的计划。"当然,哈耶克对科学主义持批判态度,认为科学主义是一种在社会科学中"对科学方法和科学语言的奴性的模仿"⑤。一般而言,科学主义所强调科学精神,也就是科学的理性精神,这也是近代自然科学发展给人类社会带来的重要思想财富,科学的价值本身就成为社会和现代职业道德的一个组成部分。因此,我们不仅仅要推广和普及科学知识,更

---

① 科学知识在现代社会中具有特殊的地位是科学现代性的核心内容,托比·胡弗将这种特殊地位直接为如下几个方面:(1)"科学专家的知识主张在公共话语中,特别是在公共卫生和私人健康问题上被赋予了头等重要的地位";(2)"科学专家的专家证人,获准在法庭上证明那些对外行而言晦涩难懂的深奥话题";(3)"科学研究拥有特权。也就是科学的正统权威准许研究者观察、甚至公开描述某些生活领域,这些生活领域或是出于隐私的考虑而常常避开公众视野,或是出于道德或宗教上的顾虑而被列入禁区。"参见[美]托比·胡弗:《近代科学为什么诞生在西方》,北京大学出版社 2010 年版,第 7—10 页。

② [美]普特南:《理性、真理与历史》,童世骏、李光程译,上海译文出版社 2005 年版,第 210 页。

③ 李侠:《解释学视域中科学主义的理论与实践》,载《上海交通大学学报》,2005 年第 5 期。

④ L. Laudan, *Science and Values*, Berkeley, University of California Press, 1984, p. 6.

⑤ Hayek, "Scientism and the Study of Society", *Economica*, 1942(ix), p. 269.

需要推广知识背后的科学方法和科学精神，这才是完整的科学文化。①

事实上，科学主义也体现了现代性逻辑极端发展的一个特色。在科学、技术在现代社会的一体化发展过程中，技术理性成为近代理性精神的支配性维度，占据了整个科技文化的核心位置。赫勒很好地指出了这一问题，“技术逻辑”在现代性之中具有主导性，较之于“地位的功能性分配的逻辑”和“政治权力的逻辑”，“只有技术的逻辑实际上变得（经验地）普遍了，有各种社会力量为一种或多种‘可选择的技术’提供了模型”。② 技术理性主导下的科学文化和自然科学的发展导致了科学主义的独断地位。罗素说：“在科学技术的激发下产生的各种哲学向来是权威哲学，往往把人类以外的一切事物看成仅仅是有待加工的原材料。”③在这种理性精神的支配下，科学主义对自然的敬畏之心完全消除，因为其可以解决一切问题，技术或科学至上也使得人本身工具化了，这就是法兰克福学派的技术异化问题：“连续不停的技术进步的动态，已经充满了政治内容，技术的逻各斯已经成为继续奴役的逻各斯。技术的解放力量——物的工具化——变成自由的枷锁”。④ 在普遍性的意义的失落和价值衰落的危机中，人们也感到了焦虑、躁动和迷惘。由于科学主义在科学精神和人文精神关系上的片面性，导致了科学主义与人本主义对立的产生，进而造成了科学精神和人文精神的严重分离，也给人类社会的健康发展带来了消极的后果。科学主义对外在形式化、物质性层面的强调，对精神、心灵等内在化的相对漠视，构成现代社会的一对矛盾。⑤ 从对自然界的信心到自我信心的膨胀，最终促使心灵的空虚和异化，即“沉落到与任何人无关的无底洞中去了”⑥。应当肯定，科学作为人类精神活动的产物，对人类社会的进步确实具有巨大的推动作用，但唯科学主义对科学提出了过于广泛的期望，这同科学自身的精神气质是相违背的。

### 二、真理的追求与生活世界的缺失

现代性把人从现实生活实践中抽象出来，变为单纯的理性认识者，甚至抽象

---

① 即使是现在我们的社会科学教育，还有这方面的问题，例如普遍受到批评的灌输性教育正是只以纯粹科学知识的传授为目标，而知识之外的文化因素在教学中有意无意被过滤掉了，科学方法和科学精神的确成为教学的盲点和不足之处。

② [德]阿格尼丝·赫勒：《现代性理论》，李瑞华译，商务印书馆2005年版，第98页。

③ [英]罗素：《西方哲学史》，马元德译，商务印书馆2005年版，第380页。

④ [美]马尔库塞：《单向度的人》，张峰、吕世平译，重庆出版社1993年版，第30页。

⑤ 李侠：《解释学视域中科学主义的理论与实践》，载《上海交通大学学报》，2005年第5期。

⑥ [德]卡尔·雅斯贝斯：《时代的精神状况》，王德峰译，上海译文出版社1997年版，第126页。

化为纯粹的意识者。而把人类知识(认识)从日常生活中单独独立出来,成为具有绝对性、客观性的实体"理念"的,正是西方柏拉图主义的理性主义哲学传统。到了近代,笛卡尔的"我思故我在"传统一直是西方哲学的基本理路,也是理论哲学的主要特点。具体来说,笛卡儿这一理路有两条线索,一是从自我出发,从自我封闭的纯粹意识主体出发去建构认识论体系,在抽象的主体意识中寻求知识客观必然性的基础和条件。笛卡尔的"我思"、康德的"先验主体"等都是由此出发,对关于普遍、必然、永恒客观知识的主观条件的思考,都属于这一思路。另一条则是要从外部的客观世界作为出发,首先在肯定外部实在的存在于客观性基础上,站在自然之外进行观察,以便镜式地反映自然的本来面貌,实在论、唯物论或自然科学基本都属于这一理路。这两条思路又共同构成了整个的西方哲学知识论传统,都把认识定义为人类主体对客观实在的某种镜式反映,其差别也主要在于认识过程中对主体能动性强调上的不同。这种理性主义传统暗含了人类理论活动的优越性和首要性,这仍是古希腊哲学的一大传统,理论至上的观念承认了人类认识具有一种独立于人类其他实践活动的特殊地位,我们可以通过静思在理论中把整个世界构造出来,这甚至决定和指导着人类的现实生活。简单而言,这种哲学观点坚持了一种理论优先的基本态度,这样也就将理论或科学世界放置在了实践或现实活动之上,而不是将人类知识简单视为人类社会实践的产物之一。

(一)现代性与现代科学的形而上学特质

近代自然科学模式随着科学在现代社会中取得的巨大成功很快就被"意识形态化"了。人们把自然科学当作其他一切文化门类(包括历史学、社会科学和各种人文科学)的统一模式和范本,将科学世界看作人类生活世界的典范,生活世界即使不被完全还原为科学世界,但科学世界也是我们生活着的世界的理想状态。与之相应,科学认识论理应成为典型的认识论样本,日常生活中认识活动的"标本"。但这种认识论思维背后的预设却造成了传统知识论在追求真理的同时,却遗忘了科学的现实性基础:人类的生活世界,致使主客分离、事实与价值分离。由此也产生了近代以来唯理智主义的科学观,一种强调静观、"上帝之目"形式的科学观。为此,我们还需要在进一步结合现代性与自然科学的关系揭示自然科学的一些形而上学特性。

从理论形态和内容上看,知识实在论表现出浓厚的基础主义色彩,它强调知识必须建立在某种客观基础之上,这样知识大厦就可以搭建得足够坚实。施泰格缪勒说过,西方哲学一直都在试图为人类知识寻找一个最根本的、绝对的不容置疑的阿基米德点,因为世界必然有一个终极的本质,而只要哲学家将这一本质和意义揭示出来，一切问题就可以迎刃而解。所以，哲学一直试图为人类的知识划定一个合理的界限，为科学知识确立一个稳固的基础，柏拉图的理念论是早期基础主义的代表，柏拉图把理念看成是万物的基础，个别感性的事物得以存在乃是由于模仿或分有了理念；而笛卡尔则是近代基础论的典范，笛卡尔把"我思故我在"作为其理论的出发点，确定知识的可靠基础，解决科学知识的可靠性与合理性问题。按照伯恩施坦对基础主义的说法，近代认识论在将把人与世界分离开来的主客二分过程中，奠定了近代基础主义的传统。

事实上，西方近代哲学在笛卡尔和培根那里就已开始确立的认识论哲学，正是通过追寻一切知识的可靠基础来回答怀疑主义的挑战。其中，笛卡尔开创了唯理论传统注重以数学——逻辑为典范的知识基础，而培根开创了经验论传统则关注以观察和实验为典范的知识基础，这两个传统的相互论战铸造了近代认识论哲学转向的基本形态，其总体结构就是一种"镜子哲学"或"心灵哲学"。心灵就是"自明性的"，理性意义上的心灵为认识和科学奠基。① 而且，哲学家们也并不否认他们在这里将认识活动理想化了，但他们认为这是理解认识活动所进行的必要抽象，是具有合理性的。在这种思想的指引下，自然科学知识不单是某种"映现"对象的"镜子"，而人本身也被看作成"镜子"，镜式反映成为哲学家对科学认识活动设想的一个理想模型。这样，"关于心的科学比关于物的科学"更基本，具有奠基性。②

现代性逻辑首先赋予客观主义理想给科学。客观主义以绝对的客观性为知识之理想，强调科学是建立在一些根本性的前提、预设基础之上的，科学是一项客观性的事业，由此我们必须尽量排除各种人为因素、社会因素的影响。从"所有科学教育以及研究的基础与前提，就是科学家要承认存在事物的普遍本性的信念"③可知，实在论重点要强调科学认识的"非个体性"特征。因为人类认识、科学研究过程中的所有个体性的成分都被视为有悖于客观主义知识理想的否定性因素，即使难以彻底根绝的话，也应该尽量克服、减少，科学研究应当是一个冷静客观，排除情感纠缠的过程。波普的证伪主义就是这种观点的典型代表。波普主张，科学家不仅应该对科学猜想的结果持中立的态度，而且应当设法来反驳它，科学家对于自己所提出的猜想应该不偏不倚、公正处之，这就是"以绝对的客观性为

① 田海平：《镜子隐喻与哲学转向三题》，载《学术研究》，2002 年第 1 期。

② 田海平：《镜子隐喻与哲学转向三题》，载《学术研究》，2002 年第 1 期。

③ M. Polany, *Science, Faith and Society*, The University of Chicago Press, 1964, p. 11.

知识之理想”的“科学的超然品格”①。

从研究对象来看,科学研究的对象是客观存在的自然事物,它所极力消除的就是在研究自然过程中所体现的人的痕迹,以便达到绝对客观性的程度,科学家“强调物质世界对表象结果的影响,并缩小其中人类力量的作用”②。这样,在自然世界与科学理论之间,就达到了某种互通,科学知识直接反映了自然实在的规律,而个人的因素是科学研究需要摒弃的成分。另外,从科学科学研究过程和方法来看,科学建立在使用精确的观察——实验方法基础上,它在实验上具有严格的可重复性、可预言性,因此它与人的主观愿望、个人私利等价值因素无涉,这正是知识实在论的最根本特征。③

再者科学成为理性主义的典范。希斯芒多在《没有神话的科学》(*science without myth*)中总结说,实在论有时也被赋予“理性主义”的立场,它宣称理解科学就是要理解一种由个体科学家们所运用理性方法的过程。理性主义把科学的核心工作看作是统一的方法论,并且这种方法在科学家决定、选择数据资料过程中已被验证了。从理性主义的立场来看,对科学核心部分的研究是逻辑和传统认识论的领域,并且与任何类型的社会分析都是无关的。④ 这种理性主义还表现在传统哲学对科学发现领域和科学辩护领域严格区分,将科学发现排除在了认识论研究之外。因为人们认识到在科学发现过程中,并不存在或者至少是还没有发现有客观的规律性、能够支配科学家理论探索活动的程序和规则,科学发现并无规律可循,这一过程更多地表现为一种非理性的精神状态,每一个科学发现都包含柏格森的创造性的直觉。所以在实在论看来,科学发现是科学家主观的性的过程,它只适合于描述,只跟科学家的个人心理特征和相应的社会环境因素有关,科学据此成为一种理性的事业,科学合理性以科学方法论作为基础。⑤ 在排除了科学发现问题以后,科学哲学的任务就只是对剩下部分的理性分析。而社会建构主义得以发展起来,更多正是利用了被理性主义排除在外的科学发现境遇的研究,从而也使得非理性因素渗透进来。

从西方传统来看,人一直被视为理性的动物,他有求知的本性,并且能够通过逻各斯(言说、表达)表现出来,在这个传统中,语言(逻各斯)和“心灵”是映射外部实在的“镜子”,知识和真理问题都被归结为理论准确再现的反映问题,即使是

---

① 郁振华:《克服客观主义》,载《自然辩证法通讯》,2002 年第 1 期。
② Sergio Sismondo, *Science Without Myth*, State of University of New York Press, 1996, p. 5.
③ 费多益:《略论科学合理性的演进趋势》,载《哲学动态》,2000 年第 7 期。
④ Sergio Sismondo, *Science Without Myth*, State of University of New York Press, 1996, p. 8.
⑤ 费多益:《略论科学合理性的演进趋势》,载《哲学动态》,2000 年第 7 期。

后来语言哲学也在某种程度上“遵循了镜子隐喻”。① 这种镜式实在论的认识论，确立了客体(外部实在)在人类认识中的决定性地位，因为无论认识主体是谁或者是什么社会团体，他(们)都要通过一定的科学方法认识客观外物，作为对象的自然物对于每一个认识者而言都是同样客观的，这也是近代自然科学研究重要的信念前提，因为如果不同认知者对同一事物会有不同的认知内容，那么科学研究也就失去了意义。

这种以绝对主义、客观主义和理性主义为基础的近代认识论在整个近代文化领域占有重要地位。这种现代性早期产物的认识论观念产生了两个方面的影响：其一是对科学认识过程和结果的客观性追求，这固然没有问题，但其发展轨迹却逐渐走向了对人能动性的压制和无视；其二是无意中助长和推动了科学主义的兴起和发展，从此人文学科渐趋衰落。这也是近代文化的一个显著特色。而另一个伴随而来的重要观念是进步主义，“对启蒙现代性而言，时间是简单的、绝对的连续性”②。无论是在自然科学对时间的理解，还是对人类社会的理解，线性进步或者是螺旋式进步观念是根深蒂固的，这在科学认识论方面表现为一种积累性或归化式的科学发展观，在社会哲学方面则表现为乐观主义的社会进化观。为此，从技术层面来讲，在人类文明进程中，“存在—时间”最终还是被纳入了技术谋划，人要主动地改造事物这需要从根本上控制事物的时间节奏，“存在—时间”被改造为“技术—时间”，后者是社会生产的必要条件：“技术—时间”成为马克思所说的“劳动时间”，柏格森所说的“物理时间”，海德格尔所说的时钟时间或者布迪厄所说的科学时间。③

(二)形而上学认识论的困境

形而上学一直是近代哲学的主导性思维方式，其最初形态仍有古代的本体论思想的冲动，它想直接通过某种外部的自然物或超自然存在(如理念)来说明世界的本质问题，因此，追求世界的终极实在奠定了这种形而上学的根本基调。近代，西方哲学实现了由古代本体论向认识论的转向，但这种转变并未由此消解哲学的形而上学追求和内在理念精神，而只是随着时代的变化采取了认识论的表现形式。可以说，近代哲学是以认识论形式表现出来的一种形而上学的努力，这种一

---

① 田海平：《镜子隐喻与哲学转向三题》，载《学术研究》，2002 年第 1 期。

② Ronald Schleifer, *Modernism and Time*, Cambridge University Press, p. 37.

③ 郭洪水：《存在—时间、技术—时间与时间技术的现代演变》，载《哲学研究》，2015 年第 7 期。

脉相承的形而上学开始"脱离生活实践而抽象化"①。这种抽象性的发展最早表现为一种朴素实在论的产生,古代朴素实在论观念也随之发展为近代认识的实在论,可以说,西方形而上学思维在实在论中体现得最为充分,它是现代形而上学思想的最典型代表。

传统认识论的最大特点在于,坚持外部实在是完全超越于人类主观意识而存在,外部世界能以图像或者符号的形式反映于我们的意识之中。从思想理路来看,这正是现代性逻辑发展的产物:近代认识实在论得以成立的基础就在于哲学主客二分传统的确立,二元论正是认识实在论展开理论论述的根本前提。古代哲学都带有朴素实在论的特点,人们普遍认可外部世界的客观独立性,人类知识基本反映了这个世界的面目,但这是一种朴素的实在论。近代科学革命后,科学发展起来,这种朴素实在论观念进一步得到加强。在科学家看来,实实在在的研究对象,数学方程的推演,以及所得出的可以事后验证的预言,都保证了科学理论是对自然界基本属性的终极描述。在科学研究过程中,来自客体的信息能够不失真地传达到主体,作为主体感觉器官延伸的测量仪器不会破坏或者改变客体的存在状态,并且主体对客体信息的语言表达与客体属性之间存在着真正确切的归属对应关系。这是近代以来认识论符合说的基本思路。此外,科学方法的客观性也是保证主体信念与客体对象之间存在符合关系的关键。② 因此,泰勒也专门提到了这种经典的关系问题:"人类世界的实在性和可靠性基本上依赖于这样一个事实:我们被事物包围着,而这些事物比生产这些事物的行为更为恒久。"③

这种常识观点助长了科学主义的兴起,并相对地贬抑了对人本学的研究,因为它明显地把人自身因素在认识中所起的作用搁置到了次要的位置上,甚至排斥在认识过程之外,这是认识论的一个显著的特点。认识论研究的是纯粹认知内在方面的过程,而外在环境诸如社会、意识形态等只是一些干扰性因素。④ 相对于古希腊时期的实体思维方式,传统的形而上学思维方式并未受到近代新观念的根本性冲击,依然占据着主导地位,只是形而上学在表现形式上实现了转换,事物的形而上学让位给了知识的形而上学,最后以至于近代认识论实质上是以科学性的陈述表达出的形而上学。⑤ 当人们习惯这种观念之后,世界观发生了转变,"这一宇宙为同一基本元素和规律所约束,位于其中的所有存在者没有高低之分。这就

---

① 李淑梅:《马克思主义认识论对形而上学的超越》,载《教学与研究》,2002 年第 12 期。
② 程素梅等:《展望实在论的演进趋向》,载《自然辩证法研究》,1999 年第 4 期。
③ [加拿大]查尔斯·泰勒:《现代性之隐忧》,程炼译,中央编译出版社 2001 年版,第 8 页。
④ 程素梅等:《展望实在论的演进趋向》,载《自然辩证法研究》,1999 年第 4 期。
⑤ 李淑梅:《马克思主义认识论对形而上学的超越》,载《教学与研究》,2002 年第 12 期。

意味着科学思想摒弃了所有基于价值观念的考虑，如完美、和谐、意义和目的。最后，存在变得完全与价值无涉，价值世界同事实世界完全分离开来”①。

由于传统认识论有意无意之间参照了自然科学的研究样本，而以主体与客体的二元对立为认知前提，传统认识论的对象即外部世界是以主、客体的分裂、对立为特征的。近代科学认识也基本延续了这种进路，科学家作为主体，研究对象即为客体。② 传统认识论正是在这种主体与客体二元对立的前提下，具体探索科学意识的具体思维过程和特征等问题的，这里面的关键包括感性意识、知性意识、理性意识以及它们和外部实在的关系问题。在这种二元对立中，人的意识与方法论问题成为研究和关注的重点，但在科学不断取得成就和成功面前，人们只得在没有得出结论的情况下承认其他文化领域已经落后于科学的发展。特别是随着自然科学自身理论形态的成熟，这一特殊文化门类逐渐摆脱其他文化门类（主要是人文文化门类）的制约，走上“文化霸主”的地位，传统认识论兴盛和发展起来，开始为这种可见的科学做出辩护。③

在心灵与信念方面，人们将知识视作一种信念，而且是对一命题为真所持有的一种信念，知识是对真命题的认识。信念（belief）是指认知者通过表象或其他某种心理意象来表征关于世界的心灵状态，它更多表现为一种罗素所谓的“命题态度”（prepositional attitude）。我们对其基本结构的理解主要是要断定表达了某个主体与命题之间的关系：认知主体人 s，命题 p，这种信息的产生至少部分地取决于它表象世界的方式，“某种心理状态”。正如阿姆斯特朗强调的倾向性、意向性一样，人类的信念首先是一种与某些事情“相关”的状态。通常人们还进一步把信念客观性归结为一种实在论的依据方面，因为传统哲学认为，客观性与实在、真理是紧密相连的，知识的真理性正是根源于认识的客观性，而事物、自然知识的客观性在于它是实在的，不依赖于任何人和意识独立存在的。④

这种认识论在本质上表现为一种客观主义认识论。具体来说，这是一种知识的客观性理论，这种知识客观性主要是指一种纯粹自在的，它可以完全独立于人的存在与活动的柏拉图理念式的知识信念，知识信念或命题态度和主体自身的心理、意识等无关。人们通常所说的“感觉是客观世界即世界自身的主观映像”，正

---

① [法]柯瓦雷：《从封闭世界到无限宇宙》，邬波涛、张华译，北京大学出版社 2003 年版，“导言”第 2 页。

② 王攀峰：《现代教学论的发展趋向》，载《首都师范大学学报》，2007 年第 6 期。

③ 丁立群：《生活世界：一个非经典认识论领域》，载《天津社会科学》，1997 年第 4 期。

④ Noah Lemos, *An Introduction to the Theory of Knowledge*, Cambridge University Press, 2007, pp. 2—9.

是描述了这种客观主义的认识论观点。对于科学研究或实验者而言,研究内容是对外在实在属性和规律的探究,研究对象的属性和规律和认识主体的存在没有关系。科学研究事实上就是主体不断要获得客观知识的过程,在此期间,科学家必须要保持自己立场和观念的客观性,以保证所获得知识与其研究对象的相符合。这就是我们后面要重点分析的符合论问题,它是朴素实在论坚持的一种真理符合论。所以,科学知识的客观性是在强调与人为因素的无关性,科学方法保证了科学认识的客观真理性,"客观意义上的知识同任何人自称知道完全无关;它同任何人的信仰也完全无关,同他的赞成、坚持或行动的意向无关。客观意义上的知识是没有认识者的知识:是没有认识主体的知识"①。一言以蔽之,这种认识的客观性是指认识与对象符合一致:"客观性概念是通过真理之路上的一块路标。……现代科学的首要特点是它对公开的可确定知识的依赖;最重要的是,它的真理是公开的。"②客观的科学知识在过滤了主体、社会等主观因素之后,其客观性就犹如罗蒂的自然之镜比喻,借助于科学活动的一面巨镜,我们可以把所有的偶然、非理性和私人化的东西全部消除,从而成为波普尔意义上的"没有认识主体"的认识论。

但在这种科学成功从宏观可见领域逐渐走向微观和宇观新领域的过程中遇到了问题。尤其是随着科学研究手段的不断改进,现代科学的视野已经远远超出了人类可以直接感知的范围:从宇观到微观人们都可以借助科学仪器呈现出来。但这是否同时也意味着科学认识对象只是"通过逐步接近而不断地建构"的呢?③因为测量仪器亦成为微观世界的一种特定环境,根据测不准原理,诸多的微观粒子具有了不同于宏观物质的属性,在这种情况下,传统认识论观念受到巨大冲击,其背后的形而上学立场遇到前所未有的表述危机。

但是,把科学认识的客观性的基础归结于外部世界,这是诉诸实在论最惯常的一种思路,也是最符合人们直觉和常识的方法。客观知识是符合外物实在的信念知识,真理就是与外部实在的相符合,这是认识论的最基本内容,同时也是它的最大问题所在。这是由于外物实在的无法证明问题,前面我们已经提到,朴素实在论单纯从近代主客二分认识论立场出发,却给其理论主张本身也带来了难题,因为人们仍然面临着如何给出外部世界独立性方面的一个令人信服的论证和说

---

① [英]卡尔·波普尔:《客观知识》,舒炜光等译,上海译文出版社1987年版,第117页。

② [美]罗杰·G. 牛顿:《何为科学真理:月亮在无人看它时是否在那儿》,武际可译,上海科技教育出版社2001年版,第218页。

③ 程素梅等:《展望实在论的演进趋向》,载《自然辩证法研究》,1999年第4期。

明。如在新实在论看来,这就是所谓的“在我中心的困境”①,培里认为这种“自我中心困境”是存在的,而且是无法克服的。从实在论的立场看,自我中心困境的存在本身,当然就意味着处于认识关系中的主体不可能证明事物独立于人的认识而存在。不管我们提到什么事物,都无一例外地把它变成了一个观念,主体所提及的任何事物,事实上都只是作为他的观念、认识或经验的对象而跟他发生关系的。在此意义上,培里的观点和罗素基本一致,也就是,在某种意义上我们必须承认,除了我们自己和我们的经验,我们永远不能证明外部事物的存在。②

与之另一个相关的问题是方法论争议。劳丹描述说,事实上在 20 世纪后期以来,“科学方法论(scientific methodology)看起来是已陷入了困境。方法论曾经为自己在科学哲学中的拥有的地位感到骄傲,但现在许多人对它的前景感到怀疑”③。“方法论崇拜”面对着诸多理论难题。

第一,经验决定的不充分性问题(the thesis of underdetermination),即理论与经验关系的复杂性问题。所谓经验决定的不充分性就是说,科学理论是在观察经验的基础上归纳得到的,但有限的观察经验却不足以决定哪个科学理论为真,由此我们可以从同一组观察事实之中发展出不同的相互竞争的理论。④ 正因如此,经验决定理论具有不充分性的特点,因为我们有关自然世界的理论总是从有限数量的经验现象中总结出来的,而理论则超越了我们对现象观察的有限性,换句话说,我们的理论是被我们所有可能的观察所不充分决定的,我们注定有在经验上等价但逻辑上不相容的理论存在。其实奎因早就指出:“边界条件即经验对整个场的决定是如此不充分,以至于在根据任何单一的相反经验要给哪些陈述以再评价的问题上是有很大选择自由的。除了因为影响整个场平衡所发生的间接联系,任何特别的经验和场中的特别陈述都没有什么联系。”⑤奎因认为经验证据对理论判断的决定是不充分的,即经验决定具有不充分性和不确定性,理论与经验的矛盾问题是科学方法论面对的一个主要难题。

经验决定的不充分性问题认为,在有限的经验基础上,人们可以建立许多个

---

① 认识主体不能将自己排除在认识活动之外,一个人不能想到事物离开意识而存在,因为一想到它,事实上就把它置于意识之内了。一个人能说出的任何事物,都是作为他的观念、认识或经验的对象而跟他发生着关系的。主体意识中的对象,总是和主体的意识本身同时并存、不可分割的困境被 R. B 培里称为“自我中心的困境”。

② 王天恩:《自我中心困境问题的成因及其实质》,载《江西社会科学》,1996 年第 4 期。

③ Larry. Laudan,“*Progress or Rationality*?”,*The Philosophy of Science*, Oxford University Press, 1996, p. 194.

④ Laudan L, *Science and Relativism*, the University of Chicago Press, 1990, pp. 69—70.

⑤ W. V. Quine, *From A Logical Point of View*, Harvard University Press, 1964, p. 42.

在经验上等价的理论或假说。但劳丹和利普林(J. leplin)却认为,没有理由去假设所有理论都有在经验上真正等值的假说,即使两个理论在经验上是等值的,这也并不意味着它们同样都能得到很好的证实。人们没有理性的根据选择"经验等值"理论中的一个,理论、观察实验结果和方法论原则之间并没有绝对分明的界限,科学原理、假说、观察陈述、背景知识等并不是整齐划一的逻辑对象,所以,经验证据决定理论选择在逻辑上存在着难题。

第二,"历史主义"的"元方法论命题"(MMT)对传统科学方法论带来了巨大冲击。① 这种思想主要来自历史主义,"近年反对方法论的最有影响的论证大概根源于所谓'历史主义的转折'"②,以及之后发展起来的科学知识社会学。库恩、费耶阿本德等人力图从"历史史料本身展现出来的科学观"来揭示"真实的科学状况",以反驳传统哲学的科学观。他们论证说,我们关于科学合理性的种种"哲学概念(体现在各种我们熟悉的科学方法论中)完全没能把握科学中伟大历史成就的合理性",这些"历史主义者"声称规范主义的科学哲学违背了科学的历史事实。例如,"伽利略、牛顿、达尔文、爱因斯坦等科学巨匠与哲学家所提出的理论评价的方法论规范相悖"③。所以,科学哲学的规范主义合理性的重建性既不应该也无必要。

第三,库恩、费耶阿本德等人借用了"不可通约"概念指出,传统理性方法论的独断性。库恩认为,经验和逻辑不足以构成理论选择的实际标准,这只是哲学家的理想而已,它与历史事实不符。历史上科学革命时,科学家持有根本不同世界观,对于理论选择,他们不可避免地会以不同的角度看待观察或实验证据。这样一来,决定选择结果的绝不能仅仅靠逻辑和经验,"新理论替代旧理论的革命性过程,在替代过程中旧理论应对不了逻辑、实验、观察所提出问题是尤为重要的"④。齐曼评价说,"在相互竞争的模型或类比之间的选择不可能在逻辑上自动的实现:它最终取决于人类的评价。这种选择常常通过某种'约定'或社会性理解(即只有某个特定的系统应该被传授和使用)来解决。这样,约定主义就为认识论上的相

---

① 所谓"元方法论命题"(meta - methodlogy thesis),简单而言就是指"任何科学方法论都必须以说明过去科学家的方法论选择是合理的"作为判断标准。通过"元方法论命题",历史主义把"科学史在这幅图像中起的中心作用"发挥到了极致,强调判断方法论合理性的标准是与历史事实相符合。

② Larry. Laudan, "Progress or Rationality?", *The Philosophy of Science*, Oxford University Press, 1996, p. 195.(另见 L. 劳丹、朱志方:《进步还是合理性》,载《哲学译丛》,1992 年第 1 期)

③ Larry. Laudan, "Progress or Rationality?", *The Philosophy of Ccience*. Oxford University Press, 1996, p. 195.

④ T. Kuhn, *Essental Tension*, Ch. U. Press, 1977, p. 267.

对主义打开了大门。知识社会学的基本原理之一就是,不同的社会群体在他们描述生活事实时,相当自然、相对合适地采用不同的概念约定”①。

费耶阿本德则直截了当地否定了经验事实在理论选择中的重要作用。他明确指出“新思想的效忠必须靠论证以外的方法来达到”,科学理论正是靠着各种非理性因素支持与实验结果相矛盾的假说的产生和发展,必须靠宣传、鼓动、特设假设和诉诸各种成见这样的非理性方法达到。在他们看来,科学知识、方法的标准也都是相对的,都是随着范式的不同而改变的。② 当科学范式发生改变时,决定各种问题和提出的各种解答的合法性准则等方面通常都是有重要变化的,科学家获得成功正是因为他们摆脱了所谓“理性的规律、合理性的标准或永恒不变的自然规则”束缚的结果。事实上,库恩对传统科学观的批判隐含了另一条理论思路,即自然主义进路。因为在库恩看来,科学的发展是一个类似于生物进化的过程,众多的科学理论只有通过生存竞争、自然选择的过程而进化和发展的。这是一个自然发生的过程,所以应将科学像自然现象一样对待。库恩《科学革命的结构》发表后的科学哲学发展有了一个比较明显的转向,那就是向自然主义的转向,从此越来越多的科学哲学家开始提倡自然化的认识论,普特南所谓的“科学方法论崇拜”也被“自然化”了。

第四,社会建构主义进一步解构了传统方法论的神圣地位。“存在科学方法吗?”这是社会建构主义对科学权威性提出挑战的关键一步。因为传统认识论对科学知识的推崇,其重要原因就在于它认为自然科学以客观、有效科学方法作为保证。科学理论的严密逻辑性是知识客观性的根本保证,在传统认识论看来,对外部自然的经验研究,只有在科学的方法原则的指导下才能不断接近自然,揭示自然的真面目。在确定科学事实时,科学家就需要通过客观的观察和实验从自然界发现相关的科学事实,作为科学研究的出发点;在得出科学理论的过程中,科学家又必须遵守一定的研究规则,禁止自己主观思想对理论产生影响;在科学理论的争论和证明过程中,科学理论正确与否是要通过判决性实验,实验的可重复性来判断,不能凭借科学家的个人意愿决定。

针对传统科学方法的客观性主张,社会建构论试图将它纳入社会解释之中,从而取消科学方法论的特殊地位。在这方面具体而言,社会建构主义目的主要在于对科学理论的逻辑结构、客观逻辑方法、实验在检验真理时的权威地位的否定。

---

① ［英］约翰·齐曼:《元科学导论》,刘珺珺等译,湖南人民出版社1988年版,第80—81页。

② Larry. Laudan, “Progress or Rationality?”, *The Philosophy of Science*, Oxford University Press, 1996, p. 194.

社会建构主义重要和最困难的任务就是要对逻辑的强制性进行社会学的说明。这是一个将理性的、不证自明的“逻辑”划归于社会“协商”(negotiation)的过程:“推理中所表现出来的强制性特征,是社会强制性的存在方式。”一般来说,社会建构主义的基本思路是借鉴了人类学家普理查德的“阿赞德人逻辑”问题进行了论证。根据阿赞德人(Azande)的看法,巫术物质是带有遗传性的,可以由父亲传给儿子或母亲传给女儿。当一个人被确认为巫师后,我们根据自己的逻辑就会说,这个人的后代全部都是巫师,反之,其后代就都不是巫师。但人类学家发现,情况并非如此,阿赞德人认为只有那些与已知巫师具有密切关系的人才是巫师。布鲁尔根据普理查德的解释指出,阿赞德人总是优先考虑与巫术有关的、特殊的并且是具体的情况,而不是优先考虑一般的抽象原则来说明问题。显然在阿赞德人看来,只要有一个巫师存在,这个部落的所有人都是巫师是不可想象的,也是不可能的,所以,“既存在着阿赞德人的逻辑,又存在着一种西方的逻辑”。布鲁尔又以欧拉的“$V - E + F = 2$”公式为例指出,数学证明远非人们相信中的那样牢不可破、具有完全的严密性,“人们必须对它进行创造和协商。只有创造出各种定义组成的详细构造,定律的证明和适用范围才能得到确定”①。在社会建构主义看来,即使是最严密的数学论证也受制于社会协商的决定。

面对“观察实验可重复性”的实在论主张,社会建构主义吸取了维特根斯坦的思想,强调正如不存在私人规则一样,也不存在私人发现:“要使发现成为一项‘发现’,就必须建立起新的公共规则。”②科学知识的社会说明优于逻辑和证据。自然界与导致科学家理论主张的原因无关,而社会学家应建立在经验证据的基础上,对实际科学过程以经验为基础进行研究。选择当代科学争论的案例,采用访谈、参与观察接近科学实践。把社会视为真实的、我们拥有充足事实理由的事物,而把自然视为某种或然事物(一种社会建构而非真实的事物)。否定经验资料、重复实验起不到判决性作用,具体考察科学家实际上如何结束科学争论,把争论的结束与社会因素连接。

科学家要将自己的科学发现,诉诸观察、实验的可重复性,把它们视为科学判决的最高法庭,但作为划界标准和进行实际检验是两回事,因为只有当发现存在置疑时,可重复性才成为检验标准。所以,实验的可重复性不是一个实验问题。科学事实并不能自己决定支持哪一理论,实验结果的可重复性本身就是社会协商的结果,科学争论结束机制是社会的,不是实验证据,而是处于认识网络中部分的

---

① D. Bloor, *Knowledge and Social Imagery*, The University of Chicago Press, 1991, pp. 139—151.

② H. Collins, *Changing Order*, London: London & Beverlyhills, 1985, p. 18.

科学家。为此建构主义具体考察科学家实际上如何争论、协商直至科学争论结束的过程，如在当代科学争论中，他们以20世纪50年代的生理学"可食用记忆"(edible memory)事件为例详细论证了理论与社会环境科学实验之间的关联。在这场争论中，最初的可食用记忆主张得到了很大发展，一大批生物学家都加入了这项研究工作，但随后其反对者也开始出现，双方展开了激烈的争论。不过，在这场争论中并没有出现期望中的判决性实验，也没有突破性的理论成果提出。

所以，这种争论没有像传统观念认为的那样，自然或实验在其中并不扮演什么角色，而这场争论只是"因为可食用记忆的拥护者之一去世后，另一拥护者的工作最后被同事认为是与之无关的而使其实验室因缺少资源而关闭"。在现代科学，社会、物质因素起到的作用越来越大，拉都尔又以脑垂体激素性质争论为例指出："他们要求建立更多更复杂、装备更好的实验室，直到一方无法承担这'用于战争的军队装备'为止。"这样在拉都尔看来，科学家与科学知识的力量就来自于科学资源调动与力量的较量，获胜者就成为"客观的"，而在所有这些重要科学争论中，自然界和实验显然没有起到判决作用，它只是与当时社会因素相关联，受各种社会利益的驱使。这样一来，科学"争论的解决是自然表述的原因而非结果，我们就不能在用结果——自然——来解释一个争论是如何和为什么解决的"①。这样，建构主义又将问题拉回到了社会方面，用社会的秩序网络说明科学观察、实验在科学活动中的实际作用：实践中规律如何确定下来，"不是世界的统一性影响我们的意识，而是我们体制化的信念的统一性影响世界"②。

（三）基础主义与符合论难题

现代性是一种本质主义。所谓"本质"，就是必须在理性的面前能够证明自己存在的合理理由，实际上无论各种"本质"范畴的内涵区别多大，但都无非是人对各种对象的关键内容的想象性构造和推理性猜测，即"物的本质无非是人的理性的'客观性'发现，或者说就是人的本质力量的投射"③。从这一内涵来看，无论是近代以来的经验论还是唯理论都基本坚持了这一基本立场，他们在理性范围内分别围绕着经验与理性本身为科学知识寻找可靠性的基础依据。事实上，罗蒂所描述的近代哲学的"镜式隐喻"的确比较客观体现了认识论基础主义的基本思路，近代哲学在把人的认识理想化的过程中，将人的心灵置于一种超越历史和时间的维

---

① Jane Greory & Steve Miller, *Science in Public: Communication, Culture, and Credibility*, Plenum Press, 1998, pp. 60—63.

② H. Collins, *Changing Order*, London: London & Beverlyhills, 1985, p. 148.

③ 韩震：《本质范畴的重建及反思的现代性》，载《哲学研究》，2008年第12期。

度,同时这种认识也是出于历史与社会文化之外的,这样科学成为能够“俯视万物的上帝之目”。

可以说,把真理看成是心灵对实在的镜式比喻,构成西方近代哲学采取的一个共同的基本隐喻,镜式比喻背后正是基于实在与心灵相符合这一立场的,现代性的主客二分将“心看做某种映现对象的镜子”①。人们对心与物、主体与客体的二分,在便利了人们的认知活动的同时,也带来了新的问题,到底人的心灵是什么呢? 近代以来的哲学其实一直都在不断地研究和讨论心的属性、特征与界限等基本认识论问题。② 随着认识论表象主义立场的发展,认识论也从近代关注心理认知问题转向了对语言的关注,从而使得通过以语言为中心新的镜式模型的转换取代了近代以心灵为中心的镜式模型。语言或符号中介着人与世界,它体现了人类社会活动的基本形态,语言游戏成为最具有代表性的研究内容。③ 这样,逻辑经验主义传统用语言来替代传统心灵作为研究对象,这就是分析哲学和语言哲学的兴起。这时,语言被视为一种具有确定意义的透明的媒介,一种确有所指并能够正确反映对象的客观工具甚至社会实践,这一标准的科学哲学要借助语言这一媒介去寻求同实在相符合的知识真理。语言与实在的关系仍没有脱离符合或映射关系。④ 虽然哲学家对这一问题的追溯和研究经历了很长一个历史时间,但问题仍然存在,简单而言,我们可以总结为认识与对象、思想和实在如何才能做到相“符合”的问题。

面对这个让哲学家们长久以来为之殚精竭虑、苦心孤诣而又必欲加以解决哲学基本问题,我们必须从哲学史之初的研究出发去探寻,而亚里士多德“在哲学史上确立的真理符合论”奠定了整个相关研究的基础。⑤ 亚里士多德曾这样对符合论总结说:“每一事物之真理与各事物之实是必相符合。”⑥亚里士多德是从命题与客观事实的关系入手来定义人类认识信念的真假问题的,根据他的符合论观点,命题是对客观事物的陈述和模拟,一个命题是真的,当且仅当它与所陈述的事实相符合,所以真理是指观念或信念与客观事物的相符合关系。之后的哲学家继

---

① 田海平:《镜子隐喻与哲学转向三题》,载《学术研究》,2002 年第 1 期。

② 除心灵实体及其所感知的观念外,不存在任何东西。在他看来,甚至第一性的质也不是物体自身的性质,观念和对象在第一性的质方面也是不能相似的,一个感觉或影像只能和另一个感觉或影像相似,不能和任何事物相似。参见曹剑波:《符合论的困境》,载《科学技术与辩证法》,2003 年第 1 期。

③ 田海平:《镜子隐喻与哲学转向三题》,载《学术研究》,2002 年第 1 期。

④ 任红杰:《后现代主义反基础主义的取向》,载《首都师范大学学报》,1999 年第 2 期。

⑤ 曹志:《真理符合论的历史与理论》,载《北京大学学报》,2000 年第 6 期。

⑥ [古希腊]亚里士多德:《形而上学》,吴寿彭译,商务印书馆 1997 年版,第 34 页。

承了亚里士多德的符合论思想，近代认识论哲学都认同了知识和实在相符合关系，并使符合论更加精致和复杂起来。近代以笛卡尔为代表的唯理论以及洛克等人为代表的经验论都在一定意义上坚持了知识的符合论传统，强调知识信念与实在之间的对应符合是其客观性的标准。

直到罗素、维特根斯坦时代，他们在总结传统知识论基础上对知识的真理符合论做了经典的表述。首先按照罗素的逻辑原子论，在命题与事实之间存在着严格的对应关系，这是一种逻辑上的同构关系，这样，基本命题的真假取决于它是否和原子事实相符，而理论命题的真假则以基本命题的真假为条件。即使人们在描述实在时无法对事实本身进行逻辑演算，但由于命题与事实在结构上存在对应，因此我们只要根据基本命题的真假算出命题的真假，而实在也就得到了描述。① 罗素对真理符合论的总结使得之后的讨论有了相对稳定的基础，而符合论观念的利弊两方面也相对比较清晰显现出来，这极大地推动了人们对此问题的讨论和研究。之后，维特根斯坦根据图像说进一步阐述了符合论，由于命题是现实事实的形象，命题就是像我们所设想的现实的模型，“陈述了事实的命题是真的，没有陈述事实的命题是假的”。人们是运用语言符号来描述实在的，而命题中所使用名字，这样名字按特定方式联结起来表示着客体，从而命题或句子就成为现实的图像，因此，“只有作为现实的图像，命题才能是真的或是假的”。这就是说，理论命题的真假取决于它所使用的名字及其组合方式是否与现实相对应，“现实是与命题比较的”。②

塔尔斯基也赞同亚里士多德的知识符合论观点，他认为语句的真理性就在于它与事实相符合，但亚里士多德在语言刻画上却不精确不清晰，而且容易引起语义上的悖论，为此他做了进一步的改造：真理定义的形式应该是“x 是真的，当且仅当 p”。虽然经过这些学者的努力改进③，其观点也为一些哲学家所接受（如波普尔），但实在和知识的这种符合关系还是存在很大问题的。胡塞尔指出，世界不可能是我们的表象，因为“世界”作为认识对象的整体是不可能被放在眼前的。④ 而海德格尔的反思更为系统。首先，海德格尔对“符合”本身的意义问题持怀疑态

---

① 梁庆寅：《符合论真理在 20 世纪的演变》，载《中山大学学报》，1996 年第 5 期。

② 梁庆寅：《符合论真理在 20 世纪的演变》，载《中山大学学报》，1996 年第 5 期；以及参见［德］维特根斯坦：《逻辑哲学论》，郭英译，商务印书馆 1962 年版，第 39—42 页。

③ 梁庆寅：《符合论真理在 20 世纪的演变》，载《中山大学学报》，1996 年第 5 期。

④ 在胡塞尔这里，心灵或意识虽然与世界存在某种认识关系的，但这不是亚里士多德以来的实在与心灵意识的简单符合（详细见付洪泉：《现代性的哲学误读与社会学阐释》黑龙江大学 2007 年博士论文）关于胡塞尔的观点我们不做详细分析。

度。海德格尔对“符合”概念自身进行了分析:“物与陈述又在何处符合一致呢?”就一般而言,符合就是两个东西相一致、相协调,一个东西恰如另一个东西那样。如桌面上的两个硬币,这个硬币同那个硬币有共同的形状、共同的大小,还由共同的材料铸成,这时候我们谈到了符合。这里,不是物与物的关系,而是陈述与物的关系。这两者是根本不同的,硬币是金属材料制造的,而陈述根本不是物质。硬币是圆形的,而陈述没有空间特征。人们可以用硬币购买东西,而一个关于硬币的陈述从来就不是货币。所以,它们究竟在什么方面符合,陈述怎样与实在沟通的呢?这是符合论真理观面临的大问题,海德格尔认为,“即使在最适合的情形下,要求命题的结构与事实的结构之间具有异质同形性也包含着许多困难”①。

换成认识论语言来说,如果我们要求两个东西相符,就必须想办法具备二者的共同点,但命题与事实分明是两种不同质的东西,同质显然的不可能的(就命题的主观性与事实的客观性而言),所以只能退而求其次要求存在同形或同构关系,即命题的结构与事实的结构一致,方可进行对照。这也是近代认识论试图超越传统符合论的基本思路,信念与现象、表象与经验等的符合或映射研究成为重点。②到了20世纪,人们一般将认识论的主体与客体对象分别对应于语言与图像符号,那么符合即是语言与符号之间的关系比较了。例如,在逻辑经验主义看来,人类知识和信念的主要表现形式是语言和图像,但它们与实在对象之间不可能存在一种内在的关系。这样一种思维方式对自然科学从“不完善”的前科学的知识转变为“完善”的知识以及改善人类现实生活固然必要,但它却忘记了重要的一点,也就是,这些现象、客观存在、纯粹的物体世界,是作为显现之物而得到理解的,或者说,科学所面对的客观性恰恰是人的意识、人的主观世界所赋予的。③

在这一研究理路方面,意向性问题突出出来,因为有些思想的表现形式是无意识的,或者说难以用传统符合论给予解释。普特南举例说,如果一只蚂蚁在沙地上爬行留下的痕迹看起来像一幅“温斯顿·丘吉尔”的漫画像,但我们不能说蚂蚁在描绘丘吉尔的画像,因为这是一种无意向的无意识行为。④ 而且,思想的表现形式与客体之间也不存在物理意义上的关系。物理关系是一种“力”的关系,而

---

① “因为如此这般被摆置者,对立者必须横贯一个敞开的对立领域,而同时自身有必须保持为一物并且自行显示为一个保留的东西”,也就是说,事物要被表象陈述出来,必须回到其对立领域或关联域之中。参见[德]海德格尔著,孙周兴选编:《海德格尔选集》,上海三联书店1996年版,第214—220页。

② 曹剑波:《符合论的困境》,载《科学技术与辩证法》,2003年第1期。

③ 夏宏:《生活世界理论视域中的现代社会危机》,载《广州大学学报》,2010年第10期。

④ [美]普特南:《理性、真理与历史》,童世骏、李光程译,上海译文出版社2005年版,第1—2页。

思想与客体间没有这样一种把两者联系起来的“物质力”。所以,“在符合关系上”以及“经验基础”方面,“符合论也是困难重重”。普特南在分析了真理符合论之后也指出,认识论的符合论是建立在主客二元分立基础上的,但我们没有“上帝之目”,我们不是处于主客关系之外的旁观者,因而纵使认识与对象相符合,我们也无法确定。①

特别是在一些不可知论看来,即使在科学理论知识的命题与实在之间的确存在着某种符合或一致性关系,我们也是无法给出证明或者验证的,况且知识信念和外部实在是两种截然不同的东西,人类的知识只能存在于经验之内,而客观事实却是在经验之外的,这样,命题与事实之间有一条不可逾越的鸿沟。对此,金岳霖总结说,如果符合是一种照相式的符合,那我们的认识对“这一条件不满足”,“‘事实’和命题不是同样的或平行地在经验中,这就是说命题在‘内’,‘事实’在外;那么我们怎样知道在‘内’的命题和在‘外’的‘事实’符合不符合呢?我们没有法子把它们对照,因为相当于原物或底本的‘事实’是在‘外’的”。② 但正如金岳霖先生进一步指出的,换成西方近代哲学的语言说就是我们处于“感性材料的牢笼”中,我们永远不能知道命题是否真正符合事实。事实上,我们的感觉经验具有很大的不确定性,所以洛克曾指出实体的“第二性的质”是主体感觉本身的性质,这不是物体的固有性质,而只有“第一性的质”才是物体本身的内在性质。由于人类心理具有影像的性质,这同物理事物的性质是不可能完全相同的,因此,人类的知识观念和其对象在第二性的质方面是不能相似的,也是不能相符合的。所以,知识或认识的符合只有在观念和对象在第一性的质方面的相一致。③

此外,科学哲学的历史主义对基础主义的符合论批判也至关重要,特别是他们借鉴的观察负载理论影响深远。在他们看来,这种基础主义“假定一种视觉隐喻:知识涉及描述或反映现实存在的世界”,“但是视觉隐喻是误入歧途的。就正如实用主义哲学家已经指出的,知识并不包含对外部实在的消极记录,知识是积极地应对世界而不是临摹世界”。④ 因为任何观察都有主观性,而且任何实验都有主观性,现代科学告诉我们,经验中有主观性、片面性、错觉和幻觉,观察中渗透

---

① 曹剑波:《符合论的困境》,载《科学技术与辩证法》,2003 年第 1 期。

② 所以,在金岳霖看来符合论“既不可能,符合与否无从知道”,就问题的关键来说,“原物或底本”就是“事实与实在”是不是“同样地或平行的在经验中”“如果是则”二者“都在主或者人”,总体说,“符合论不易取消”但又“确有困难”。

③ 曹剑波:《符合论的困境》,载《科学技术与辩证法》,2003 年第 1 期。

④ [英]帕特里克贝尔特等:《二十世纪以来的社会理论》,瞿铁鹏译,商务印书馆 1998 年版,第 362 页。

着理论。因此,符合论所要求的主观与客观的一致和符合是有问题的。经验的结论不具有必然的普遍有效性,而科学的结论又要求是普遍必然的。由于从个别上升到一般的归纳法并不能保证其结论的普遍必然性,并且归纳法本身的合理性也得不到说明,这样来看,科学的真理以符合论为基础是没有根据的,知识的实在符合论还有待于进一步探究完善。①

### 三、人类生活领域的分离

"所谓'现代话语'指的是人类制定规范并被规范所约束的组织形式,而此处的人是某种社会动物。自有统一性自我开始,暴力便存在了,而并不是自律自我在确定过程中的某种行为。"②现代性的主体理性精神强调人的主体性力量,进而强调以此对事物本质的把握,但这种把握只有在消除了现象的差异的稳定的结构后才能成功地抵达事物的本质,这样,本质也就超越了多样的现象,获得了同一的形式和内涵,即"用理性发现和表达事物内在的本质,从而发现唯一而永恒的真理"。③ 但另一方面,现代性在促成全球一体化的同时,也在不断制造着新的差异与断裂,这造成了人类生活世界的割裂和分离。进而,现代性逻辑的结构为资本所规定,"科学技术的逻辑、政治权利的逻辑、社会分化的逻辑"等分化的领域统一起来。④ 而且,在某种意义上正是国家与市民社会的领域分离,构成了现代性生成与发展的重要基点,"市民社会是在现代世界中形成的,现代世界第一次使理念的一切规定各得其所"⑤。

#### (一)现代性与两种文化的对立

魏尔曼把现代性区分为"启蒙现代性"和"浪漫现代性",他认为启蒙现代性就是按照启蒙的原则,关心将人性从依赖自我欺骗的条件下解脱出来,而浪漫现代性是一种反抗的力量,反对作为合理化过程的启蒙形式。周宪在《审美现代性批判》中,对现代性的区分也是遵循着这样的一种逻辑思路来的,启蒙现代性是一种理性和乐观的胜利,而审美现代性更多的是对启蒙现代性的一种反拨,两种现代性的张力随着"现代性的发展,价值理想的缺失与生存意义的危机暴露了现代

---

① 曹剑波:《符合论的困境》,载《科学技术与辩证法》,2003年第1期。

② [德]维尔默:《论现代和后现代的辩证法——遵循阿多诺的理性批判》,钦文译,商务印书馆2003年版,第82页。

③ 韩震:《本质范畴的重建及反思的现代性》,载《哲学研究》,2008年第12期。

④ 郗戈:《从资本累计看现代性逻辑的生产与发展》,载《社会科学辑刊》,2010年第1期。

⑤ [德]黑格尔:《法哲学原理》,范杨、张企泰等译,商务印书馆1961年版,第197页。

性问题的实质"[①]。所以,"审美现代性就是社会现代化过程中分化出来的一种独特的自主性表意实践,它不断反思着社会现代化本身,并不停地为急剧变化的社会生活提供重要的意义"[②]。在现代性的形成过程中,理性与个性事实上在新的世界实践之下再次结合起来,现代理性与审美现代性中相贯穿,就此现代精神也蕴含于社会审美,反之,审美精神亦没有脱离现代性,它们仍是互动互补的。科学与技术的进步推动了人们审美,为其提供新的方法与精神,而审美艺术同样反哺于科学的发展。爱因斯坦说得好:"一切宗教、艺术和科学都是同一株树上的各个分支。所有这些志向都是为着使人类的生活趋于高尚,把它从单纯的生理上的生存的境界提高,并且把个人导向自由。"[③]

但现代性的运行或展开并不一定完全遵循两种现代性的原本规定,现代社会的分裂实质上就是资本与社会具体存在的割裂过程,两种现代性在社会与技术异化或极端化的情况下也将导致社会文化的分离和割裂。而且,学科的独立于分离原本就是现代性的逻辑属性,只是随着社会的异化这种分离脱离了原来的预设轨道。17 世纪起,科学自身开始了分门别类和专业化的进程。此后,科学与艺术之间的相互游离与分化愈益明显,时至今日,科学和艺术以及其他学科之间已经完全分化。由于科学主义的进一步发展,也导致了科学文化开始从其与人文文化的原始交融状态之中逐渐分离出来,并日渐壮大成为新的社会文化霸主。科学文化与人文文化的对立,日渐成为学界普遍关注的问题。英国学者查尔斯·帕西·斯诺(C. P. Snow,1905—1980)是其中的代表人物之一,在基于自己比较特殊的学术经历(从自然科学转到人文学科),1956 年斯诺在《新政治家》上发表了一篇名为《两种文化》的文章,明确将这种文化的差异性提出,之后他又将文中的思想加以发展,在剑桥大学发表了题为《两种文化与科学革命》的著名演讲,并由此引发了社会对这一问题的长期争论。

斯诺在这次演讲中指出:"当今社会存在两种相互对立的文化,一种是人文文化,一种是科学文化,两种文化的分裂和矛盾对抗,使西方文化丧失了整体的文化观,致使思想界无法对过去做正确的解释,不能对现在做出合理的判断,也难以对

---

① "在现代性的形成中,理性和感性开始和此岸和人紧密地结合起来。理性精神贯穿于美学历程中。进步乐观的精神也是审美在发展过程中的信念,科学技术的不断发展,提供美学进步的方法和前提。"两种现代性构成现代社会生活的两个重要维度。参见王又平:《现代性批评的两翼:理性批判与审美救赎》,山东大学 2008 年博士学位论文,第 16 页。

② 周宪:《审美现代性批判》,商务印书馆 2005 年版,第 71 页。

③ [美]爱因斯坦:《爱因斯坦文集》第 3 卷,徐良英等译,商务印书馆 1979 年版,第 149 页。

未来有所憧憬和展望。”①接着,他又具体分析了导致这两种文化区分的原因:人文知识分子和自然科学家的分裂。斯诺说:“二者之间存在着互不理解的鸿沟——有时(特别是在青年人中间)还相互憎恨和厌恶,当然大多数是由于缺乏了解。他们都荒谬地歪曲了对方的形象。他们对待问题的态度全然不同,甚至在感情方面也难以找到很多共同的基础。”②虽然双方都很有素质和教养,如科学家都是“在自然科学方面训练有素的人”,而且“具有善于思考以及对社会富有想象力的头脑”③,但由于双方文化、专业背景方面的巨大差别,还是会造成他们的巨大隔阂:“非科学家有一种根深蒂固的印象,认为科学家抱有一种浅薄的乐观主义,没意识到人的处境。而科学家则认为,文学知识分子都缺乏远见,特别不关心自己的同胞,深层意义上的反知识,热衷于把艺术和思想局限在存在的瞬间。”④

科学文化与人文文化的分裂是由专业的过分专业化以及教育、社会运行模式的定型化倾向所决定的。事实上,贝尔纳早已描述了科学专业化以后会出现的问题,即除非普通大众——这包括富有的赞助者和政府官员——明白科学家在做些什么,否则不可能期望向科学家提供他们的工作所需要的支援来换取他们的工作可能为人类带来的好处,更加微妙的是,如果没有群众的理解、兴趣和批评的话,科学家保持心理上的孤立的危险倾向就会加强。这种心理上的孤立通常并不像人们常常设想的那样,表现为科学家成为一个超世脱俗的人,所以这是科学的孤立而不是科学家的孤立。⑤

现代工业社会已经把劳动分工推进到一种极其专业化的程度,这一方面造成社会专业与领域的分离,许多精细化、高度专业化的学科和产业产生和发展起来,社会生产力大幅度提升,这使得人们普遍承认了“生产力中也包括科学”,“社会劳动生产力,首先是科学的力量”。⑥ 而且,科学文化和科学精神的影响深入整个社会文化领域,科学不仅成为人类解释世界的标准答案,自然科学对自然(包括自然观、真理观)的理解也渗入人类一般文化思想之中。⑦ 然而,另一方面,随着自然科学领域专业化和学科分化的迅速发展,人文学科却是逐渐喜忧参半了,新的学科受自然科学的影响不断推陈出新,但有的传统阵地却也不断急剧萎缩。特别是

① [英]斯诺:《两种文化》,陈克艰等译,上海科学技术出版社2003年版,第3—4页。
② [英]斯诺:《两种文化》,陈克艰等译,上海科学技术出版社2003年版,第4页。
③ [英]斯诺:《两种文化》,陈克艰等译,上海科学技术出版社2003年版,第196页。
④ [英]斯诺:《两种文化》,陈克艰等译,上海科学技术出版社2003年版,第5页。
⑤ [英]贝尔纳:《科学的社会功能》,陈体芳译,商务印书馆1982年版,第52页。
⑥ 《马克思恩格斯全集》第46卷,人民出版社1965年版,第211、217页。
⑦ 谢世雄:《论科学文化的基本特征》,载《科学学研究》,2007年第4期。

涉及人文与自然科学两大领域,在教育体制上人文教育与科学教育互相隔绝,导致人文科学工作者都自然科学的疏离化。这样一来,自然科学共同体与人文科学共同体之间充满隔阂,“两种文化之间存在着一个相互不理解的鸿沟,有时还存在着敌意和反感。彼此都有一种荒谬的歪曲的印象”①。这两个文化他群体相互不理解,甚至还存在着敌意和反感:“非科学家有一种根深蒂固的印象,那就是科学家是肤浅的乐观主义者,他们不知道人类的状况。而另一方面,科学家们则认为文学知识分子完全缺乏远见,尤其是不关心他们的同胞,在深层次上是反知识的,并且极力想把艺术和思想限制在有限的时空。”②因此,“他们几乎已经完全不再相通,在知识上、道德上、和心理气质上,他们的共同点已经如此之少”③。这样,可以说科学正是由于失去了它的业余活动的性质,同时也使得社会普通公众对它失去了很多的兴趣。因为谁也没有必要自己费心去想到科学,而科学发明一日千里的发展只会有令人不知所措之势,所以一个神话被越来越多的群众信以为真:任何一个人可以凭借自己的智力掌握不止一小部分人类知识——更不说掌握全部知识了——并身受其惠的时代已经过去了;人们把科学应用于工业是一个渐进的过程,虽然这是通过一些几乎无法区分的阶段来进行的;于是科学就以它的最基本的形态——测量和标准化——参加进来。旧的生产方法没有改变,可是却采用了各种仪器——温度计、流速计、量糖计——以保证新生产过程在必要的范围内尽量遵照旧的生产过程的路子进行。④

在这种传统的意义上⑤,人们说所谓科学文化,其本质就是“关于物的文化,其主要任务是提高技术物的功能,更好地发挥物(物质资源和技术物)”,这样,科学文化的最大优点是物化为现实的生产力,是物质文明的创新之源。而相应的人文文化,其本质上则是“关于人的文化,其主要任务是提高人的素质和社会的协调程度”(林德宏)。美国社会学家威廉·奥格本也把人类文化分为物质文化和适应文化(诸如习惯、信仰、宗教、法律)两种,在统一文化中所包含两种文化的变迁速度是不同步的,一般来讲,物质文化首先变迁,适应文化随后变迁,这一物质文化

---

① [英]斯诺:《对科学的傲慢与偏见》,陈恒六等译,四川人民出版社1987年版,第3页。

② [英]斯诺:《两种文化》,陈克艰等译,上海科学技术出版社2003年版,第30页。

③ [英]斯诺:《对科学的傲慢与偏见》,陈恒六等译,四川人民出版社1987年版,第4页。

④ [英]贝尔纳:《科学的社会功能》,陈体芳译,商务印书馆1982年版,第53、74、74页。

⑤ 林德宏先生对科学文化与人文文化的这一界定很有代表性,这种划分主要依据于研究对象的差异性,很简洁明了点出了两种文化的一些根本点。但正如李醒民先生指出的,其也存在一些问题,科学文化是物质文化创新之源,“科学虽然主要是研究自然或物的,但研究的过程和结果则是人为的和为人的”;不仅“人文文化本质上是关于人的文化”,“科学文化也包含诸多人文因素和人文精神”,不能把它们对立起来。

先于非物质文化变化的现象被称为“文化坠距”。这种所谓的文化坠距揭示了社会文化“速度的不同步”，而更接近于物质层面的科学文化发展优速。① 科学文化尤其是科技理性精神伴随着科学全球化扩展的过程，在充分显示了它在人类认识自然和征服自然的伟大力量的同时，也忽视了人文文化，这将加速把人类文化推向了自我的分裂。“理性化和世俗化过程快速推翻了神学时代的旧霸权”，人们开始挑战过去社会的文化传统②，这是现代性的科学文化发展的一个轨迹。

从历史的发展角度看，人文与科学的分化与对立主要是近代科学产生和发展以来的事，科学革命极大强化了人的认识和实践能力，为人类社会创造出巨大的物质和精神财富，拓展了人们的生活和发展空间。同时，这也加剧了人类与自然、个人与社会、人的物质生活与精神生活等之间的对立，在现实社会中造成了人文文化与科技文化的分化与对立，相应地在精神上带来了人文精神与科学精神的分化与对立。也正是这两个方面问题之间的交错作用产生了当前社会的一系列“现代病”：一方面是人们享受着优越性的技术生活，但另一方面是人们内心世界逐渐丧失了宁静与和谐，感受到的是心灵“失落”的精神危机。③ 科学理性与科学文化在努力将人所想象的一切变为可能的时候，却也把人的存在意义和生命的价值逐渐冲淡，而物质与事实层面的价值和意义占据主导。到19世纪末，哲学界进一步思考了这一问题，并将自然科学与人文科学做了严格意义上的对立，而在逻辑实证主义那里则更是把这种对立推向了高潮，其结果是自然科学逐渐占据了人类思维的中心，而人文科学的阵地则逐步陷落。这种思想的影响是广泛而深远的，科学与人文精神的对立与人内在精神世界的单向度发展都是折翼思潮的直接结果。④

这在人与社会关系随着技术的发展而更加复杂多变，并时常以比较异常尖锐的形式表现出来，特别是精神生活领域，造成了拜金主义的横行、物欲主义的泛滥、精神家园的迷失、人文关怀的淡漠、宗教信仰的冲突、行为方式的失范等人文精神的失落现象。现代文明的人类不得不品尝现代性带来的副产品影响。⑤ 科学规范、科学思维模式和科学方法乃至科学精神无条件地渗透于人文社会科学的一切领域，使历史、艺术、文学等人文科学所倡导的普遍价值观受到排斥，由此在

① 常春兰：《科学的人文精神或人文的科学精神》，载《山东社会科学》，2005年第1期。

② Jonathan Israel, *Radical* Enlightenment, Oxford University Press, 2013, p. 2

③ 赵金昭：《论马克思主义与现代科学技术的融通共建》，载《东南大学学报》，2004年第6期。

④ 王伟民等：《当代科技哲学前沿问题研究》，中央文献出版社2007年版，第225页。

⑤ 欧阳康：《人文精神与科学精神的融通与共建》，载《光明日报》，1999年10月29日。

某些方面引起了真理与德行的分离、价值与事实的分离、伦理与实际需要的分离、科学精神与人文精神的分离，“在普遍意义的失落和价值危机中，人们感到焦虑、躁动、迷茫”①。总而言之，由于技术进步大大提高了科学生产率，然而人们在满足物质生活的同时却丧失了批判精神；由于干预的力量增强，科学技术和行政机构结合起来，使国家有可能用技术和效率而不需要用暴力来征服一切社会的离心力量，因此造成了一种合理的官僚社会。社会由多维度的社会变成单维度的社会，人也由多向度的人变成单向度的人。科学与人文两种文化的分离和对立大大地加剧了。也就是说，科学技术这种理性的物化形式，使理性由解放人的手段变成了奴役人的工具，这是科学技术理性的异化问题。

这样一来，萨顿的断言被人们遗忘了：“不论科学变得多么抽象，它的起源和发展过程本质上都是同人道有关的。每一项科学成果都是博爱的成果，都是人类德性的证据。人类通过自身努力所揭示出来的宇宙的几乎无法想象的宏大性，除了在纯粹物质的意义上以外，并没有使人类变得渺小，反而使人类的生活在思想上具有更深刻的意义。每当我们对世界有了进一步理解，我们也就能够更加深刻地认识我们与世界的关系。并不存在着同人文学科截然对立的自然学科，科学和学术的每一门类都是既同自然有关、又同人道有关的。”②科学文化与人文文化的疏离和分化已经不可避免了。进而言之，导致了贝尔纳所说的科学家与公众之间的鸿沟，而且也加深了科学家和科普读物之间的鸿沟，这看似只是一个小的问题，但两种文化的沟通却大大受阻了。③ 面对现代新的世界技术革命及其带来的巨大的社会效应，以及由此而引发的各种关于科学技术发展趋势及其后果问题的社会文化思潮乃至社会运动，为了使21世纪的科学与技术走上健康发展的道路，我们有必要对科学活动的目的和归宿等一系列问题加以全面系统的反思，以求为当代科学家树立合理的、集科学精神与人文精神于一身的现实主义科学观提供必要的思想和理论基础。源自物的文化与人的文化的两种文化二分需要统一于科学实践之中，在“对科学作为社会总劳动的特殊部分及其成果所具有的交换价值进行探索”④。再进一步说，对两种文化的反思，我们最后仍需返回两种现代性的论域，在启蒙现代性与审美现代性的张力之中寻找答案，技术理性的极度扩展只有和主体理性的丰富性和多维性连接起来，在以审美现代性为代表的完整人性的发

① 郭国祥：《论科学精神与人文精神的当代融通》，载《学术论坛》，2005年第1期。
② ［比］乔治·萨顿：《科学史和新人文主义》，陈恒六等译，华夏出版社1989年版，第2页。
③ ［英］贝尔纳：《科学的社会功能》，陈体芳译，商务印书馆1982年版，第53页。
④ 李建珊：《科学价值论》，载《南开学报》，1997年第3期。

展目前,新的融合才是可能的,也是必要的。

## (二)现代性的辩证法构成与"工业主义"的不可持续性

正当人类欢呼自己成为自然界主人的时候,一种在历史上从未遇到过的新危机,伴随着技术理性的巨大成功一同来临了!这种危机不仅表现在人口急剧膨胀、自然资源锐减、核战争威胁、生态平衡破坏、环境日趋恶化、基因重组技术和克隆技术的潜在生物危害等一系列全球性问题的出现,还深层表现于科学的异化所导致的主体性的失落、人的失落。对此,以法兰克福学派为代表的西方新马克思主义学者曾经进行了长期而有成效的探索。尽管其中有某些悲观的色彩,但是,理性启蒙走向了自己的反面,科学也没有像当初许诺的那样给人类带来期望已久的自由与解放,已是不可否认的事实 如果说工业革命曾经使人成为轮盘系统的奴隶,那么如今人的体力和智力则不得不依附于越来越复杂的机器,而"将来的危险是人可能成为机器人"①。现代技术还把人引向高消费的享乐生活,特别是它大规模地传播和复制低俗的文化工业产品来满足人们感官上的需要,这不仅否定了以创造性和批判性为特征的高雅的文化艺术,而且造成有限资源的不必要消耗,甚至导致一系列反价值现象的产生。看来,技术理性"对自然界的支配是以人与所支配的客体的异化为代价的,随着精神的物化,人与人之间的关系本身,甚至个人之间的关系也异化了"②。在发达国家,它已经形成一种全面地统治人的总体力量,导致对个性的扼杀以及自我与主体地位的丧失,使人们产生精神上的无家可归感。

伴随着全球化进程的不断加速,一系列现代性问题不断突显出来,全球环境与人类发展问题就是其中的重要难题。这要求我们从思想和实践两个方面提高协调人类科学技术的活动(特别是经济活动)与环境关系的自觉性和主动性,积极探索一条经济与环境良性循环的发展之路。在这种情况下,推进可持续发展战略的一种优选模式,解决人与自然危机与经济和谐发展的最佳途径。弗里斯比曾指出:"现代性的辩证法仍旧被庸俗政治经济学所掩盖,对于生活在资本主义'魔魅世界'的当事人来说,仍然是隐而不显的。永恒的、自然的以及和谐的一面掩盖了过渡的、历史的和对立的一面。"③近代以来,人类的经济实践活动蕴含着现代性

① [美]弗洛姆:《健全的社会》,欧阳谦译,中国文联出版公司 1988 年版,第 370 页。

② [德]霍克海默、阿多尔诺:《启蒙辩证法》,洪佩郁、蔺月峰译,重庆出版社 1978 年版,第 24 页。

③ [英]弗里斯比:《现代性的碎片》,卢晖临、周怡、李林艳译,商务印书馆 2003 年版,第 37—38 页。

的各种社会关系,而且还是其"重要起源"。在此意义上,我们可以说,现代性与人类经济活动中的经济性密切相关,进而言之,也与传统的理论经济学的核心价值观相关联,即"现代性辩证法仍被庸俗政治经济学所掩盖"。事实上,马克思也有过相似的表述:"只有那种把劳动视为自己原则,也就是说,不再认为私有财产仅仅是人之外的一种状态的国民经济学,才应该被看成私有财产的现实能量和现实运动的产物(这种国民经济学是在意识中形成的私有财产的独立运动,是现代工业本身)、现代工业的产物;而另一方面,正是这种国民经济学促进并赞美了这种工业的能量和发展,使之变成意识的力量。"①现代性作为近代社会所形成的一种具有决定性意义的构成力量,它使人类进入到一个崭新的历史时代,并构成了我们当下的存在——整个现代社会。社会"现代性"的最突出特征就是工业化(工业主义),它实现了人类社会由农业文明向工业文明的过渡,随之,市场经济和工业生产成为现代社会生活的基础。贝尔纳说:"今天的科学家几乎完全和普通的公务员或企业行政人员一样是拿工资的人员。即令他在大学里工作,他也要受到控制整个生产过程的权益集团的有效控制,即令不是在细节上受到控制,也是在研究的总方向上受到控制。科学研究和教学事实上成为工业生产的一个小小的但却是极为重要的组成部分。"②

哈贝马斯曾把市场经济列为现代性的三大支柱之一,这正是点出了现代性的经济学内涵之所在。现代性中的"资本"与理性形而上学联盟,将一切社会价值都抽象为"交换价值",把人和自然界都客体化为物质资料,放置在现代工业经济的传送带上。进一步,资本与形而上学的联盟把"经济价值"普遍化、意识形态化,而意识形态又反过来服从和服务于资本的生产,成为资本的自我意识,这是现代性的核心价值。现代性由此开启了人类社会发展的一个新时代:它使民族性、地域性的个人和社会向世界历史性、全球性交往的现代化社会的转变。从文明形态来看,现代社会体现的是技术理性的世俗文明,资本借助理性化、形式化和数学化的形而上学,特别是形而上学中的技术理性,将其理性力量转化为空前巨大的社会生产力,所以对功利的追求成为这种工业文明本身的本质内核。资本和市场机制所建构的现代个人之间的经济联系利益联系还不是积极意义上的"社会整合",它是一种工具理性意义上的相互利用关系。③ 但现代性逻辑中的工业主义发展是不可持续的。

---

① 《马克思恩格斯全集》第42卷,人民出版社1972年版,第112页。
② [英]贝尔纳:《科学的社会功能》,陈体芳译,商务印书馆1982年版,第7页。
③ 郗戈:《现代性的基础:市民社会的分裂与整合》,载《天津社会科学》,2010年第4期。

首先，现代性的基本矛盾表现为理性形而上学的极端扩展和价值理性的相对萎缩，这种不平衡性造成了现代性本身(当然包括工业主义)发展的有限性。马克斯·韦伯把现代性解释为"工具理性日益增长的历史性趋势"，这如同海德格尔把现代性理解为"技术主宰一切"一样，他们都强调了现代社会文化中技术理性的突出支配地位。技术理性成为现代性运动的核心文化理念，所以资本的逻辑建立在异化劳动之上，这种异化并非人们的抽象理论，而是支配着现代社会的力量和关系。① 现代性的理性主义、个人主义、功利主义精神将中世纪以来"超世的天国"拉回了现实世界，人的世俗生活重新成为人们普遍关注的中心。借助于现代性中的理性主义(即韦伯所说的"工具合理性")，人们强调主体的能动性，将客体看作可以被主体认识、把握和操作的对象。所以，征服自然，改造"自然成为时代的口号"。但"实质的合理性"即通常我们所说的价值理性，却同时被大大压制了，人的行动(包括经济行为)不能只是以理性计算为核心，人的伦理、审美等价值需求是和技术理性并行的，两种理性的失衡或说技术理性的过分膨胀造成了现代技术危机。这种不平衡性从长远来看，也阻碍了技术理性乃至工业主义本身的发展。人们对"技术的掌握，如果缺少了公众的智慧，只能带来灾祸"，由于"缺乏公众的智慧，对于人自身、其他生命以及地球本身都是个威胁。当前的生态危机就已证明了这一点"。②

其次，工业主义的经济运行模式及其理论基础也是有局限性的。在现代性观念影响下，工业主义的经济活动在处理人类产生活动与环境关系的模式是从自然界中获取各种资源并加工成为产品，而后又不加处理地向自然环境排放出废弃物品，并由此获得利润，在产品物质流动形式上表现为一种"资源—产品—污染排放"的线性的开放式过程。约翰·格雷认为，自由市场体制以自由放任主义的经济学为指导，以最大程度追求经济效益为目的，却置社会效益于不顾，是市场运作独立于社会需要之外的一种市场经济体制。从其理论基础来看，这种工业经济理论有两个基本假设，一是技术万能论，一是自然资源无限论。技术万能论指人们把技术当作独立于人类的一种自我设定目标的自主力量，从而将技术及其作用偶像化和绝对化，并置于社会经济基础之上。所以，在他们看来，社会发展中所遇到的一切难题都可以通过技术进步来解决。自然资源无限论则是认为地球上的自然资源是可以无限持续利用的，即"取之不尽，用之不竭"，这样，人类以自然为生

---

① 张传开、方敏:《马克思哲学视域下的现代性》，载《哲学研究》，2007年第1期。

② A. Anderson, "Why Prometheus Suffers: Technology and the Ecological Crisis", *Society for Philosophy & Technology*, 1995(1), pp. 1—2.

产资料的经济生产活动才可以无限制地进行下去。这种理论没有考虑到人类生产过程中面临的资源危机和生态危机的可能性。无限膨胀起来的技术理性把全部自然(包括人的自然)看作满足人的不可满足的欲望的材料来加以理解和占有,一方面强有力地改变了自然环境不适应人需要的状况,建构起了一个物质极大丰富的人造世界;另一方面也造成了资源大量浪费和短缺的恶劣后果,损害了生物多样性和生物圈的整体性,扭曲了动植物的生存模式,致使各种传染疾病频繁袭击人类,给人类的生存造成威胁,导致自然和人的双重危机。①

现代性经济模式的两个理论预设都面临着现实生活可能存在的发展难题。一方面,人们逐渐意识到社会财富增长的速度常常是与自然资源的耗竭以及环境退化同步的,人们在经济生活中强调人与自然的对立,把自然纯粹看成是人类的掠夺对象,一味索取、疯狂掠夺,造成全球生态环境遭到巨大的破坏。而且,很多自然资源是不可再生的,“资源无限论”在全球能源危机面前失去了说服力:地球是一个有限的生态大系统,人类与自然是共生共融的有机整体,地球的承载能力也是有限的。另一方面,技术本身及其发展也是有条件的,当技术发展超出社会经济与生态环境的承受力时,技术危机就出现了:“原来技术并不是万能的。”所以,只有“恰当引导的技术,在生态系统上也能够是成功的”②。以上两方面意味着社会治理与技术进步的结合是实现现代性发展的重要路径,而连接二者的理念是真正贯通它们的关键环节,现代性的社会结构和治理模式至关重要,使得价值理性与工具理性的常态化回归又是社会现代性超越的核心内容。

总而言之,由于现代理性中目的与工具理性关系的颠倒,算计理性的极端膨胀,生产与消费关系的颠倒,造成了经济活动中对经济利益的过度追求,带来了越来越多的“虚假需要”,它已然超越了人的自然需要,使人与人的存在越来越远离人的本然状态。人的生产已不属于自己,人被架在现代性社会置成的“座架”之上,现代性逻辑中工业经济发展的不可持续性特征越来越明显了。经济学中的“杰文斯悖论”清楚地告诉我们,地球上的自然资源消耗速度与相关的技术发展是同步的,资源枯竭速度会随着利用这种资源的技术改进而加快,这样社会经济的增长模式最简单方法的只能是“高消耗、高排放,低循环、低效率”,但随着生态环境问题的日益突出,经济利益的追求必然导向“先污染,后治理”经济模式,但由于环境治理成本过高,必然导致经济效益、社会效益和生态效益等难以兼顾,现代性

---

① 林学俊:《技术理性扩张的社会根源及其控制》,载《科学技术与辩证法》,2007 年第 2 期。

② [美]巴里·康芒纳:《封闭的循环——自然、人和技术》,侯文蕙译,吉林人民出版社 1997 年版,第 148 页。

经济模式遇到危机。一句话,生态环境问题不是纯粹的技术问题,单纯的技术进步不可能解决环境问题,环境保护是一项复杂的社会工程,只有制度层面的综合变革才能有效遏制工业文明的生态危机。①

### (三)全球化和科学技术对现代性工业经济不可持续的一种超越

传统工业主义的经济模式可以说是现代性内在逻辑运动的必然结果。现代性对经济利益的极端化追求,将人类本身的生存和意义问题遮蔽了,这也决定了传统经济发展的不可持续性,现代性通过改造外部自然世界从而来释放主体蕴含的能量,但也使得现代社会陷入了现代性本身的悖论。吉登斯称现代性是个充满危险的难以驾驭的,它本身具有双重性:技术理性在肯定和支持人类对自身理性认同的同时,也暗含了一种现代性危机的存在。随着现代性的充分发展,现代性自身的负面效应愈加显露出来:在人与自然关系问题上,它主要表现为全球性的生态危机;在社会经济生活方面,它主要表现为社会生产活动以追求利益最大化为目标的活动,“资源—产品—资本”单一的线性模式与资源的有限性构成矛盾的两极。当今时代,能源危机、资源枯竭、环境污染、人口爆炸、粮食短缺等问题成为困扰人类生存和发展的全球性问题,表明传统的经济增长已经使我们的社会发展达到极限。现代技术理性既给人类社会带来了进步与繁荣,同时又带来许多令人担忧的问题。作为现代性运动必然结果,“工业主义”不仅反映了技术与自然之冲突,还折射出启蒙运动以来的现代性文化之固有矛盾。

对工业主义发展不可持续问题的超越,成为当代社会的理论和实践主题。由于“为现代性肆意统治和掠夺自然(包括其他所有种类的生命)的欲望提供了意识形态上的理由。这种统治、征服、控制、支配自然的欲望是现代精神的中心特征之一”②,所以,超越传统经济模式的根本途径还是在于对现代性的反思和批判,从现代性本身寻求超越性的依据。现代性的当代发展——全球化恰恰为这种超越提供了可能性,只有“对现代性的剖析,为揭示全球化的实质和全球性问题的症结提供了解释的可能性”③。

我们知道,资本和理性形而上学结盟,也是现代性的全球扩展过程,它产生了真正意义上的现代世界。全球化扩展是现代性的内在逻辑,罗兰·罗伯森认为,20世纪以来的全球化是由一系列重大事件所促成的,它们都与现代性和全球化密切相关,因此,全球化亦并非只是向人敲响危险的警钟,它同时也昭示着新新时期

---

① 胡帆等:《文化:人与自然关系的尺度》,载《武汉理工大学学报》,2011年第3期。

② [美]大卫·格里芬:《后现代科学》,马季方译,中央编译出版社1995年版,第5页。

③ 何中华:《现代性·全球化·全球性问题》,载《哲学研究》,2000年第11期。

的希望和出路:这就是人与人、人与自然的共生共荣的前景。也正是全球化让我们发现,原来无论是生态的多样性抑或文化的多样性,都要借助普遍交往的平台才会成为现实。现代性的超越性、普遍性、同一性和无限性的追求,其真正建设性的意义就在于它促成了全球的普遍交往,并使潜在的生态和文化多样性呈现为显性的。① 现代性依靠技术理性和资本的无形力量,使得理性化、形式化的现代生活方式以及技术理性精神在全球普遍化,现代性完成了全球性的统治。而全球化又促进了全球交往与联系的普遍性,这样一来,现代性开始超越民族—国家的界限,从以西方为中心的现代性转向全球多元的现代性,由此也使我们从工业化社会的单向度转向多向度、复调的现代性,进而现代性的扩张直接推动了全球化,而"自反性现代化"也逐渐为现代性的批判提供了新的前提。②

这种从现代性内部生长出的力量,在强化了资本对自然和劳动者盘剥的同时,"也创造了足以确保每个人全面自由发展的巨大生产力,培育出了颠覆资本强制的感性意识和需要,因而一旦资本有机构成升高至无法容纳现代人之生命力的极限,人们势必群起而推翻资本强制"③。因此,全球化发展所带来的资源的有限性以及环境危机等种种后果,构成了对"资本"的重要打击力量。现代性发展到全球化时代,其延展界限逐渐清晰起来,地球和技术发展的有限度使现代性的扩张力量遭到挫败,人类社会的发展都需要以作为整体且资源有限的地球为根本的参照系,因此,"必须重新审视现代性本身的特征"④。

对于现代性与全球化这种关系,吉登斯说得很明确:"现代性天生就能全球化。"全球化也进一步形成了"高度的"发达的新的现代性,这一现代性使得现代社会结构(包括其理性主义、官僚科层管理、资本主义市场经济和工业化生产等)扩展到了全球关系之中,全球化与一种"具有反思意识"的新型现代性联系起来,即一种"现代化了的现代性"。⑤ 因此,当代发展已与传统社会有了根本性的差异,这就是现代性对民族国家和理性的超越,并以此为基础形成了人类社会生活的新结构。因此,奥勃鲁(M. Albrow)把"全球时代"视为现代化之外的时代。无论如何,我们可以这样说,全球化的发展为我们超越现代性的危机提供了必要条件。这也是技术全球化发展不可回避的重要内容,在现代性推动的全球化发展过程

---

① 张曙光:《全球化:现代性的扩张及其界限》,载《哲学动态》,2006 年第 4 期。

② 漆思:《全球化与现代性的转向及其重写》,载《吉林大学社会科学学报》,2002 年第 4 期。

③ 王善平:《现代性:资本与理性形而上学的联姻》,载《哲学研究》,2006 年第 1 期。

④ [英] 安东尼 · 吉登斯:《现代性的后果》,田禾译,译林出版社 2000 年版,第 153 页。

⑤ 参见徐贲:《通往尊严的公共生活》,新星出版社 2009 年版,第 30—31 页。

中,技术理性与现代社会的文化重建和调整构成现代性和全球化问题的重要环节。①

无论海德格尔、卢卡奇或吉登斯,他们对现代性问题做了多重角度的分析和理解,一直在寻求超越和克服现代性之路,但理论之争还是持续不断,难以达成共识。究其原因,还是在于我们探索现代性理论本身的局限性,这就是马克思的那句名言:“哲学家们只是用不同方式解释世界,而问题在于改造世界。”②所以,我们对古典经济学的批判,不能仅仅停留在理论上,这种批判还是一种实践批判。生产方式是实践的历史形式和根本方式,要扬弃这种生产方式,对现代性的哲学批判还必须超出哲学本身来完成,只有从实践出发,揭示实践的历史本质和批判本质,实现对哲学现代性的批判。对经济和技术现代性的批判和反思,也是其深层理念的重要体现。同时,这是超越纯粹抽象理论批判的根本点,是脚踏实地的“根本性批判”。③

技术理性的无限扩张是现代性危机的核心根源,而技术发展的可持续性观念蕴含着对传统技术主义的超越。为了突出全球化对现代性的超越意义,马丁·阿尔布劳指出,在全球化时代现代规划的扩张性已丧失根本冲力,对由于资源的有限性带来的种种后果的认识,以及对非持续性发展的认识,构成了对资本主义的主要打击力量。地球的限度使现代性的扩张力量遭到挫败。这同时意味着不同于现时代的全球时代的到来。全球时代的特点在于,人类的任何发展都要以作为整体且资源有限的地球为根本的参照系。④ 在全球化背景下,循环经济对现代性生产模式的克服,必须着眼于全球化,着眼于整个世界范围的经济发展。所以,对循环经济与科技生态化的理解,要求我们具有全球化的现代性视域。特别是随着人类社会全球化的全面展开,全球化带来了与人们以往所熟悉和认同的主流文化、价值、制度、生产方式、生活方式不同的新观念,它们构成了对传统价值的严峻挑战,可持续发展的文化价值维度愈显突出。这与人们对技术时间的淡忘有关,须知,技术—时间作为人类制造的重要“工具”,社会生产和社会交往都要以它为必要前提,所以从“存在—时间”到“技术—时间”的转变是人类文明进程的一个重大事件。但这个转变渐渐地使时间本身脱离存在,变成工具,人在拥有的众多技术中多了一种“时间技术”,它不断遮蔽“存在—时间”,而且社会越是发展,科

① 颜岩:《全球化、技术革命与资本主义重组》,载《求索》,2007 年第 6 期。
② 《马克思恩格斯选集》第 1 卷,人民出版社 1995 年版,第 19 页。
③ 石敦国:《从哲学现代性批判到经济学现代性批判》,载《学术研究》,2003 年第 3 期。
④ 张曙光:《全球化:现代性的扩张及其界限》,载《哲学动态》,2006 年第 4 期。

学技术越是发达,这种遮蔽越是加深,因此人的存在意义,也被“技术—时间”所掩盖了。①

全球化深刻地改变了人与自然之间的关系,并导致人与社会以及人类的生活方式、思维方式和价值观念的巨大变革。一方面,全球化既为全球性价值观的整合提供了可能,同时也为全球性价值观的冲突埋下了隐患,“全球化概念指出了一个方向,而且只有一个方向:经济活动空间在扩大;它超越了民族国家的边界,因此重要的是政治调控空间也在扩大”②。在这种情况下,“文化的本质意义在全球化背景下的彰显,构成当代世界发展的一个重要特征”③。因此,处于现代性和全球化背景之下的循环经济问题,还必须被视为文化问题,进一步而言,从文化和思想现象来理解,其中的原因就在于“现代的困境在本质上是属于文化性质的”④。在全球化与建立新的相应价值理念问题上,著名新制度经济学家西蒙·库兹涅茨在《现代经济增长:研究与意见》一文中曾指出:“一个国家的经济增长,就是不断扩大地供应它的人民所需要的各种各样的经济商品的生产能力的提高。而生产能力的提高是建筑在先进基础之上,并且进行先进技术所需要的制度上和意识形态上的调整。”⑤为此,确立以全人类共同利益的价值观念为中心的新价值观和发展观至关重要。这种新的发展观,要求将人的全面发展视为整个社会发展中心的新发展观。所以,在人与自然的关系问题上,生态问题、环境问题、资源问题、气候问题、物种问题等日趋严重,实际上是以“天灾”方式表现出来的“人祸”,以至造成人类自身生存的危机、发展的极限等。⑥

从全球化与现代性张力的角度对循环经济发展的思考,还必须注意现代性批判的全球化与局域化问题。现代性批判虽然涉及一些现代社会的具有一定普适性的内在悖论,但它与中国问题却还存在着一定的历史错位。约翰·奈斯比特指出:“亚洲现代化绝非等同于‘西方’,它呈现出的是特有的‘亚洲模式’。……东方崛起的最大意义是孕育了世界现代化的新模式。亚洲正以‘亚洲方式’完成自

---

① 郭洪水:《存在—时间、技术—时间与时间技术的现代演变》,载《哲学研究》,2015 年第 7 期。

② 俞可平:《全球化与政治发展》,社会科学文献出版社 2005 年版,第 3 页。

③ 何中华:《现代性·全球化·全球性问题》,载《哲学研究》,2000 年,第 11 期。

④ [日]池田大作、贝恰:《二十一世纪的警钟》,卞立张译,中国国际广播出版社 1988 年版,第 21 页。

⑤ [美]西蒙·库兹涅茨著,外国经济学说研究会编:《现代经济增长:发现与反映》,载《现代经济学论文选》第二辑,商务印书馆 1981 年版,第 64 页。

⑥ 欧阳康:《人文精神与科学精神的融通与共建》,载《光明日报》,1999 年 10 月 29 日。

己的现代化,它要引导西方一起迈入机遇与挑战并存的二十一世纪。”①所以,“我们应该依据时空分延和地方性环境以及地方性活动的漫长的变迁之间不断发展的关系,来把握现代性的全球性蔓延”②。

科学技术的生态化是实现现代技术与人文、社会和谐发展的重要环节,要恢复完整的人类“生活世界”,即人与自然的和平共处、社会的持续发展,人类社会、技术和整个生态圈环境的一体化才是根本的途径。在现代性角度看来,要协调好技术、人文以及其表现形态人与自然之间的功利关系,必须找到导致了人与自然关系的疏离乃至恶化的技术根源,在这种意义上,技术的现代性从起源上就有反生态性的“祛魅化”倾向。科学技术的生态化指向人类现实生活的回归,在这种意义上,我们可以说技术的生态化视域超出了单纯的人文主义的技术批判,它进一步揭示了技术生态化的核心理念:要以人为本,也就是,技术的进步应该坚持人、社会、自然的和谐发展的原则,走绿色(生态)技术进步道路。

---

① [美]约翰·奈斯比特:《亚洲大趋势》,蔚文译,外文出版社1996年版,第275页。

② [英]安东尼·吉登斯:《现代性与自我认同》,赵旭东等译,生活·读书·新知三联书店1998年版,第23页。

# 第五章　后主体性视域下的现代科学

如何超越传统主体视域的有限性，是我们思考科学现代性问题突破的关键。哈贝马斯认为，现代性主体理性化逻辑的展开，其结果产生了韦伯所谓的西方世界由宗教社会向现代世俗社会的转变，并出现了知识、道德、审美三大文化领域的分离发展。在追求人类生活的最大利益化、合理化和完美化的同时，也造成了日常生活的刻板性，科学世界与人类生活世界的分离。在现代性对有序、确定性和普遍性的追求过程中，在对理性主义、生活的合理化和政治的文官化强调过程中，也暗示了现代科学的非人性化一面，“自然科学必然会引起生活世界的非人化和现代化，进而导致生活世界意义的丧失”①。与技术理性在现代社会中的极度发展相对，人类的人文精神日趋萎缩。现代性凸显的物质效率维度、物质取向，注定忽视了人的存在和生活的精神意义和价值，技术理性的极端发展带来的是现代性的“隐忧”。② 在对主体理性哲学反思的基础上，重建融综合理性与价值于一体的新科学形象是现代性分析的根本目标。

## 一、科学技术的返魅与人文精神的回归

科学与技术的现代性给人类社会带来了物质的极大丰富，但同时在精神层面却有陷入技术理性独断危机的倾向性。当人们以技术理性取代启蒙理性的多维性之时，对现代社会造成的最突出问题就是技术理性的极端发展，科学技术化，而

---

① [德]哈贝马斯：《后形而上学思想》，曹卫东、付德根译，译林出版社 2001 年版，第 154—155 页。

② 在查尔斯. 泰勒看来，现代性设计的错误和操作的失误导致了巨大的危机，其中，现代性至少存在三个方面的隐忧：一是个人主义的极大化发展，可能导致意义丧失，道德视野褪色以及自我认同的危机；二是工具主义理性猖獗，这导致了技术的支配地位从而使我们的生活狭隘化和平庸化。三是温和的专制主义，它使当代社会面临自由丧失的危险（具体参见[加]查尔斯·泰勒：《现代性之隐忧》，陈炼译，中央编译出版社 2001 年版）。本文只这种讨论到个人主义和工具主义隐忧两个方面。

纯粹的人文精神则走向了匮乏。自法兰克福学派以来,对技术理性的批判就成为反思现代科技的主流思想。在他们看来,现代技术只关心那些可以加以量化衡量的东西以及其应用,不再去过问事物原初的人文意义和价值问题;只过问如何运用技术手段去达到目的,而不去关心其目的本身的合理性。于是,科学理应包含的对真、善、美的全面追求被剥夺了普遍的有效性。所以,技术化现代性的拯救之路在于人文精神的回归,重新使得人文精神与技术理性回归融合。可以说,对传统的技术批判,主要还是人文主义的技术批判。但在人类社会进入 20 世纪之后,由于一系列全球性环境问题的凸显,人们意识到生态环境对于人类生存与发展的意义,于是开始关注科学技术的生态影响和未来发展问题。本书认为,科学与技术现代性的人文精神与价值的回归,不应该失去"生态化"这一环节,生态化是真正实现科学技术与人文融合的重要一环,也是未来科学技术发展的新方向。

### (一)科学技术的返魅

科学与技术的现代性缘于理性精神的独立发展,但这种独立发展在失去控制和约束的情况下也会走向极端。胡塞尔曾经指出"欧洲危机的根源在于一种误入歧途的理性主义"①,进而现代科学与技术危机的根源在于"生活世界"的危机,根源于生活意义的丧失。现代理性主义实现了对自然的祛魅,进而导致了近代科学革命的兴起,但也是助长理性实证化和技术化的原因所在。从而随着技术的现代扩张,使"当前的时代是一个存在作为技术的世界出现的时代",传统以动力机械操作为特征的现代技术不再是具有初始、本真意义的原始技术,如手工技术那样以自然的方式让事物以纯粹自然的状态显示出来。海德格尔认为,这是现代人类生存世界的真正危机之所在:一个"存在被极度遗忘,远远抛弃"的时代。这也造成了它是一种缺乏精神灵性的技术文明:"我们的时代是一个理性化和理智化,尤其是将世界的迷魅加以祛除的时代;它的命运是,那些终极而最崇高的价值已经从社会生活中隐退。"②面对这种困境,我们认为,技术现代性的拯救之路在于人文精神的回归,科学与技术世界的"返魅",使得自然世界与人类社会实现本真状态的和谐有序。

所以,所谓"返魅"并非真的要恢复自然的灵魂性或神秘,而是扭转技术化自然世界的新形而上学观念。芒福德就此指出,由于以单一技术为特征的现代技术

---

① [德] 胡塞尔:《欧洲科学的危机与超验论的现象学》,张庆熊译,商务印书馆 2005 年,第 392 页。

② [德]马克斯·韦伯:《学术与政治》,冯克利译,生活·读书·新知三联书店 1998 年版,第 48 页。

已经转成了一种无孔不入的"机械"化世界观,它已深入人的心灵,变成了人们的一种基本价值观念和思维方式,所以要想使人类免于大机器所带来的浩劫,就必须来一次新革命,要用一种有机世界观来代替机械世界观,因此,人类需要将人格和生命的意义置于机器和计算机等技术的价值意义之上,也正是在此基础上,芒福德提倡一种用"民主技术",来以取代巨型机器。①这种纯粹机械论自然观的问题,在芒福德等人看来,就是要用一种有机论的生态自然观来取而代之,所以,"我们要想阻止大技术更进一步的控制和歪曲人类的一切方面,我们就必须求助于一种完全不同的模型,那是直接导源于活的有机体和有机组合,即所谓生态系统"②。而芬伯格则认为,技术的现代性虽然在全球范围内产生了巨大影响,但它依然是具有可选择性的,而且事实上也正在从统一性走向多样性,"在道路的关键性的转折点上,在系统内部展现了新的自由度"。祛魅的技术让人类感到世界的冷漠无情,而正在兴起的技术返魅运动则让我们又重新看到了技术的温情,看到了一个充满人文精神的未来科技世界。这个世界不再是由冰冷的机器和冰冷的人构成,人与人、社会以及环境是亲如一家的温暖整体,技术化不再能够控制人的情感与世界。③ 因此,我们说,技术返魅的目的就在于恢复人与其感性对象间的密切关系,那是一种原生态的亲密无间之感。

而科学与技术的返魅要想回归此种原生状态,就需要强调将人与自然之间存在的征服、对立关系还原为人和自然之间的和谐关系,用一种新的生态化而非对立的眼光看人存在的周围世界,不再仅仅满足于为了自己的利益而机械地操纵和控制自然,而是将像对待自身一样去呵护和爱护它,这样自然界才真正成为我们自己不可分割的一部分。其实,只有通过科学技术的祛魅,进而恢复技术的人性化和社会化,才能使其更富神秘性的"魅力"从而达到物我两忘的和谐。而且,现代新技术时代的到来,科学技术也越来越具有人性化和艺术化等"返魅"的特征,我们要在此基础上使得这种技术人性化成为现代社会的主流观念。相对于传统技术观念,我们说科学技术的返魅,是更强调技术发展与地球生态圈、地球环境的和谐统一。根本上讲,这种科技生态化就是要用生态思想和价值观念指导科学研究及其技术的应用,用生态规律引导和规范技术工艺体系,使科学技术能更好地为人和自然的协同进化服务。只要这样,才能走出一条"绿色科技发展之路",使

---

① 黄欣荣等:《论技术的现代性及其后现代转向》,载《社会科学》,2005 年第 1 期。
② [美]芒福德:《机械的神话》,钮先钟译,黎明文化事业股份有限公司 1972 年版,第311 页。
③ 黄欣荣等:《论技术的现代性及其后现代转向》,载《社会科学》,2005 年第 1 期。

得"生态科技"居于科技体系的中心,科学与技术达到生态效应价值得以彰显。[1]

这种生态价值体现的是科学技术对人类的终极关怀,也是科学技术本已具有的意义,而只是被现代性中的工具理性压制的部分。按照海德格尔的存在论观点,现代性及其危机的实质可以归结为人们对"在"理解的"在者"化,也即对"在的遗忘"。所以在他看来,技术现代性危机的克服,也就在于我们从现代性的旨趣即执着于"在者"而回归"在"本身。我们知道,由于现代性起源于自然与世界观的"祛魅化",这种回归"在"的过程也就是形而上学的某种复归过程,而只有这种形而上学的回归在思考才能治愈现代技术的极端化,使人重新"诗意地栖居"。因此在这里,我们所谓的形而上学回归,其实是指向现实生活世界的回归,以便恢复由于技术交往所构造出来技术世界,而对一切其他的形而上学的、神话的、宗教的或自然主义方式的视野则都已丧失的丰富世界,传统哲学思辨终止于现实生活是其根本意义。[2] 事实上,现实社会不仅仅是技术的世界,更是作为主体的人的现实生活场域,人文的生活不能被排斥掉,即"技术"与"人文"构成了现实生活内在的基本结构。而技术现代性带来的"技术僭越",也就是以技术尺度取代人文尺度,不可避免地导致了现代生活中的"人文精神退却"。所以,只有人文精神的回归才能重新恢复完整的人类"生活世界",人与自然的和谐相处便是我们这里的生态价值的中心内涵,而不必完全拘泥于环境生态意义的狭小范围。

其实,现代性本来就是以"人的发现"(尤其是理性)为其标志的,这也是现代社会得以发展起来的根本原因。但人的自我意识在经过现代性框架的发掘和过滤之后,尤其是在经过了一个飞跃式的发展之后,人们却发现这其实是个支离破碎的自我,残破不全的理性,这在于现代性在确立了主体和理性的同时,却又在这一过程中不断颠覆着主体与理性本身,而在确立了理性概念之后却又逐渐不断背离了完整的理性内涵。因为科学与技术的现代性使得人们在发现自我和自我的工具价值的同时,又一点点慢慢忽略了对自我存在本身的关注,目的本身的价值被忽视而工具或手段成为新的目标,这造成了"在者"对人文精神本质的遮蔽。特别是在技术逼促下,人们在追求技术价值的同时逐渐异化,漠视人的尊严和情感,在工具性理性的影响下忽视和贬低了人的独特的生命价值,更是沉溺于物质性享受而消解了人的道德责任良知和精神的超越性。对此,韦伯对现代性的著名诊断很好地揭示了技术现代性带来的问题实质:随着人类社会本身的合理化程度加

---

① 李建珊等:《循环经济的哲学思考》,环境科学出版社 2007 年版,第 156 页。

② [德]绍伊博尔德:《海德格尔分析新时代的技术》,宋祖良译,中国社会科学出版社 1993 年版,第 80 页。

深,人类自身却在形式化的过程中日益陷入“价值失落”和“自由失落”的困境之中。从现代性的内涵来看,技术理性和人文精神之间本来就存在着工具性与价值性的对立,技术理性的工具性特征必然推动它要对自然、外物、对象只是从其有用性方面来考虑;而人文精神的价值立场使它摆脱了对事物所采取的那种对象性的功用把握方式,采取一种非占有和非功利姿态。可以说,科学技术的现代性必然带来技术理性与人文精神的张力,而且使得人与科学技术的关系走向悖谬。

那么怎样实现技术现代性中的人文精神回归？福柯有一个很好的描述:“人,无论是孤立的还是集体的,都应成为科学的对象。”①而马克思也指出过:“正像关于人的科学将包括自然科学一样,自然科学往后将包括关于人的科学:这将是一门科学。”②在马克思看来,人才是全部人类活动和全部人类关系的本质和基础,“人是人的最高本质”,而科学主义和人文主义只有在“自由的自觉的活动”的人之本质基础上实现统一。所以,要克服技术理性的僭越的关键就在于融合科技学文化与人文文化、科学精神与人文精神的对立,特别是随着现代人本主义思潮的兴起,人们对传统唯理性主义的反思,对人的情感、意志和理念等非理性因素越来越重视,这些思潮体现了对现代性文化的对抗性反思。在这里,我们无意讨论它们的观点和立场如何,但这种趋向背后人文与科学精神融合已成为趋势,毕竟人类社会生活本身不可能完全站在理论思维的狭小空间,生活的丰富性和自足性为现代性出现的问题做出了本能的回应和限制。

但新的理论不会凭空产生,我们对实现人文精神和科学精神融合的论证,关键还在于反思传统科学技术思想的哲学基础。这突出地体现在近现代科学与技术上的二元论思维模式,即它以主客二分的形式把握世界。这种现代性立场使人们摆脱了对事物所采取的传统的那种对象性的把握方式,及由此出现的实用和工具态度,正是这种态度的存在使得人们对技术自然地持有一种工具论的态度,导致人们往往只从狭隘的工具角度去把握一切技术和对象。现代性技术理性化的展开,在世俗社会文化领域的分离发展中人们在追求人类生活的最大利益化、合理化和完美化时,科学(包括科学化的技术)无疑起到了支配作用。而传统道德和艺术审美只能跟随在强大的技术力量的身后,或者依赖于技术,或者彻底被边缘,就此科学与技术成为现代性衡量一切的唯一标准。这也是造成人们日常生活被动性的重要原因,在这种理想化科学世界观支配下,科学世界与人类生活世界分裂了,这暗示了现代技术及其世界的非人性特征,这“必然会引起生活世界的非人

---

① [法]福柯:《词与物》,莫伟民译,上海三联书店2001年版,第450—451页。.

② 马克思:《1844年经济学哲学手稿》,人民出版社1985年版,第82页。

化和现代化，进而导致生活世界意义的丧失"①。其实，无论是科学家或者普通人，它们的真实生活世界不同于现代性设定的世界。例如，在科学探索过程中，科学家像普通人一样也总是满怀情感，甚至是充满激情的，这意味着科学研究也是充满人性的过程，情感与客观性都渗透在科学活动中，鲜活的科学方法和科学精神是整个科学体系的核心和灵魂。

在对现代理性的理解方面，人们应该把"理性本身分解为多元的价值领域，从而毁灭其自身的普遍性"，以恢复启蒙理性的丰富性。② 如果用韦伯曾区分过的两种合理性而言，那就应该是强调形式合理性和实质合理性的结合，进而以克服法兰克福学派所断言的"两种理性的失衡或说技术理性的过分膨胀造成了现代技术危机"，只有以价值理性弥合工具理性的极端发展，科学技术作为冷漠工具的思想以及相关行为才能克服，使得人们意识到人自身才是科学与技术的关注中心，它同样具有人文意义和人文价值，伯姆等强调说："后现代科学必须消除真理与德行的分离、价值与事实的分离、伦理与实际需要的分离。"③但由于传统技术理性本质上发展的主要是"工具理性"，而人文精神和文化则属于一种"价值理性"，这对于现代性而言，技术理性与人文精神正是启蒙现代性所蕴含的两重内在含义，这样一来，"技术理性"和人文价值才"迎合了现代化的两重内在含义"。这种价值理性与技术理性内涵的融合，既是克服现代性危机的需要，也是现代性本身就已蕴含的应有之意。④ 现代性之后世界祛魅的过程不只是简单抛弃或扔掉某些观念的历程，它也是重构新社会生活，整体完善人类发展的过程。

其实从马克思开始，西方整个哲学传统便开始了这个根本性的转折，即科学世界向现代的"生活世界"的回归。马克思认为，这种思维和存在分离和统一的问题，是一种由形而上学思维方式虚构出来的假问题，是"在想象中脱离生活的性质和根源的哲学意识"。要批判这种虚幻的哲学意识，使哲学研究从形而上学思想禁锢中解放出来，就要揭示认识的"生活的性质和根源"，使认识论向人的现实生活世界回归，"把人的世界和人的关系还给人自己"。形而上学的抽象世界与人们生活的鲜活世界在感性生活中得到统一。⑤ 只有这样，现代性所持的抽象科学技术观才能得到真正克服，促使我们从纯功利的态度中警醒，科学与技术源于生活，

---

① [德]哈贝马斯：《交往行为理论》，曹卫东译，上海人民出版社 2004 年版，第 155 页。

② [德]哈贝马斯：《交往行为理论》，曹卫东译，上海人民出版社 2004 年版，第 237 页。

③ [美]大卫·格里芬：《后现代科学》，马季方译，中央编译出版社 1995 年版，第 86 页。

④ 王彩云：《现代化进程中科技理性和人文精神的分离与融合》，载《内蒙古社会科学》，2005 年第 1 期。

⑤ 李淑梅：《马克思主义认识论对形而上学的超越》，载《教学与研究》，2002 年第 12 期。

服务于生活,人类生活才是实现胡塞尔生活世界理想的最终依据,在生活世界中,科学技术和人文价值才能最后合而为一。进而,技术现代性危机的拯救在于超越了传统工具主义(instrumental theory)以及实体理论(substantive theory),宽泛意义上的社会生态批判可以为科学技术的发展提供动力。①

### (二)科学技术现代性拯救之路的生态学视域

由于近现代科学突出地体现为近代哲学的二元论思维模式,它以主客二分的形式把握世界,这也进一步决定了技术的基本思维样态。在这种对立思维的基础上,科学世界与人类生活世界成为两种不同的人类生活空间,在现实的生活活动中,人们执行了科学世界的基本运行模式,并将其自然化,这也是哈贝马斯所说的生活世界的非人化问题:"生活世界的非人化和现代化,进而导致生活世界意义的丧失。"②面对现代性的超越问题,必须面对科学世界的非人化现象,而技术批判是其中的一个关键环节,生活的本源意义与生态效应构成技术拯救的重要途径。

根据胡塞尔等人的理解,即现代技术危机根源于"生活世界"的危机,它来自人类生活意义的丧失问题。随着技术的现代性扩张,世界逐渐表象化,这使得"当前的时代是一个存在作为技术的世界出现的时代"快速发展起来,这使得以往以人力、畜力等为驱动的传统技术也不再具有原始技术的本真意义,正如海德格尔所要揭示的——传统手工技术以其自然的方式让事物显示出来。海德格尔认为这是现代人类生存世界的真正危机之所在,一个"存在被极度遗忘,远远抛弃"的时代。而以"主客二分的表象主义知识论的世界图景"正是现代性的产物,技术作为现代性的根本现象,从存在角度对主体理性哲学的批判构成一个基本出发点。③ 这也是我们之前反复提及的科学世界向生活世界的回归问题。在这一回归的过程中,技术现代性的拯救之路的一个关节点在于人文精神的回归,从而使得科学世界的返魅(reenchantment)。

现实社会事实上仍是丰富多彩的,而不仅仅是技术方式的生活,它更是作为

---

① 这里我们借用了芬伯格对技术批判理论的总结,在芬伯格看来,传统技术理论可以分为工具论和实在(体)论,其中的工具论代表了"最广为接受的技术观",这是"现代政府和政策科学所依赖的主导观点",这种理论认为科学技术是从属于其他社会领域的,因此是中性的,"没有自身的价值内涵"。实体论则认为技术是"自主的文化力量",技术凌驾于所有传统价值。在实体论看来,技术应该对人性与自然的后果负责,而且其影响远大于表面的目标。参见[美]安德鲁·芬伯格:《技术批判理论》,韩连庆 、曹观法译,北京大学出版社 2005 年版,第 1—42 页。

② [德]哈贝马斯:《交往行为理论》,曹卫东译,上海人民出版社 2004 年版,第 155 页。

③ 李智:《海德格尔对现代性的批判》,载《厦门大学学报》,2000 年第 3 期。

主体的人的无限可能的生活，不仅包括科学、技术的活动，也包括人文、审美等的生活，而“技术”与“人文”构成了现实生活内在的基本结构。技术现代性带来的“技术僭越”，只是以技术尺度取代人文尺度，这才不可避免导致了现代生活中的“人文精神退却”问题。所以，我们要想使得科学与生活世界合二为一，只有让人文精神的回归才能重新恢复，这样完整的人类“生活世界”才会出现。只是由于理性主义的胜利使得人们认识到可以用人的理性发现和表达事物内在的本质，从而以为发现那唯一而永恒的真理。这是现代社会的一种新的信仰，现代性以理性的名义表达的，人因理性而成为世界的认识者和创造者。① 但随着人类理性立体的回归，这种情况就可以在两个世界的关照之中逐渐克服现代性的局限。

但我们在理解和论证技术理性与价值理性融合、技术的人文精神回归时，还存在一些普遍的误区。何谓用人文精神弥补技术理性的不足呢？在这一问题上，以往我们更多是在强调技术的“以人为本”，但这种视角却还是站在了纯粹“工具理性”的立场上，只是从自我的对立来理解自然和技术问题的。因此，这种技术批判着重于强调现代性在确立了主体的同时又颠覆了主体性方面，技术理性使人们在发现自我价值的同时却将其工具化。这种批判本身是没有问题的，技术理性的极端发展确实遮蔽了人的存在意义。但在强调技术以人为中心的时候，人们还是做了一种狭隘或功利的“人类中心主义”的处理，即只仅仅着眼于“人自身”，仍从工具性视角看待技术，用之服务于“丰富的人性”。我们在理解技术与人文融合的时候，这事实上只是从工具理性的角度看待二者关系，单纯将技术视为服务于人类发展的需要，即注意到了知识（技术）与价值判断两个方面。进一步而言，是忽视了人类生活本身的丰富性，忽视了技术同社会与自然环境的协调发展，在实践中造成了严重的生态问题。

进一步而言，这是我们对人、人的实践活动做了抽象化理解的结果。在马克思看来，只有“人是全部人类活动和全部人类关系的本质、基础”②，所以人才是全部人类活动和全部人类关系的本质和基础，“人是人的最高本质”，而科学和人文主义只有在“自由的自觉的活动”的人之本质基础上实现真正的统一。这样，要克服技术理性僭越的关键就在于人类的感性实践活动本身，我们如何“把人的世界和人的关系还给人自己”成为关键。可见，我们对二者的融合其实是忽视了人类实践活动的对象性特征：人是感性的、实践的人，他是与社会与自然环境协调一致的。正是这种对实践对象和“存在”的忽视，才在现实社会实践中造成了诸多问

① 韩震：《重建理性主义信念》，北京出版社 1998 年版，第 337 页。

② 《马克思恩格斯全集》第 2 卷，人民出版社 1972 年版，第 118—119 页。

题。所以，科学与技术现代性的人文精神回归，必须以人与自然的关系为支点。在传统生活世界理论基础上，将世界的关系中心置于人和自然的效应层面，也就是"生态"的丰富性方面，我们不应该失去"生态化"这一环节去讨论技术的现代性，科学技术的生态化是实现技术与人文融合的重要一环。只有这样，现代性所持的抽象技术观才能得以克服，并促使人们从纯功利的态度中警醒，所以说，人类的感性实践活动本身才是实现人文与科学融合的基础。

再从人类文明形态来看，工业文明体现的是科学与技术理性的世俗文明，所以对功利的追求是这种文明本身的内核，也是我们讨论科学技术之于现代性的基本视角。而对科学与技术的反思，我们现在也正经历着从人文批判向生态批判的发展过程：工业文明对功利的片面追求已经陷入不可自拔的危机中，要彻底克服它，只有用一种新的生态文明取代传统的工业文明，这才是人类文明的基本发展之路。在此意义上，我们可以说，传统科学技术批判理论主要是一种人文和社会批判，它着眼于技术与人的精神、社会层面之间的关系。但科学技术的生态效应亦是我们对科学技术反思的一个关键点，正如巴里·康芒纳（Barry Commoner）指出："在现代工业社会里，社会与它所依赖的生态系统之间的最重要联系是技术。现在已经控制了像美国这样一个发达国家的很多生产的新技术与生态系统相冲突的事实，是非常值得注意的。是它们使环境恶化了。"①与工业文明相比，未来科学技术发展的目标应指向作为一个有机整体的生态系统本身，指向人与自然的综合效应，而非再是单纯的经验效率和利益考量。即使是根据生态学原理，我们将科学技术发展与生态学科相结合，发展更有生态效应的生态产业，而相关的环保科学理论与技术产业构成基本的技术基础，循环经济模式构成新社会生产的基本经济模式，这种科学技术的生态价值事实上已超出了传统单纯的技术价值（表现为一种纯功利的经验价值），而更广泛意义的"生态价值"还有待进一步开发。

### （三）生态化对技术中心主义的超越

技术现代性带来的是一个充满危险、难以驾驭的时代，其本身就具有双重性：既给人类社会带来了进步与繁荣，同时又带来许多令人担忧的问题。现代技术作为现代性运动产物之一，"技术问题"不仅反映了人类与自然之间关系的冲突，还反映了技术理性这个现代性运动的核心文化理念自身的矛盾与困境。现代技术在这种深层矛盾的运行过程中逐渐表现出的技术中心主义的基本特征：技术决定论和技术乐观主义。

---

① ［美］巴里·康芒纳：《封闭的循环——自然、人和技术》，侯文蕙译，吉林人民出版社 1997 年版，第 141 页。

其中,技术决定论即工具主义至上,指的是技术在计算最经济地将手段应用于合目的时所凭靠的合理性,这一切都逐渐演绎为可以用函数进行量化分析并以经济生活的“帕累托最优”为度衡量。当韦伯在揭示现代性困境时就曾指出,技术现代性造就了现代社会生活的合理化以及管理的科学化,其中社会生活的合理化体现之一是对效益的过分强调,以有用性为标准对周围的事物进行取舍,为了这一目的生产者被迫日益陷入单向度的发展,这单向度体现为人的被工具化。所以韦伯形象地把近代整个现代文化与世界观的理性化合理化过程称为“除魅”:“任何时候只要人们想知道,就能够知道;原则上说,再也没有任何神秘的无法计算的力量在起作用,人们可以通过计算掌握一切。”①贝尔也指出,在看重经验效益的现代社会,个人受到社会角色的要求,必然被当作物而不是人来对待,他成为最大限度谋求利润的工具,人本身异化为资本、利润的工具。随着人类对自然的征服,轰轰烈烈的工业技术实践活动使得以往只有想象中存在的东西转化成了现实:“把工具性从目的之中解放出来,这是工业革命时期的重要特色。而在前现代时候目的是带有强制性的,为了能够使得工具性从中脱离,工具就需要超越目的,这种工具性对目的的超越为现代社会增加了一种独特而空前自由的感觉。”②这样的直接后果就是现代社会的效率优先性、物质需求先决性,一切必须服从利益的原则。所以卢卡奇说:“最重要的是在这里起作用的原则:根据计算、即可计算性来加以调节的合理化原则。”③技术理性的膨胀使得传统社会的一切神圣价值“祛魅”,导致了现代社会一切行动都变成可计算、可预测并追求功能效率的最大化。

与技术决定论相联系的是技术乐观主义。科学技术的现代性过程,表现为技术与生活的理性化和“祛魅”,导致了技术的功用主义,人们把技术当作独立于人类的一种自我设定目标的自主力量,从而将技术及其作用偶像化和绝对化,并置于社会经济根源之上,被人们看成是决定人类社会发展的终极原因。所以,现代以来的科学技术观都认为所有科学与技术都事实上是“好的”(虽然表述上可能是中立的),它体现了人类文明的进步性,而且,在这种科学主义或技术主义来看,社会发展中所遇到的一切难题都可以通过技术进步来解决,即从长远的角度看,技术是万能的。具体涉及科学技术在人类与环境问题的关系问题上,技术中心主义认为,技术的发展在人与自然关系问题上处于关键地位,这决定了二者的关系:面

---

① [德]马克斯·韦伯:《学术与政治》,冯克利译,生活·读书·新知三联书店 1998 年版,第 29 页。

② Banman, *Postmodern Ethics*, Oxford & Cambridge. 1993, p. 190.

③ [匈]卢卡奇:《历史和阶级意识》,张西平译,重庆出版社 1990 年版,第 149 页。

对全球性生态环境问题，其解决方法最终还是取决于技术的进步，新技术的发展会带来经济效益的提高并导致自然资源的节约，因此技术进步最终是有利于人类的环境改善和节省资源的。

事实上，这种对技术中心主义的理解是与我们对科学与技术功能的传统理解密切相关的。技术中心主义思想的根源在于我们主要是从生产力角度来阐释技术的，即使对现代技术的批判，也是从生产力层面分析其负面因素的，并由此揭示技术的意识形态功能（文化批判）。这就是一般被人们称为社会学的技术批判理路，它主要是从社会学角度批判技术所处的社会环境、社会条件的。但在这种理解之中，我们有一个不言而喻的预设：其理论前设是地球上的资源是无限的，人类改造自然的生产活动也可以无限制地进行下去。为此莱斯总结说："乌托邦梦想的尘世观点总是认为地球的资源，包含着对人类幸福和需求满足的充分资源，人类的不幸基本上只是由于未能很好地调整好社会关系。"①实质上，这一理论前设是"非生态学的"（nonecological），亦即它没有考虑到人类在无限发展的生产过程中可能面临的总体性的生态危机。② 这样，我们的科学技术批判就从社会批判过渡到一直被忽视的生态学技术批判。

在生态学视野里，科学与技术现代性的后果就不再仅仅是社会、文化危机，它也带来了生态危机，"在现代工业社会里，社会与它所依赖的生态系统之间的最重要联系是技术。现在已经控制了像美国这样一个发达国家的很多生产的新技术与生态系统相冲突的事实，是非常值得注意的。是它们使环境恶化了"③。所以，对于技术的应用，我们不能只考虑技术上是否可行，经济上是否合算，而没有考虑它是否会危及周围环境，危及自然的问题。把技术与生态效应联系起来看，传统技术中心主义的局限性（理论预设的非生态性）在一定程度上被克服了：地球是一个有限的生态大系统，人类与自然是共生共融的有机整体，其承载能力也是有限的。当技术发展超出经济社会与生态环境的承受力时，技术危机就出现了，技术并不是万能的。只有"恰当引导的技术，在生态系统上也能够是成功的"④。所以"我们至少也能运用新的生态学观点来拯救日益衰落的生物物种、种群、群落及生

① ［加］威廉·莱斯：《自然的控制》，岳长龄等译，重庆出版社 2007 年版，第 8 页。

② 参见俞吾金：《从科学技术的双重功能看历史唯物主义叙述方式的改变》，载《中国社会科学》，2004 年第 1 期。

③ ［美］巴里·康芒纳：《封闭的循环——自然、人和技术》，侯文蕙译，吉林人民出版社 1997 年版，第 141 页。

④ ［美］巴里·康芒纳：《封闭的循环——自然、人和技术》，侯文蕙译，吉林人民出版社 1997 年版，第 148 页。

态系统免于毁灭”①,现代性逻辑既定了对自然征服的必然性要求,但其又不可避免地陷入现代性的悖论之中:“每一种彻底粉碎自然奴役的尝试都只会在打破自然的过程中,更深地陷入到了自然的束缚之中。这就是欧洲文明的发展途径。”②

如果将人与自然之间的关系视为一种生态关系,那么在生态学视野中的自然界,就不再只是近代人类认识和征服的对象,人与自然是和谐一体的,只是由于现代技术的功利性发展使得传统家园感被剥离成为争斗和征服的战场。随科技的生态化发展起来的应该是一种新的生态或绿色经济。这种生态化经济作为一种全新的理念,较之于传统工业经济它代表着一种新型的经济模式,这也决定了它同时也是一种新的思维模式甚至是人类的生存方式。技术的生态以及经济的生态化本身就展示出了人与自然、社会关系的一种全新关系的可能性,这种广义的生态效应关心人的多重需求和价值、经济与情感是共融的。经济的生态化要求转变了人与自然之间的关系,强调用一种新的生态化眼光看人存在的周围世界,人与其存在世界的关系形成一种综合性的生态化效应,这要求自然成为人不可分割的一部分,而作为人与自然中介中的科学技术,也必须服从于这种生态效应,这是对人类的终极关怀,经济生态化代表了未来经济与科技发展的新方向。在此意义上,生态化对于技术中心主义的超越具有重要意义和价值,这种新的价值观念为人与自然、技术与环境提供了科学与技术发展的综合要求和标准。③

(四)返魅:技术生态化的重要环节

生态学为我们的科学技术反思提供了重要的理论依据,但“对于现代性的真正批判不能不是双重批判,而对于资本世界的原则高度的批判不能不是对于现代形而上学的原则高度的批判”④。技术的现代性本身就是一个“祛魅”的过程,技术生态化的实现,首先需要的是技术观的“返魅”,这也造成了现代社会是一种缺乏精神灵性的技术文明:“我们的时代是一个理性化和理智化,尤其是将世界的迷魅加以祛除的时代;它的命运便是,那些终极而最崇高的价值已从社会生活中隐退。”⑤它强调人与自然之间的功利关系,导致了人与自然关系的疏离乃至恶化。

---

① [美]唐纳德·沃斯特:《自然的经济体系:生态思想史》,侯文蕙译,商务印书馆 1999 年版,第 481 页。

② [德]霍克海默、阿多尔诺:《启蒙辩证法》,洪佩郁、蔺月峰译,重庆出版社 1978 年版,第 10 页。

③ 李建珊等:《循环经济的哲学思考》,环境科学出版社 2007 年版,第 155—156 页。

④ 吴晓明:《论马克思对现代性的双重批判》,载《学术月刊》,2006 第 2 期。

⑤ [德]马克斯·韦伯:《学术与政治》,冯克利译,生活·读书·新知三联书店 1998 年版,第 48 页。

自然界作为人的本质力量的对象化,通过技术这一环节,与人类沟通起来构成现代社会的一个基本矛盾。所以,要重建人与自然的和谐关系,最重要的就是要改变现代性带来的人与自然的传统观念,使人们重新认识到人与自然血肉相连的生命联系,即人们一般所说的自然“返魅”。

大卫·格里芬就直接针对近代科学对自然的“祛魅”,提出自然的“返魅”主张。① 简言之,在格里芬这里,所谓的技术“返魅”还是在强调一种生态价值观:应该对生态环境赋有一种道德、感情上的关怀,而非将其仅仅当作一种有用或无用的工具。自然的祛魅为人类统治征服自然提供了世界观的基础,并导致了人与自然的尖锐对立和生存危机。为了克服这种人类中心主义的世界观,一种彻底生态学的后现代世界观,它以生态系统的和谐、稳定和美丽作为最重要的理论原则,试图通过把价值、目的、经验赋予万物,承认事物也具有内在价值,从而把事实和价值等同起来,以增加自然的情感性和人们对自然的尊重,从而为环境伦理学的建立,以及建立人与人、人与自然之间的和谐关系创造了条件,有助于人们树立生态中心主义的伦理观念,有助于构建并发展关于动物、植物和生态系统的价值体系,弥补西方伦理学和传统哲学在自然和人类、事实与价值之间划定界限的缺陷。

相对于技术现代性的“祛魅”化,技术的生态化建立自然“返魅”的有机论世界观基础之上。它肯定人类只是生态系统的一部分,万物既是主体,又是客体,人类也不例外,在整体与部分的关系方面,强调个体是作为整体的一员而存在的,只有他们投身于整体的复杂关系网中才有意义。在人与自然的关系方面,生态学强调人与自然的关系应是一种和谐、共生、协调发展的关系,一种有着内在平等交流的生命关系。“我们是自然界的一部分,而不是在自然界之上;我们赖以进行交流的一切群众性机构以及生命本身,都取决于我们和生物圈之间的明智的、毕恭毕敬的相互作用。”②返魅后的自然界,就不再只是人类认识和征服的对象,因为人与自然是和谐一体的。

技术返魅的目的就在于恢复人与其感性对象之间的密切有机关系。海德格尔把现代性的实现看作是形而上学思维方式的完成过程,这一过程也就是韦伯视为一个“祛魅化”的历史进程。形而上学自柏拉图以来就渴望在理性之光的照耀下让一切大白于天下,要让一切存在者的存在都有根据,即都有充足的理由。技术的生态化将人与自然之间存在的征服、对立关系还原为人和自然的和谐关系,

---

① 当然,在格里芬那里他试图把各种自然物都描绘为有目、有意志的,能够进行自组织活动的存在,一个有机的、神性的世界,这与我们的观点大不相符。

② [美]斯普雷纳克:《绿色政治——全球的希望》,石音译,东方出版社 1988 年版,第 57 页。

用一种新的生态化眼光看人存在的周围世界,不再仅仅满足于为了自己的利益而机械地操纵和控制自然,而是将像对待自己的亲人一样去呵护它,自然成为我们不可分割的一部分。通过技术的祛魅,恢复技术的人性化、社会化,更富神秘性的"魅力"。而且,现代新技术时代的到来也使得技术越来越具有人性化、艺术化等"返魅"特征。相对于传统技术观念,技术的生态化更强调技术发展与地球生态圈的和谐统一,从根本上讲,经济生态化就是要用生态思想指导科学研究和技术应用,用生态规律引导和规范科技体系,使科学技术能更好地为人和自然的协同进化服务,进而"在保证了生态可持续"的同时使科技带来"明显的经济效益"。① 体现科学技术对人类的终极关怀。所以我们说,生态技术代表了未来技术发展的新方向,只有技术的生态化才能实现技术理性与人文理性真正融合。

### (五)小结:科学技术现代性回归的"生态"意义

简而言之,技术的绿色化或生态化是一个全新的理念,它代表着一种新型的思维模式和人类生存方式,其本身就展示了人与自然、社会关系的一种全新形态。这种全新的思维方式,要求我们扬弃笛卡尔以来近代哲学简单地把人与自然关系归之为主、客体关系的思维模式,而要从人的存在与意义出发来把握人与自然本然性的、和谐的、有机的整体联系。只有这种"温和的技术",才代表着一种真正和平的力量,是一种能促进个人自主活动、个人与自然融合的具有民主倾向的技术。因此,我们说只有建构起这种新的生态技术来打破植根于现有技术的统治逻辑,才能实现社会的发展、人的自由以及自然的生态平衡。

前面我们已经提到,由于技术理性化的展开,在科学技术的发展过程中产生了向世俗社会的转变,在社会及其文化的分离发展过程中,技术思维成为现代性衡量一切的标准。我们以往对人文与技术融合的理解,主要也体现为技术与人文道德的结合。人们在追求人类生活的最大利益化、合理化和完美化时,科学(包括科学化的技术)起到了支配作用,道德和艺术审美只能跟随在技术的身后,成为现代性衡量一切的、唯一的最高标准。但这也造成了日常生活的被动性,科学技术世界与人类生活世界的分离,所以伯姆强调说:"后现代科学必须消除真理与德行的分离、价值与事实的分离、伦理与实际需要的分离。"②如果将技术发展放在道德、知识与审美三个维度之中,我们将重新看到,人的生活和需要是丰富多彩的,它既包括物质生活,又包括精神生活,既有生存的需要,也有享受和发展的需要,即"已经得到满足的第一个需要本身、满足需要的活动和已经获得的为满足需要

---

① 陈俊:《和谐社会视域中的生态文明科技观》,载《沈阳教育学院学报》,2008 年第 4 期。

② [美]大卫·格里芬:《后现代科学》,马季方译,中央编译出版社 1995 年版,第 86 页。

用的工具又引起新的需要”①。

其实,从生态文明的价值诉求来看,科学技术的生态化实也还蕴含着人文伦理视域的要求。科学与技术中介着人类与自然的和谐发展,在伦理关系上,它要求我们关注两方面的伦理关系:第一是人与自然之间的伦理关系,第二是自然所中介着的人与人、人与社会以及社会与社会之间的伦理关系。就前者而言,构建人与自然的伦理关系,对于激发个人从内心生发出对自然的热爱,从而在现实中增加爱护大自然的自觉性有很大意义。在这方面,阿马蒂亚·森首先指出了现代社会中经济学与伦理学的严重分离,这一分离无论对于现代经济学或者伦理学都是一件“非常不幸的事情”,所以“经济学的研究最终必须与伦理学研究和政治学研究结合起来”②。技术中的生态文明伦理观必然要折射出人与人、人与自然之间的伦理关系,这有助于使生态文明真正落到实处,实现人与自然的和谐统一和进行和谐社会的构建。

总之,相对于传统科学技术观念,技术的生态化着眼于从科学与技术的生态效应对科学技术本身价值和意义的评估,它体现的是科学技术对人类的终极关怀。所以我们说,生态技术代表了未来技术发展的新方向,只有技术的生态化才能实现技术理性与人文理性真正融合,从根本否定现代工业文明的价值观和思维方式,超越现代技术难题。在沉重的生态危机面前,人类不得不对近代以来所津津乐道的工业文明进行深刻的剖析和反思,也正是这一历史性契机成为滋生新型文明形态的现实土壤。生态文明是作为人类反思工业文明的一个产物出现的,这一般被人们称为现代文明的生态转向,生态与科技的结合人类对未来文明走向的一种必然选择,生态化构成现代性科技发展逻辑中的一部分。技术的生态化是实现现代技术与人文、社会和谐发展的重要环节,要恢复完整的人类“生活世界”,即人与自然的和平共处、社会的持续发展,人类社会、技术和整个生态圈环境的一体化才是根本的途径。“在未来的几年中,新的时代会向我们展示一个全球环境危机的世纪。这场危机就是灾难性的环境退化,这对于我们来说已经是不可避免的命运了。作为历史舞台上的一个角色,我们在领会了这一命运概念后,就应该及时拒斥这前一个时代遗留下来的以技术掌握自然的观念。只有这样做了,我们才能够明确我们的紧迫任务,虽然我们还无法找到解决的方法:为正确地诠释人类和自然的关系探索出一种适当的政治形式。”③

---

① 《马克思恩格斯选集》第1卷,人民出版社1995年版,第32页。

② [印]阿马蒂亚·森:《伦理学与经济学》,王宇等译,商务印书馆2003年版,第9页。

③ [加拿大]威廉·莱斯:《自然的控制》,岳长龄等译,重庆出版社2007年版,第14页。

## 二、"生活世界"中的科学知识生产

"现代性观念是时间性的,也即只有在时间这个特殊的意识框架之中,包括历史性的时间、线性不可逆和不可逆的、直线向前的时间里来理解。"①时间性和活动是理解现代性的关键因素。20 世纪以后,时间性和实践的观念在科学哲学中受到的关注和地位得到了进一步增强,人们普遍意识到人类现实生活在理论认识活动中的作用,实践概念开始明确地以作为权力的形式表现了对知识的理解中,因为只有实践才具有支配的力量,而支配就意味着权力的介入,通过"权力"打破了理性主义的垄断,从而有效地拒斥了逻各斯中心主义、知识真理和合理性的基础。② 这成为哲学界对科学知识及其活动的一种有很大影响力的解读思路,作为尼采的这种思想的后继者,海德格尔也抛弃了胡塞尔式的科学主义迷梦,在其实践解释学中他将科学知识看作是历史形成的,根植于语言体系之中的世界观,将科学知识实践地纳入我们的生活世界中来理解。③ 这在一定程度上也回应了马克思批判:"至于说生活有它的一种基础,科学有它的另一种基础——这根本就是谎言。"④因为,如果在人类生活实践之外再设置一个科学的基础,那么就势必会使得科学认识活动脱离社会生活实践的制约,进而致使科学及其知识的绝对化,但是,科学认识活动是与人的其他活动一样的,都是现实的人所从事的现实活动。这种社会活动同其他现代社会现象类似,特别是在 20 世纪后半期以来,人们越来越将其视为一种社会劳动和社会分工的社会产品。⑤

### (一)生活世界观念:对主客二分思维模式的超越

吉登斯曾经很有代表性地提问说,以理性为代表的现代性为什么没有创造出一个它所预想的世界?⑥ 这是 20 世纪以来学界对现代性以及认识论的普遍反思。面对对人类理性能力的质疑,对认识合理性的质疑,超越传统认识论的固有模式变得越来越重要。首先从思维方式上看,以认识论为中心的近代哲学,它是以现代性逻辑的主客体的二分为前提的。自笛卡尔创立"我思故我在"的第一原理实现哲学的认识论转向以来,无论是唯理论与经验论的争论,还是德国古典哲学的探索,都是以主、客二元分立为前提,目的是为知识求得一个自明性的、确定性的

---

① M. Calinesen, *Five Faces of Modernity*, Duke University Press, 1987, p. 23.

② 邱慧:《实践的科学观》,载《自然辩证法研究》,2002 年第 2 期。

③ 邱慧:《实践的科学观》,载《自然辩证法研究》,2002 年第 2 期。

④ 《马克思恩格斯全集》第 42 卷,人民出版社 1979 年版,第 128 页。

⑤ 李淑梅:《马克思主义认识论对形而上学的超越》,载《教学与研究》,2002 年第 12 期。

⑥ A. Giddens, *The Consequence of Modernity*, Stanford University press, 1990, p. 151.

基础。既然是主体对外部实在的认识,那么这个确定性基础只能在主体或者客体方面去寻找依据,这造成了近代唯理论与经验论之争。① 抛开它们之间存在的具体理论差异,传统哲学还是存在许多一致之处的,事实都属于理性哲学的范畴,理性是认知的基础,而且,在此都采取了一种静观认知的方式,作为主体的人站在实在之外对作为客体的对象进行静观考察,通过客观的方法论获得关于对象的客观知识。这一点从古希腊自然哲学就已经奠定了基础,实在与信念是一种对应的静观结果,而镜式比喻正是这一传统的最好表述。②

事实上,近代哲学认识论正是起源于这样一种对象性的思维方式,它把自然世界当作一个客观对象来把握,通过具有客观性的逻辑、数学或实验等方法以求得现象、经验背后的绝对"本质"和"规律",它在西方整个哲学发展过程中,尤其是近代哲学的发展中产生了过重大的影响。表象主义是对这一思路的很好直接,主客二分构成这种认识论传统的基本框架和维度,因此也成为人们反思的基本点。③ 例如,海德格尔认为正是笛卡尔哲学是造成主客体二元分裂的直接原因。其实,近代哲学中主客分裂的结果,早在苏格拉底时代的哲学里就已经埋下了不幸的种子,当时的哲学家们主张聆听来自存在本身的声音,然而,从苏格拉底开始,存在逐渐被遗忘,被存在者尤其是对人这种存在者的研究取而代之,如此一来,人与其他存在者的合一的关系被打破,人逐渐与其他存在者相对立。这一反思引领了之后人们的基本批判方向,"二元论的对立造成近代认识论"存在的一系列难题。④ 但正如我们在前面早已指出的那样,它导致了近代哲学一直无法解决的认识论难题,在胡塞尔和海德格尔这里,哲学与科学导致的欧洲危机表明现代性知识的有限性,人类理性已经抵达其极限可能性,现代性诉诸理性原则也是有其范围的。⑤

由于二元论思维把理论认识活动中的认识主体和认识对象都视为某种现成在、固定之物,这种思维方式既是一种哲学思维方式,也成为自然科学的基本思维方式,这暗示着要把人类认识绝对化和固定化,这种知性认识方式有一个假定的前提,即它认为任何事物都有一个固定不变的本质,认识了这一本质,也就了解了

---

① 李美辉:《自我意识在西方哲学史上的发展历程》,载《北方论丛》,2005 年第 4 期。

② 高忠建等:《论海德格尔对近代哲学的视野转换》,载《河南师范大学学报》,1999 年第 3 期。

③ 汪雪:《走向生活世界》,载《理论月刊》,2003 年第 9 期。

④ 高忠建等:《论海德格尔对近代哲学的视野转换》,载《河南师范大学学报》,1999 年第 3 期。

⑤ Daniel Videla,"On the Narratives of Science",*Human Studies*,1994(17),p. 193

这个对象。本质主义既是近代认识论发展的前提,也是其基本预设。① 另一方面,它也预设了我们的认识能够达到对客体的完全把握,这是整个近代认识论乃至自然科学得以成立的基础,但在具体的理论论证方面,无论是科学与哲学都显得有些无能为力,在对事物的知性思维方式等方面产生许多矛盾之处,这是近代认识论的经典难题,由于二元论把事物分成本质与现象,但本质与现象如何实现统一等问题构成近代认识论的基本问题。在这种二分基础上,经验与信念、现象与知识的二分随之形成,认识论的知识世界与人们生活的实际世界也逐渐二分。② 现代性通过把世界二重化,确立了我们所熟知的知识的二分对立:现象是本体的表现,本体是现象的根源;现象是可以经验的领域,本体是超越经验的领域。由于实体主义断言变化不定的现象世界是虚假的,永恒不变的本体世界才是唯一真实的、值得追求的实在世界。所以,传统哲学竭力追问这现象世界背后的永恒不变的实体,走向了本质主义。以科学知识为代表的现代认识实现了苏格拉底以来的本质主义理想。③ 可见,本体与现象的二分背后,仍有本质主义的追求含义这里面,而"按照海德格尔的看法,自柏拉图到黑格尔的旧形而上学本体论在西方哲学史上占主导地位,而海德格尔本人,则要打破这种旧传统,不允许谈论什么人的超时空的永恒的抽象本质,谈人就是谈时间中的现实的人的存在。如果我们把海德格尔以前的旧形而上学本体论叫做'本质主义',那么,海德格尔的存在主义就是以反对本质主义为特征的哲学"④。认识论的本质主义在理论层面建构了一个看似完美的科学世界,但在此框架之中却没有人的真实生活与认识,一切只是一种形式的合理性。

所以,人们认为传统理性哲学关注于理论世界却对现实生活世界的遗忘引起了现代哲学的极度不满,他们均以超越这种传统理性模式为己任。如海德格尔认为,这些哲学家的尝试都是失败的,究其实质,是因为其解决这一问题的立足点有瑕疵,他们都从认识论的立场来解决认识矛盾,而在认识论之内是无法彻底解决认识自身的矛盾的。因此,要真正解决认识论的矛盾,彻底克服认识的主客分裂,必须进行哲学的视野转换,使其具有更加广阔的本体论眼光。海德格尔通过生存论去建立存在论,便是为了实现这一视野转换所进行的尝试。其中心观念是在认

---

① 高忠建等:《论海德格尔对近代哲学的视野转换》,载《河南师范大学学报》,1999 年第 3 期。

② 高忠建等:《论海德格尔对近代哲学的视野转换》,载《河南师范大学学报》,1999 年第 3 期。

③ 侯忠海:《试论海德格尔对实体主义的超越》,载《湖北大学学报》,2007 年第 4 期。

④ 张世英:《天人之际》,人民出版社 1995 年版,第 321 页。

识论背后寻找更为基本的前提基础，而认识论则是次生性的。① 进而人们指出，在这种以理论思辨方式来表达对现实生活世界的事件和问题的理解和思考的过程中，却事实上隐含了对现实生活世界的遮蔽。例如，胡塞尔面对深刻的欧洲"科学危机"时认为，导致这场危机的根源在于在科学世界的建构过程中，人们偷偷地或无意识的取代了源初生活世界，并将其遗忘，因此，要摆脱这场危机，就必须回归生活世界。② 他这样写道："然而，最为重要的值得重视的世界，是早在伽利略那里就以数学的方式构成的理念存有的世界开始偷偷摸摸地取代了作为唯一实在的，通过知觉实际地被给予的、被经验到的世界，即我们的日常生活世界。"③在此背景下，生活世界领域在人们的视野中逐渐成为理论舞台上的重要角色，并日益显示出丰富的内涵。很多哲学家都把目光投向人类的生活领域，提出了所谓"生活世界"的理论。

把生活世界理解为通向科学世界或哲学世界的通道，胡塞尔认为，原初意识自然呈现的生活世界才是反思意识的科学世界和哲学世界的基础，在一定程度上他已经指出了笛卡尔以来认识论理论哲学的问题所在。这对于哲学从现代主体中心、一元理性向当代的多元理性和后现代相对理性和无理性过渡具有重要的启示意义。在胡塞尔看来，实证科学所面对的客观世界要以一个更为普遍有效的世界为基础和前提，而这个基础和前提正是人们所忘却的领域——"生活世界"，这个对生活世界的遗忘"也就是对人的遗忘"④。之后的海德格尔哲学已经从意识反思转向生存直感的"此在"，海德格尔的逻辑起点"此在"是一种"在世存在"，是一种纠缠在日常事务和具体器具使用中与他人和他物的共在，这种反思的自我意识之前的世俗性和实践性特征恰恰是胡塞尔生活世界理论所要寻求而没有寻求

---

① 高忠建等：《论海德格尔对近代哲学的视野转换》，载《河南师范大学学报》，1999 年第 3 期。

② "生活世界"作为一个专门论题是在 1936 年发表的《欧洲科学的危机与超越论的现象学》中出现的（胡塞尔 1917 和 1919 年的手稿、1924 和 1925 年的出版物中已多次出现过）。胡塞尔有时也把"生活世界"（alltagliche Lebenswelt）称作"日常生活世界"（Lebenswelt）或"周围世界"（Umswelt ）。它是胡塞尔后期的一个重要思想，但在胡塞尔及后来许多哲学家那里，此概念的内涵并没有得到明确阐述，更多是见仁见智。参见王怀君：《人伦传统与交往伦理》，山东大学出版社 2007 年版，第 90 页。

需要指出的是，"在胡塞尔那里，与人有关的'生活世界'只是作为先验分析的出发点，才成为先验哲学的课题，一以进入到先验哲学的领域中，作为具体生物的人及其生活世界立即便遭到排斥。"参见倪梁康：《现象学及其效应》，生活 · 读书 · 新知三联书店 1994 年版。

③ ［德］胡塞尔：《欧洲科学危机和超验现象学》，张庆熊译，上海译文出版社 1988 年版，第 58 页。

④ 夏宏：《生活世界理论视域中的现代社会危机》，载《广州大学学报》，2010 年第 10 期。

到的东西。这种“原初意识”呈现的就是科学世界和哲学世界的共同源头。① 由此,我们也可以看出生活世界哲学的具体转变过程。此外,维特根斯坦后期的“生活形式”(Leben Form)观念也为我们理解这种生活世界的回归提供了有益的思路。为了解决语言的意义问题,维特根斯坦从以往分析哲学对语言进行的抽象逻辑分析以获取意义的方法又回归到了日常生活世界,强调语境和语用的意义,语言的真正意义就呈现于丰富多彩的生活形式之中,使用一种语言就是采用一种生活形式。如此一来,语言游戏也变成了一种生活形式或者日常世界。② 维特根斯坦认为,世界图式是一个完整的语言或信念体系,对于不同语言游戏及其规则而言,它起着生活背景和理论框架的作用。其实,“维特根斯坦使用这个表达式是想强调,世界图式和它的组成‘概念’‘信念’‘规则’‘命题’形成了一个系统,这个系统不只是一个超然的、纯理智的结构。确切的说,它以无数种方式、无数次地同我们的日常实践交织在一起。就像每一种别的有限的语言游戏一样,世界图式以生活形式、以‘实践’为基础。我们并不把我们是世界图式的各个部分看作是需要对照经验加以检验的‘假定’或‘假设’”③。生活形式是人们“必须接受的东西,给定的东西。为此维特根斯坦举例说,在一个陌生的国度里,即使我们因为某种原因偶然懂得了他们的语言,但如果不了解他们的生活形式,也还是不能真正理解这个国家的人民。只有知道了他们的生活形式,我们才明白他们用语言做什么,以及语言怎样适应于他们的活动。哲学的研究不能脱离生活,不能成为脱离生活的空想。在我们的哲学研究中,我们不应当使我们的语言成为‘空转的马达’,他对生活形式的回归实际上就是在寻找被实证主义所遗忘的人的世界和生活的世界”,“寻找作为生活形式的语言就是寻找一个安宁的家”,生活形式构成我们思考与超越主体客体二分的一个视角。④ 可见,维特根斯坦的生活形式理论对社会建构论的产生有很大影响,他们之间甚至有着直接的渊源关系。⑤

---

① 高秉江:《生活世界与生存主体》,载《华中科技大学学报》,2001 年第 4 期。

② 尹树广:《生活世界理论》,黑龙江人民出版社 2004 年版,第 642 页。

③ [美]穆尼茨:《当代分析哲学》,吴牟人等译,复旦大学出版社 1986 年版,第 403—401 页。

④ 尹树广:《生活世界理论》,黑龙江人民出版社 2004 年版,第 643 页。

⑤ 例如科学知识社会学的代表性人物布鲁尔等认为,借助维特根斯坦的生活形式概念可以论证科学知识产生的社会根源,即使是科学中最底层的数学和逻辑学,都能通过社会意象给以社会学的合理解释,他们为此与库恩的范式概念相联系对维特根斯坦的生活形式作了激进的解读,并作了大量的理论尝试以解开这个潘多拉黑箱(Barnes、Bloor、Henry, *Scientific knowledge*, 1982; Bloor, *Wittgenstein and Mannheim on the Sociology of Mathematics*, 1973; Wittgenstein, *A Social Theory of Knowledge*, 1983; Wittgenstein, *Rules and Institutions*, 1997)。

生活形式或生活世界思维范式力图突破了传统主—客体二分认识模式,它努力在一种主客统一的情形下重建认识论。这种现代哲学的总体思路是想通过现实生活的强调,用它奠基来突破传统实体本体论所带来的本质主义和先验论倾向,促使人们放弃对客观知识的形而上学的追求。在他们看来,以主客二分为基础的认识论所建构的知识论只能是一种抽象的“意识世界”,这是一种无根的形而上学。在此方面,正如前面提到的海德格尔的思路很具有启发意义。海德格尔以人的生存为基础,试图使哲学摆脱传统认识论的羁绊,获得了更加广阔的视野。而且,他对生存机制的讨论探索了消除认识论“二元分裂”重新统一于存在论的重要工作,特别是指明了“知性认知活动的非本源性”问题。① 在海德格尔看来,传统哲学特别是笛卡尔的“我思故我在”原则的确立,事实上已经把人上升到了主体的地位,但把人规定为“主体”是很成问题的,因为把人说成主体,也就同时暗含了把外部对象看作客体,其他存在者作为“客体”,不仅丧失了独立性,而且逐渐失去了实在性,成为人思维、支配、控制与构造的对象。这也就意味着主体与客体的必然分裂。他这样说:“无世界的单纯主体并不首先存在,也从不曾给定。”人不是主体,他融身在世界之中,他“在世”。如此,认识活动是在世的一种存在方式,认识是此在的植根于在世的一种样式。②

此在的存在即在世,即以多种多样的方式同世内存在者打交道,认识就是这众多方式中的一种。这种把认识说成是此在的存在方式的思想,就是海德格尔所追求的“认识的存在论(或生存论)意义”。海德格尔说,在烦忙活动中,此在沉迷于世界,不会发生认识活动。只有当“烦忙着同世界打交道的活动发生某种残断”,在手状态出现问题时,此在才把注意力集中在存在者(物)的纯粹外观上,“观望”存在者的“外观”。由此造成的这种理论化态度把存在者从一种整体性关系中抽象出来,把存在规定为当下现成之物,看作可单独把握的独立存在,于是物体作为单纯的认识对象而出现了。所以海德格尔指出,理论态度之发生是以我们把世内存在者对物理自然的理论把握的一种方式设为基础。这种事实上割断了历史与时间连续性的理解难以达到对事物“本身的真正认识”。③ 但除了这种“理论的考察”外,还有另一种认识,即实践活动中的认识。海德格尔所谓实践活动,即“操作着、使用着的烦忙”,或“使用着操作着同世内存在者打交道”。实践活动

① 高忠建等:《论海德格尔对近代哲学的视野转换》,载《河南师范大学学报》,1999 年第 3 期。

② 高忠建等:《论海德格尔对近代哲学的视野转换》,载《河南师范大学学报》,1999 年第 3 期。

③ 丁蓓增:《海德格尔对传统认识论的解构》,载《社会科学》,1994 年第 9 期。

是此在在世的另一种方式。如此一来,海德格尔将认识论"纳入"了存在论层面的阐释之中。① 伽达默尔这样评价说:"由于海德格尔重新唤起存在问题并因此超越迄今为止的全部形而上学——这不只是指形而上学在近代科学和先验哲学的笛卡尔主义里所达到的顶峰——因而他不仅避免了历史主义的绝境,而且还获得了一种根本不同的新立场","理解就是人类生命本身原始的存在特质。"②

进一步说,人生"在世"的基本内容不是对周围环境进行静观和沉思,而是一种融身于其中的活动。因此,传统认识论是一种极端的认识论,"把世界理解为"一个"封闭"的抽象之物,而排出了领悟与解释。③ 从理论与实践的关系来看,理论认识只是人们在日常生活实践中的一种派生物,主、客体的对立也仅仅只发生于理论反思的过程,它不是我们"直接经验"到的一种基本的事实,是一种不能通过"存在"和实践澄清的传统符合论。④ 这样,近代认识论只是着眼于主体对客体的认知,而对真正的生活世界视而不见,因此它不能以一种实践论的方式去解释外部实在问题。正因如此,世界也就很难被正确地领悟为存在的一个"结构性因素",如此一来,我们就难以将"抽象概念"转变为鲜活的现实。⑤

按照海德格尔的观点,"此在"和"世界"的关系,不是一个现成的东西在另一个现成的东西之中的关系,而是人融身在世界之中一样,是在同世界万物打交道。⑥ 因为作为此在的人与他的世界是天然地融为一体的,这样他就无须从自己走向世界,他本来就已"在世界之中"了。这种存在者与存在间的关系,是一种天然的一体关系,是先于认知的,可以视为认识的基础和某种依据。⑦ 既然生活世界是蕴含意义的基础,人们就不能把生活世界作为认识的对象,也不能以主客二元分立的知性逻辑去把握它。用现象学的观点看,对生活世界的把握需要本质直观或原始体验,只有如此,才能亲临或直达"生活世界"本身。这种实践哲学或存在论的表述,无非就是在强调认识论的前提条件问题。⑧ 促使"人们的注意力从已经给予"但未经反思的概念转向如何被揭示实质过程中,现实生活世界的意义恰恰在于它是一个相对于人的世界,即与主体性相关的世界,而且,这不是"一个

---

① 王晋生:《海德格尔的认识论思想探析》,载《山东大学学报》,1994 年第 4 期。
② [德]伽达默尔:《真理与方法》,洪汉鼎译,上海译文出版社 2004 年版,第 334 页。
③ 欧仕金等:《在世及其意义》,载《河南师范大学学报》,2001 第 3 期。
④ 方新民:《海德格尔视域中传统真理观及其根本缺陷》,载《云南财贸学院学报》,第 2 期。
⑤ 王雅君:《认识论研究的主体间性视域》,载《中共中央党校学报》,2003 年第 2 期。
⑥ 侯忠海:《试论海德格尔对实体主义的超越》,载《湖北大学学报》,2007 年第 4 期。
⑦ 高忠建等:《论海德格尔对近代哲学的视野转换》,载《河南师范大学学报》,1999 年第 3 期。
⑧ 刘旭东:《论教育哲学的时代转向》,载《教育理论与实践》,2008 年第 12 期。

完全脱离主体和人"干预的"自足世界"。① 伽达默尔也认为,"生活世界这一概念是与一切客观主义相对立的……生活世界意味着我们在其中作为历史存在物生存着的整体"②。生活世界并不是一个完全脱离主体和人的认知或实践干预的自足完善领域。事实上,从马克思开始,西方哲学便开始了一个转折,且是一个根本性的转折,这就是认识视野或哲学视野的根本置换,这一转折即是从近代的科学世界向现代的生活世界的回归。

(二)从表象主义到介入主义

笛卡尔以来的近代哲学是在主客二分的认识论思维范式下进行的,它对科学和科学合理性的辩护属于认知理性的范畴。我们总是将科学静止理解为一种单纯的知识系统,仅仅认为科学是对客观世界真理和规律的最终揭示。但这样做恰恰忽略了科学的一些其他重要部分,如科学精神。而缺少科学精神的科学,则必定是失败的。③ 具体而言,传统科学哲学对科学合理性辩护以主、客体二分为认识论的基本原则,从认识论和方法论角度出发论证科学合理性,具体表现为实在论与方法论合理性。但这种认知模式的科学合理性论证一直局限于理论思维范围之内,没有给出令人信服的解释。而且,随着社会学、人类学等社会学科的发展,人们在进行跨学科研究时,合理性问题变得异常复杂起来。人们认识到纯粹的理性认识论和方法论探讨,并不能一劳永逸地解决科学合理性问题,必须从新角度重新反思合理性问题,以解决欧洲近代哲学留给现代思想的一个众所周知的难题。我们认为,对科学合理性问题的解答,还是必须回到实践哲学的视野,从"生活世界"的角度回答这个问题。

自此,很多科学哲学家也都把目光投向人类的生活领域。事实上,按照古劳闵等人的观点,历史主义在对科学方法论合理性的历史解读过程中,首当其冲地以大量案例指明科学方法与科学史的相悖,而对科学方法论的研究就此突破了逻辑实证主义二分的限制,心理学和社会文化再次进入科学哲学的研究,由此合理性就不再被视为单纯的认识或知识论问题。为此劳斯指出,"将科学视为实践领

---

① 高秉江:《生活世界与生存主体》,载《华中科技大学学报》,2001 年第 4 期。

② [德]伽达默尔:《真理与方法》,洪汉鼎译,上海译文出版社 2004 年版,第 319 页。

③ 例如拉丁语词 Scientia(Scire,学或知)就其最广泛的意义来说,是学问或知识的意思。但英语词"science"却是 natural science(自然科学)的简称,虽然最接近的德语对应词 Wissenschaft 仍然包括一切有系统的学问,不但包括我们所谓的 science(科学),而且包括历史,语言学及哲学。所以,在我们看来,科学可以说是关于自然现象的有条理的知识,可以说是对于表达自然现象的各种概念之间的关系的理性研究。这种理解就把科学仅仅局限在了一种表象主义的视野之中。

域而不是陈述之网，这方面最有影响的尝试非库恩的《科学革命的结构》莫属"①。历史主义学派在解释科学合理性问题上，把它归结为科学家集团的共同信念，以集团的信念、价值观念取代传统经验和逻辑合理性标准。在科学理论选择的过程中，社会、心理因素，因素成为决定因素。"各种规范之间的竞争不是那种由试验解决的战斗"，合理性并非单纯的认识或知识问题。库恩则认为，在理论选择中没有任何确定的标准，科学家由于各种理由而信奉一种新范式，费耶阿本德直截了当地否定了经验事实在理论选择中的重要作用，他明确指出"新思想的效忠必须靠论证以外的方法来达到"，科学理论正是靠着各种非理性因素支持与实验结果相矛盾的假说的产生和发展，必须靠宣传、鼓动、特设假设和诉诸各种成见这样的非理性方法达到。在他们看来，理论取舍最终分析起来必定是心理学的或社会学的。②

由此，在他们看来，科学知识、方法的标准也都是相对的，都是随着范式的不同而会发生改变的。当范式改变时，决定各种问题和提出的各种解的合法性的准则等方面通常都是有重要变化的，科学家获得成功正因为他们不允许自己受理性的规律、合理性的标准或永恒不变的自然规律所束缚。科学研究的唯一准则是什么都行。③ 在新历史主义劳丹那里，他发展了科学合理性论证的新观点：科学的理论、方法和目的几个层次之间相互协调、相互作用，形成一个网状结构系统，这样一来就可以用价值和目的作为科学合理性的判定标准，并进一步发展出了规范自然主义的辩护模式。④ 此外，后现代主义对科学合理性做了大量的消解工作，以进一步反对传统科学哲学的基础主义和本质主义。理查德·罗蒂主张要用新的说话方式去教化他人，反对传统哲学的反映论和实在论，否定传统理性的价值和作用。哲学、科学和艺术都只是"一种文化样式和谈话声音"，它们并不反映或表达客观世界。

与此同时，科学知识的合理性也受到前所未有的质疑。社会建构论者断言知识内容与社会的生活形式之间有着必然的因果关联，他们相信只有在描述了科学活动的进程及其社会因素后，才能呈现出科学知识的内容：从最初科学家提出科学理论开始，它就明显与社会因素相关联，当时的文化与社会变量对科学知识内

---

① [美]劳斯：《知识与权利》，盛晓明等译，北京大学出版社 2004 年版，第 27 页。

② 刘高岑：《当代科学合理性理论的困境与出路》，载《科学技术与辩证法》，2000 年第 3 期。

③ 刘高岑：《当代西方科学合理性理论的困境与出路》，载《科学技术与辩证法》，2000 年第 3 期。

④ 李才华：《唯物辩证法对西方科学合理性理论的超越》，载《安徽大学学报》，2009 年第 1 期。

容的产生有着内在关系,而且,科学知识内在地包含了文化与社会因素;科学理论的评价和接受更是社会建构的产物,它是在科学家个人偏爱及群体利益追求中得以进行的,科学知识本质上是在个人偏爱与群体利益相协商的基础上形成的社会产品,体现了特定群体利益、社会境遇下人们的价值倾向。社会建构论昭示了现代哲学发展的一条基本理路。这同马克思对感性物质实践的强调,以及海德格尔对此在在世结构的分析、波兰尼的"意会知识"(tacit knowledge)、维特根斯坦的语言游戏和生活形式理论试图把知识与行动的效果结合起来,都意在克服传统表象主义、理论优位的知识观一脉相通。社会建构论者借鉴了维特根斯坦对语言游戏和生活形式的分析,从理论上把它引入了知识社会学研究,在实践方面把它向常人方法学方面引导,发展成为一种激进的社会研究观点。在表现形式上至少有科学知识社会学、常人方法学(ethnomethodology)、科学的修辞研究(rhetorical studies of science)、符号人类学、女性主义理论、现象学社会学思想的根源。随着后经验主义科学哲学的发展,社会、历史等科学的外部因素越来越受到普遍关注,逻辑实证主义片面强调逻辑分析的方法的局限性逐渐为人们所认识,并逐渐克服了传统静态研究的缺陷。

其实造成认知合理性辩护难题的原因,正如拉卡托斯借鉴康德所概括的:没有科学史的科学哲学是空洞的,没有科学哲学的科学史是盲目的。① 前面我们所分析的科学合理性模式都面临着这样的困境:如果一种科学哲学充分地说明了科学合理性,那么它在理解科学史时是以辉格式解释( whig understanding)为代价的;如果一种科学哲学成功地理解了科学史,则这种科学哲学对科学合理性理论的建构是不完整的。进一步讲,正是由于传统哲学把人从现实生活实践中理论抽象为纯粹非理智主体,在理论优先的思维视角下建构起主客二分的近代认识论,这是一个生活世界被科学世界所取代的过程。胡塞尔这样写道:"最为重要的值得重视的世界,是早在伽利略那里就以数学的方式构成的理念存有的世界开始偷偷摸摸地取代了作为唯一实在的,通过知觉实际地被给予的、被经验到的世界,即我们的日常生活世界。"②在此背景下,生活世界领域在人们的视野中逐渐成为理论舞台上的重要角色,并日益显示出丰富的内涵。由此科学哲学开始从回归生活世界理论出发,由理论哲学理路开始向实践哲学方向发展。

马克思在说要"把人的世界和人的关系还给人自己"的时候,其实他已经将纯

---

① [英]拉卡托斯:《科学研究纲领方法论》,兰征译,上海译文出版社 1999 年版,第 102 页。

② [德]胡塞尔:《欧洲科学危机和超验现象学》,张庆熊译,上海译文出版社 1988 年版,第 58 页。

粹的理论认识论还原到了现实的感性的人自身之上,还原到了鲜活的生活世界之中。在真实的世界之中,科学认识活动是一个具体的、感性的现实过程,它是全面的、立体的多维结构,而并非传统所理解的单一的线性一维模式。科学知识只是人类生活的一种话语,“中心问题已不再是科学中的陈述是否是真正的知识,而是人们已开始将科学看作是科学史及文化史中的一个现象,因而亦与对世界的总体看法紧密相关”①。

科学哲学研究的实践优位研究在经过多年的发展之后又为科学合理性辩护提供了新的发展方向。例如,哈金从表象到“干涉”(Intervening)的转向,以及后ssk对实验室和科学实践活动的强调,都是这方面的重要尝试。哈金在《表象与干涉》(Representing and Intervening)中指出,哲学不能仅仅把科学理解为对自然的表象,而停留在对科学知识静态结构分析上,因为科学是一种实践活动,它是对物质世界的干预和介入。哈金认为这种理论哲学最大的特点是完全忽略了实验的作用,但“科学史几乎是一部理论的历史,科学哲学都成了理论的哲学,而前理论的观察和实验却被人遗忘了”②。哈金更强调实验和观察的重要意义,认为“观察先于理论”,实验的任务并不是简单记录和观察来为理论提供检验,实验室也不是普遍理论的例证化,实验是在实验室中建构微观世界的活动。因此,“我们有必要从表象转入物质性干涉,从理论转入科学实践,以期在实验的层面上结束这场争论”③。

劳斯则进一步将海德格尔的解释学、维特根斯坦的语用学以及福柯的权力/知识的谱系学及拉都尔和伍尔加的实验室研究等综合起来。劳斯则也进一步认为,“科学哲学的现代性要求关于对科学研究做一个统一的叙事”④,但科学事实上是一种局域化与情境化实践活动,对科学的理解应该从表象主义转换到科学实践方面。劳斯具体将科学实践而非理论表征概念作为科学哲学的核心在他的计划中有几个部分:第一,实践是按照其规范性的可说明性而不是表述行为的规律性来重新构想的。第二,实践的语义学重要性是按照话语实践而不是语言学表征重建的。第三,话语实践的特殊的语言学成分在语义学上的重要性是因为它们在物质内部作用的模式中的位置。这些更大的模式是话语的并不是因为每一个事物都是语言的一部分,而是因为语言伴随着每一个事物。第四,他认为科学实践

---

① [德]汉斯·波塞尔:《科学:科学是什么》,李文潮译,上海三联书店2002年版,第239页。

② I. Hacking, *Representing and Intervening*, Cambridge University Press, 1983, p. 150.

③ I. Hacking, *Representing and Intervening*, Cambridge University Press, 1983, p. 31.

④ Joseph Rouse, "The Politics of Postmodern Philosophy of Science", *Philosophy of Science*, 1991(4), p. 607.

揭示了自然现象而不是客体,在这种意义上说,科学实践作为一种自然现象,自身是可理解的。第五,这种观点使得科学中实验的实践的首要地位能够得到理解。按照劳斯的观点,科学通过它们对自然的处理使得自然成为可理解的,而实验性实践包括了改造世界的物质干预,同时也是一种概念的表达。①

我们在批判表象主义的基础上,可以确立实践在科学研究中的中心位置:科学不仅为我们的生活世界制造了有效的科学表象,它更以深刻的方式改造着世界和我们自身。科学理论以及概念的合理性,只有放在"更广泛的社会实践和物质实践的组成部分才是可以理解的"。科学的修辞研究(rhetorical studies of science)、符号人类学、女性主义理论、现象学社会学思想的根源。随着后经验主义科学哲学的发展,社会、历史等科学的外部因素越来越受到普遍关注,逻辑实证主义片面强调逻辑分析的方法的局限性逐渐为人们所认识,并逐渐克服了传统静态研究的缺陷。科学不仅是一种理论活动,更是一种实践活动,以人类实践为基础的知识论,才能克服传统抽象的纯理论态度造成的合理性困境。在科学合理性的解释中,首先涉及的就是对科学本身的理解问题。对科学的理解,事实上我们也经历了一个从"知识型"科学到"社会型"科学的过程。同时,随着科学的体制化以及科学家社会角色的形成,科学进入了社会大系统,积极介入了社会活动,影响社会,与社会开始融而为一,科学社会化、社会科学化,成为当今时代的特点。也正如巴恩斯所描述的:"社会变革与文化变革看起来确实在走向融合,构成与传统单一社会发展不同的方面。其中最大最明显的事例通常就是指'工业的兴起'和'科学的兴起',他们都发生在近三个半世纪里,科学与工业看似并行发展并在短期内生产了巨大影响。"②所以合理性地探索,必须重新考虑科学的社会建制这一大科学时代的特点。只有这样,传统认识论所持有的抽象合理性才能得到克服。

事实上,相对于传统认识论,人们的着眼点确实开始转向了人们的日常生活、实践活动,它们更多地是把科学看作一种社会现象,一种社会活动,而不再是单纯的知识,这是它们超出传统观念之处。齐曼说过,在相互竞争的模型或类比之间的选择不可能在逻辑上自动地实现:它最终取决于人类的评价。这种选择常常通过某种"约定"或社会性理解(即只有某个特定的系统应该被传授和使用)来解决。在这些因素中,社会、价值观念逐渐成为人们研究合理性的主要关注点。如库恩的"范式"概念,它不仅仅是指由科学定律、规则方法组成的知识结构,还应包

① [墨]哥德弗瑞·古劳冈:《从历史转向到科学实践理论》,载《科学学研究》,2005年第6期。

② Barry Barnes, *About Science*, Basil Blackwell Ltd, 1988, p. 1.

括由科学共同体世界观所构成的各种社会因素、心理因素和文化因素。再如普特南,就不同意逻辑经验主义者的认知合理性传统,他强调科学是一种社会行为,它只能在文化共同体的内部进行,合理性与文化习俗规范的确定性相关。与库恩立场颇有差别的社会建构主义,则针对理性主义对自然作用的强调,主张将科学活动的相关问题都归结于人类社会方面,即科学问题最终都能划为社会意象。在其偏执的理论探索中,它在一定意义上也具有纠偏的效果,促使我们从纯理论的态度中警醒。又如新近兴起的科学技术人类学(The Anthropology of Science and Technology)①,通过人类学考察科学家人群和他们的生存状况,描述其科学观、文化观、价值观,具体说明科学创造的现实情况。这些研究都潜在地表明一点,理论活动并不具有一种独立于人类实践活动的地位,它源于生活,服务于生活,人类生活才是实现胡塞尔理想的最终依据,在生活世界中,科学真理和人类价值才能最后合而为一,科学合理性才能得以彰显。

(三)实践论视野下的认识论问题

近代哲学认识论的发展是与自然科学本身的发展有密切相关的,正是近代科学的发展才真正突出了认识论研究的地位和意义,双方是相辅相成、互相促进的。这是现代性发展的一个独特效应。一方面,人的精神意识具有"某种主动设置自己对象的能力",这是一种"本质力量"的主体性能力,它使得一切对象都成为主体意识的某种对象性存在物,这是被给予的,而意识向对象的过渡则是一个否定性的中介过程。因此,这种能动性意识在否定性的设定与重塑过程里,重新实现了世界的统一,一种从内而外的"统一性"。② 在这些思想中,蕴含了对人实践活动中主观能动性的极端推崇。而近代的另一方面的哲学理路是自然主义传统,这与主体性哲学从人的主观性、能动性出发相反,它们主张从纯自然出发,即从纯客体出发。费尔巴哈把黑格尔的绝对精神还原为自然界和人,人通过自己的感觉使对象化获得了感性的意义,这证实了自然界作为对象的外部给定性,也证实了自己作为主体的受动性。可见,这是一条自然设定统一性的过程,人与自然的一致性还原为"自然"的过程。③ 其实,相对于前一条路线,这是从外到内的统一性。如果只单从这种思考理路来看,还不能看出近代认识论的真正意义,因为古希腊自

① 参见[美]沙伦·特拉维克:《物理与人理——对高能物理学家社区的人类学考察》,刘珺珺等译,上海科技教育出版社2003年版。

② 杨河:《马克思主义认识论研究的历史回顾与反思》,载《中共福建党校学报》,2001年第1期。

③ 杨河:《马克思认识论基本思想的形成及其历史意义》,载《北京大学学报》,2002年第1期。

然哲学也无外乎这种探索。近代认识论与自然科学的结合才是它的一大优势和特色,这也是古代哲学无法比拟的,近代哲学与科学是同步一体发展的,具有内在的密切关联关系。

近代以来两大哲学传统的争论,即自然主义从纯自然客观性出发、唯心主义从主观性出发的这个基本主张,看似差异巨大,但他们都预设了理论理性可以超越人类生活的特性。也就是说,在生活之外人们可以找到支撑理论独立性的阿基米德点,从而认为理论高于实践生活,这是二者的共同之处。其实这种一致性也很好理解,因为从原则上说,"只有从这唯一确定的支点上"建立起来的理论才可能是确定性的,所以近代的"自我"(理性或经验)成为理论框架的支撑点,由此传统实体性哲学转变成了主体性哲学。① 但要超越传统的主客二分视野下的认识论问题,我们还必须进一步转换理论以及实践本身的视角,从人的感性活动、人的存在的角度重新分析认识论问题,以期在此基础上来克服近代哲学的困境,而由此使其获得现代意义。马克思提出了新的实践唯物主义的思路可以这样来理解,从人的感性活动——社会实践出发,它是我们分析和理解一切哲学问题的一个根本出发点。究其根源,这是由于人与自然之间的现实关系引发的,正是在社会劳动生产过程中人"升为主体",才产生了人们常识中的印象。② 实践作为马克思主义哲学的最基本理论范畴,它不仅在认识论中占有重要地位,也是整个唯物辩证法和唯物史观的基本概念。简言之,实践是马克思哲学的理论基本点,它将哲学及其一切人类的理论活动都视为生活世界的一个部分,赋予它们以真实的社会历史地位。从理论上看,马克思对实践观念的强调,很重要的一条考虑就是想要弥合近代认识论在自然的本质,以及人类历史的本质之间所产生的断裂问题。而在这方面只有自然科学的实践活动才最符合这种情况,所以,"存在着的感性的人"具有综合起这种鸿沟的真正能力。③

只有对西方近代知性思维与二元论的深刻批判,才使哲学能够重新由认识论转向一种本体论的存在论,须知存在的问题和认识论本来就是密不可分的。当然,我们在这里强调要使理论从属于实践,从感性世界角度看待理论,并不是想要以实践作为新的理论基础,然后再去重新构造一个理论化的世界体系,这种理解和做法都是与实践哲学的基本精神相悖的。马克思、恩格斯不仅用实践的观点来解释思维领域和历史领域的问题,而且还用实践的观点解释自然界,这也是马克

---

① 王南湜:《马克思哲学当代性的三重意蕴》,载《中国社会科学》,2001 年第 1 期。

② 王书明:《用实践的观点解释自然》,载《大连大学学报》,2003 年第 1 期。

③ 邱慧:《实践的科学观》,载《自然辩证法研究》,2002 年第 2 期。

思、恩格斯论述的自然观区别于其他哲学自然观的一个关键。这不同于其他哲学主要从以上两个角度的理解。① 马克思正是以实践为基石,从而实现了从自然思维方式到实践思维方式、从抽象认识论到历史认识论思维的根本性转换。当然,这种转换不是建立在一般意义的实践基础上的,而是建立在大工业生产实践基础之上的。现代社会的最基本实践是工业化的生产实践,这是现代性社会本身的属性、结构等所决定的。② 早在马克思的《1844 年经济学哲学手稿》和《德意志意识形态》这些著作中,他对实践问题的讨论就主要是通过对生产劳动的研究体现出来的了。马克思通过对人类劳动本质的揭示才把德国古典哲学家的认识提高到了一个新的水平。这一工作的理论结晶主要是"人化自然"思想的提出,马克思将人类实践活动有机地溶入了其中,沟通了人化自然与天然的自在自然。③ 在这种自然的划分之后,认识客体已经不再是像黑格尔所认为的"绝对精神"的外化,因为感性世界没有也不可能带有创造主的印记,但它也并不像费尔巴哈所认为的那样,是某种开天辟地以来就独立存在的、始终如一的某种神秘的东西,认识的对象是按照被人们改造过的状态而存在着的。这样一种理解,已经超出了朴素乃至精致的传统主体性哲学,主体理性或纯粹自然实在都不能独立构成"世界"的框架。④

为此,马克思指出,人类实践不仅是一种认识世界的能力,它更是人们改造世界的能力。而且,这种认识与改造是同时进行的,在某种意义上说认识就是改造,反之亦然。所以说,马克思的实践是一种人类的感性活动,具有物质性的力量,实践是力的较量和碰撞,它体现了认识主体与对象间的力量对比。这种力量的对比和碰撞,即是在改造自然,又是在创造新的人化自然。⑤ 在现代社会,现代性要求的机器大生产作为最重要的社会实践活动,而科学实践也必须归于其下,成为这一实践的基本内容,认识、生产与社会同时构成现代人们生活的一部分。所以,在一定意义上讲,实践问题既是一个社会历史问题,又是认识问题,这是一个如何认识"感性世界"包括我们自己的社会存在和生产的重大问题。从这一角度看,如果我们不能阐明社会实践所蕴含的最一般意义上的主客体关系问题,也就不可能进

① 王书明:《用实践的观点解释自然》,载《大连大学学报》,2003 年第 1 期。

② 赵甲明:《实践观的几点思考》,载《吉林大学社会科学学报》,2002 年第 3 期。

③ 杨河:《马克思认识论基本思想的形成及其历史意义》,载《北京大学学报》,2002 年第 1 期。

④ 杨河:《马克思认识论基本思想的形成及其历史意义》,载《北京大学学报》,2002 年第 1 期。

⑤ 邱慧:《实践的科学观》,载《自然辩证法研究》,2002 年第 2 期。

一步正确说明人与自然、个人与社会、社会与自然的关系。因此,人们才说一切哲学问题归根结底都是在实践中产生,也只有在实践中才能获得解决。科学认识问题也是如此,理论之争是必要的,但科学实践活动始终应该是第一位的,所有科学认识问题最后还是要在实践中得以澄清和解决。①

马克思说:"理论的对立本身的解决,只有通过实践的方式,只有借助于人的实践力量,才是可能的。"②所以,实践哲学要求要从人的现实的实践活动出发来探索人与自然,人与人之间的本质关系问题。从近代科学与社会的发展来说,人类实践是认识对象形成的客观基础,只有在这种感性活动中才将自然纳入其中,虽然外部自然界相对于人类的存在和活动而言确实具有"优先地位",但就人的认识对象的现实性层面来说,它也只能是人自身感性活动的结果。只有这样,我们才能理解:"在人类历史中即在人类社会的产生过程中形成的自然界是人的现实的自然界;因此通过工业——尽管也以异化的形式——形成的自然界,是真正的、人类学的自然界。"③马克思肯定现实认识对象是"人化自然",因为在他看来,"被抽象地理解的、孤立的、被认为与人分离的自然界,对人说来就是无"④。为此,马克思又指出说:"人只有提供现实的、感性的对象才能表现自己的生命。"⑤而恩格斯也再次强调说"在我们的视野的范围之外,存在甚至完全是悬而未决的问题",他又接着说"如果我们对事物不能加以研究,那么它们对我们来说就是不存在的了",所以"自然科学的极限,直到今天仍然是我们的宇宙,而在我们的宇宙之外的无限多的宇宙,是我们认识自然界时所用不着的"⑥。

同时,社会实践又是人们认识客观对象的基础。社会实践作为认识的基础,是相对于认识对象和对对象的认识统一而言的。离开了认识对象的认识主体,或者没有认识主体的认识对象都是不可能的,社会实践起到了中介作用。这样,"我们需要把科学理解为一种特殊的认知实践,一种特殊的文化产物"⑦。所以,在马克思看来,人的一切活动,无非是在展开着的社会关系,从而也是在展开着的一个

---

① 杨河:《马克思认识论基本思想的形成及其历史意义》,载《北京大学学报》,2002 年第 1 期。

② 《马克思恩格斯全集》第 42 卷,人民出版社 1979 年,第 101 页。

③ 杨河:《马克思认识论基本思想的形成及其历史意义》,载《北京大学学报》,2002 年第 1 期。

④ 马克思:《1844 年经济学哲学手稿》,人民出版社 1985 年版,第 135 页。

⑤ 马克思:《1844 年经济学哲学手稿》,人民出版社 1985 年版,第 135 页。

⑥ 《马克思恩格斯选集》第 4 卷,人民出版社 1972 年版,第 83、561、557 页。

⑦ Stephen Gaukroger, *The Collapse of Mechanism and the Rise of Sensibility*, Oxford University Press, 2010, p. 2.

对象“世界”，而凡是有某种关系存在的地方，这种关系都是为我而存在的，动物不对什么东西发生关系，而且根本没有关系，对于动物来说，它“对他物的关系不是作为关系存在的”。只有人的实践才是认识的基础，这个“现实实践”是“自我意识和对象意识、现实主体和客体的统一”的基础。① 而人与自然的关系则是另一方面的情况，“人同世界的关系是一种人的关系”，只有人的实践活动才具有沟通现代性张力的能力。② 在海德格尔那里，事物即世内存在者不是客观存在的事物，而是随着此在的开展而显现出来的事物，世界不是独立于人的世界。③ 马克思说：“因为只有在社会中，自然对人说来才是人的现实的生活要素；只有在社会中，人的自然的存在对他说来才是他的人的存在，而自然界对他说来才成为人。因此，社会是人同自然界完成了的本质的统一，是自然的真正的复活。”④因此，是人的活动实现了自然的本质，以及使得自然界实现了的人的本质。也就是说，只有在人类社会的产生和发展过程中形成的自然界才是人的现实的自然界。这也是马克思分出自在自然与人化自然的意义和价值，社会实践在连接两个世界的过程中展现了理论与实践的存在意义，也克服或超越了理论认识与现实实践张力或矛盾。⑤

20世纪以后，实践的观念在哲学中的地位得到了进一步增强，实践哲学也开始深入人心，被更多人所重视。人们进一步普遍意识到人类现实生活对于理论认识，理论活动中的作用和价值，事实上特别是自尼采之后，实践概念就开始明确地以作为权力的形式出现在了对知识的理解和研究中，人们意识到只有实践在现代社会中才具有支配性的力量，而支配就意味着权力和力量的介入，正是通过这种“权力”打破了传统理性主义的垄断，从而也有效地拒斥了古希腊以来的逻各斯中心主义、知识真理和合理性理想的基础。在后主体哲学对现代性的反思过程中，人们也意识到认识论的问题不再是实践知识（科学理论）本身是否有效的问题，而是我们应该如何理解科学知识的真理性，即科学知识何以有效的问题，因为科学

---

① 杨河：《马克思认识论基本思想的形成及其历史意义》，载《北京大学学报》，2002年第1期。

② 马克思：《1844年经济学哲学手稿》，人民出版社1985年版，第112页。

③ 当然，海德格尔对存在的强调，之所以要重审存在的历史，是因为他认为自柏拉图以来人们就遗忘了存在而代之一存在者，解决近代以来主客体分裂矛盾的途径只有从造成这一矛盾的根源处去寻求，他不满足于胡塞尔克服主客体分裂的方式，在认识论的视野之内不可能彻底解决认识自身的问题。唯一的办法就是使哲学重新回到根基之处，进行从认识论到存在论的视野转换。

④ 马克思：《1844年经济学哲学手稿》，人民出版社1985年版，第85页。

⑤ 王书明：《用实践的观点解释自然》，载《大连大学学报》，2003年第1期。

实践的历史已经给出了证明。在对理论实践的理解上,我们不再把科学仅仅理解为一种表象认知活动,理论是“存在的解蔽”和“自我的敞开”过程,也就是说理论的真理是一种“解蔽”过程。恩格斯给出的相关论述是:“对这些以及其他一切哲学上的怪论的最令人信服的驳斥是实践,即实验和工业。既然我们自己能够制造出某一自然过程,按照它的条件把它生产出来,并使它为我们的目的服务,从而证明我们对这一过程的理解是正确的,那么康德的不可捉摸的‘自在之物’就完结了。”①这种理论的真理性源自生活世界存在的本真性和终极明证性,是对理论哲学真理符合论的一种超越,理论的批判活动就是对存在的非本真性的祛除。恩格斯又进一步来对这个问题进行了说明:“动植物体内所产生的化学物质,在有机化学把它们一一制造出来以前,一直是这种‘自在之物’;当有机化学开始把它们制造出来时,‘自在之物’就变成我之物了,例如茜草的色素——茜素,我们已经不再从田地里的茜草根中取得,而是用便宜得多、简单得多的方法从煤焦油里提炼出来了。哥白尼的太阳系学说有三百年之久一直是一种假说,这个假说尽管有百分之九十九、百分之九十九点九、百分之九十九点九九的可靠性,但毕竟是一种假说;而当勒维烈从这个太阳系学说所提供的数据,不仅推算出一定还存在一个尚未知道的行星,而且还推算出这个行星在太空中的位置的时候,当后来加勒确实发现了这个行星的时候,哥白尼的学说就被证实了。”②按照这种实践的观念的理解,我们的科学活动便超越了现代性理论哲学消极的“镜式”反映论,从而走向了批判的实践真理论。所以,理论活动所要达到的实践本质即是生活世界的直接的事实性,也就是整个世界可理解性的最终根据,我们在实践中的感性体验本身就是一个终极性的证明,是真理的直接的呈现或涌现。而这个根据不是通过理论的逻辑推理获得的,理论的真理性缘于实践及生活世界的直接存在,这里认识论和存在论是真正统一的。

(四)科学生产与知识结构

我们前面已经提到,如果从“实践优先”的角度来看,科学是一种理论实践活动,在大科学时代,它更多表现为自然知识的社会生产。那么科学认识或生产活动的基本形式与科学知识结构又是怎样的一种关系呢?

阿尔都塞指出过:“关于理论,我们指的是实践的一种特殊形式,它也属于一定的人类社会中的社会实践的复杂统一体。理论实践包括在实践的一般定义的范围内,它加工的原料(表象、概念、事实)由其他实践(经验实践、技术实践或意识

---

① 《马克思恩格斯选集》第4卷,人民出版社1995年版,第221页。

② 《马克思恩格斯选集》第4卷,人民出版社1995年版,第221页。

形态实践)所提供。理论实践的最广泛形式不仅包括科学的理论实践,而且包括先于科学的,即意识形态的理论实践(构成科学的史前时期的认识方式以及它们的哲学)"①。这种理论把握实在的方式阿尔都塞称之为"认识效能",在他看来,任何科学的理论活动都是通过其概念的复杂统一体反映和建构它的理论实践活动的结果,换言之,它以一定的生产原料和生产资料(包括理论概念以及概念的使用方法)来进行理论加工。具体说就是科学家以最初的一般(阿尔都塞称之为"一般乙")以加工科学认识的概念原料,即另一种"具体的"一般(一般甲),而产生出最终的科学认识成果(一般丙),"当一门业已建立的科学发展时,它加工的原料(一般甲)或者仍然是意识形态的概念,或者是科学'事实',或者是已经过科学加工但仍属于前科学阶段的概念。因此,科学的工作和生产就是把'一般甲'加工成'一般丙'(认识)"②。阿尔都塞的描述直接将现代性知识论与社会生产结合起来,工业化和知识生产的科学化具有一致性的社会结构。

事实上,阿尔都塞的这一思想与康德的先验认识论的理路是基本一致的。人类认识不能从"无"开始(如经验主义),它必须备有一套预设先验的认识系统来开始认识活动,这套预设前提的系统是无须经过科学的经验方法验证就为我们拥有的。康德一反过去以客体为中心的认识论原则,把主体提升到认识活动的中心,主体通过内在的先天认识形式,去建构客观经验形成科学认识。当然在康德那儿,主体的先验认知图式是一个静态的、永恒的、独立的因素,这是他们之间的不同之处,也是科学认识论的一个重大问题所在。从发生学角度看,皮亚杰说:"看来在发生学上清楚的是,主体所完成的一切建构都以先前已有的内部条件为前提,而在这方面康德是正确的。"但皮亚杰还说:"认识不能看作是在主体的内部结构中预先决定了的——它们起因于有效的和不断的建构;也不能看作是在客体的预先存在着的特性中预先决定了的,因为客体是通过这些内部结的中介作用才被认识的,并且这些结构还通过把它们结合到更大的范围之中(即使仅仅把它们放在一个可能性的系统之内)而使它们丰富起来。换言之,所有认识都包含有新东西的加工制作的一面,而认识论的重要问题就是使这一新材料的创造和下述的双重性事实符合一致。即在形式水平上,新项目一经加工制作出来就立即被必然的关系联结起来;在现实水平上,新项目,而且仅仅是新项目,才使客观性成为可能。"③

---

① [法]路易·阿尔都塞:《保卫马克思》,顾良译,商务印书馆2006年版,第158—159页。
② [法]路易·阿尔都塞:《保卫马克思》,顾良译,商务印书馆2006年版,第177页。
③ [瑞士]皮亚杰:《发生认识论原理》,王宪钿译,商务印书馆1997年版,第114、16页。

在科学哲学方面，历史主义以及之后自然主义（诸如科学知识社会学、社会认识论等）都有的相类似的思想，而且这逐渐开始形成一种共识。20 世纪中期以后，科学哲学中最著名的莫过于历史主义，例如库恩的“范式”（Paradigm）、拉卡托斯的科学研究纲领、劳丹的研究传统，事实上无不有这种色彩（人们往往更多的是从社会学、自然科学的角度来理解）。库恩说，“按既定的用法，范式就是一种公认的模型或模式”，“我选取这个术语是想说明，在科学实际活动中某些被公认的范例——包括定律、理论、应用以及仪器设备统统在内的范例——为某种科学研究传统的出现提供了模型”。更进一步看，范式是一种对本体论、认识论和方法论的基本承诺，是科学家集团所共同接受的一组假说、理论、准则和方法的总和，这些东西在心理上形成科学家的共同信念。范式的特点是：第一，范式在一定程度内具有公认性；第二，范式是一个由基本定律、理论、应用以及相关的仪器设备等构成的一个整体，它的存在给科学家提供了一个研究纲领；第三，范式还为科学研究提供了可模仿的成功的先例。可以看出，在库恩的范式论里，范式归根到底是一种理论体系，范式的突破导致科学革命，从而使科学获得一个全新的面貌，简单来说，范式就是某一个历史时期为大部分共同体成员所广泛承认的问题、方向、方法、手段、过程、标准等。库恩对范式的强调对促进心理学中的理论研究具有重要意义，也是引起之后自然主义、社会认识论与社会建构主义发展的重要理论来源，科学认知的社会分工理论已经发展起来。①

在这里，我们综合阿尔都塞和历史主义的相关提法，可以这样来理解科学认知的过程：科学认识活动是科学工作者在一定的“理论一般”这个“准先验认识形式”作用下，对科学对象（科学实践作用下形成的经验和实在）的加工和建构过程，科学知识就是这种生产活动的典型产物。具体到实际的科学生产过程，“理论一般”对认识对象的加工过程是科学活动的关键环节。对于同一经验实在，不同的科学家往往会得出不同的结论，即他们对实在的加工得出不同的产品。这就是我们前面谈到的经验决定的不充分性问题，在经验与理论之间，传统哲学理性认识论的经验和逻辑法则不足以构成理论选择的真正标准。从实践活动的角度来看，理论的决定过程具体包含了如下几个方面：

第一，对世界的理解和解释（本体论层面）。对一般实体及其过程的设想，所

---

① 库恩在《科学革命的结构》中对范式做过多次描述，而对这一观念最多最详细的可见于其“后记”部分，他将范式和科学共同体联系起来进行解释，与共同体的承诺、范例等层面结合在一起。作者认为叶浩生的解释比较有代表性，本文基本采用了这种解释。转引自郭爱妹：《库恩的范式论与心理学的发展》，载《江海学刊》，2001 年第 6 期。

承认问题的存在,它决定着科学家认识的出发点、理论问题的提出。例如劳丹认为库恩的专业母体概念包括一组指导性假设。如,简单的形而上学模型,它们被用来指导研究,但又不接受事实、经验的检验;共有价值;理论公式;范例,“一个研究传统就是这样一组普遍的假定,这些假定是关于一个研究传统的实体和过程的假定,是关于在这个领域中研究问题和建构理论的适当方法的假定”①。本体论层面决定着科学家认识自然世界的方式,即最基本的世界观。库恩说,科学革命意味着科学家世界观的转变,在这个意义上是有道理的,拥有不同范式或先验认识形式的科学家,他们的科学理论必定是截然不同的。

第二,方法论规则,包括科学发现、辩护问题、理论选择标准(理性、逻辑准则等)、具体科学方法的应用等(例如统计、数学、实验方法)。劳丹说:“一个研究传统就是一组本体论的方法论的‘做什么’和‘不做什么’。试图从事探究一个研究传统的形而上学和方法论所禁止的东西,就是把自己置于这个传统之外,并抛弃这个传统。”②

第三,意识形态和科学认知之外的社会因素。科学共同体并非社会系统孤立的部分,一块超尘脱俗的“圣地”,其中也存在着种种权力和利益的关系,即使是默顿本人也还承认“马太效应”现象的存在。尤其是在大科学时代,科学知识的产生与使用始终受某些政治因素的影响,并往往通过权力的关系来强化知识自身的有效性与合法性,当然科学知识也能反过来充当权力的意识形态。

在面对相同经验时,由于经验决定的不充分性问题(也即科学感性活动历时性的有限性),科学家理论建构中的具体选择一般遵循一定的顺序和过程,也就是我们曾提到的“不合理性假定”,正如劳丹所概括的:当且仅当人们的信念不能用它们自己的合理性来说明时,社会学才可以插手对人类信念地说明;理论地选择“有一个基本立场(我称之为狭隘立场)清楚地把知识划分为哲学的和科学的。这些思想的发展把知识的社会根源留给了社会学。知识社会学应当关注于自身,尤其是信念的因果解释问题而非那些知识的确证问题”。③简单而言,科学家的理论选择,认知(逻辑、理性等认识论)标准是第一位的,而非认知理性(意识形态、利

① [美]劳丹:《进步及其问题》,刘新民译,华夏出版社 1999 年版,第 81 页。

② [美]劳丹:《进步及其问题》,刘新民译,华夏出版社 1999 年版,第 80 页。

③ León Olivé, *Knowledge, Society and Reality: Problems of The Social Analysis of Knowledge and of Scientific Realism*, Amsterdam – Atlanta, GA, 1993, p. 15.

益、价值）标准只有在理性标准无法起作用时才能“暗自介入”。① 所以，“理论一般”这个“准先验认识形式”是社会历史沉淀的结果。由于任何科学知识中或多或少都掺杂了一些社会文化的成分，因此也始终带有局部或地方的性质，再如知识生产的实验室，它本身也受局域的限制，实验所能提供的设备和测定手段也是偶然的条件，另外科学家们还得花大量功夫和时间在科学共同体内部进行各种沟通活动才行。科学知识很难摆脱这些社会因素的影响。有鉴于此，他们甚至干脆把科学知识叫作“局域的知识”。在这一点上，我同意科尔的观点：由于科学实践结构的特殊性，它所生产出来的科学知识表现为“地方性或外围性知识成果”，甚至在一定程度上可以认为它是社会局域性建构的。

但核心知识是不能用这些“随意因素和社会作用”来加以解释的。② 传统的社会建构论在分析科学知识的社会建构过程时，只是笼统地论证社会意象和知识内容之间的因果关系，但还没有细致到科学理论的具体结构层面。而科尔的一个重要理论突破正是体现在这方面，他明确指出社会意象和科学知识结构之间的关联问题，开始从科学结构层面解析社会对知识的影响，“核心知识包括拉都尔和伍尔加的所谓‘事实’，即已被科学共同体当作真理或对自然作出了恰当描述而被接受了的知识。除此之外它还被科学共同体认为是重要的知识。但大部分前沿知识是低层次的描述分析……他们没有重要性这个标准。对于这些知识，共同体很少关心其对错”③。科尔又借鉴了齐曼对科学知识层次的划分，描述“前沿知识向核心知识的过渡：科学知识处于前沿时，它是通过艰苦努力才得到的，物理学与其他学科一样充满任意性，可是它有一种持续发展的能力，能够吸收、驯服新出现的理论，当这些理论确立之后，在一段时间过后就成为决定性的，以至于和牛顿、法拉第、麦克斯韦这些定律一样被受尊重”④。从科学实践的时间发展层面来看，这种初步加工的“地域性知识”在经历了历史的发展之后，由于是随着人类实践的扩

---

① 即在科学理论选择过程中，理性标准是第一位的。而社会建构论所要求的“对称性”和“平等性”解释原则是没有依据的（劳丹称之为“一种虚幻”）。例如，在劳丹看来，科学研究的个体或群体，他们所持有的理性信仰和非理性信仰具有完全不同的产生条件，因而不可能存在对称，科学在本质上是一种人类活动，但不仅仅意味着只是社会活动，所以社会学解释是否是对科学优先的解释模式并不确定，社会学解释模式也不是唯一的和优先选择的模式。

② Cole, Stephen, *Making Science Between Nature and Society*, Harvard University Press, 1992, p. 38.

③ Cole, Stephen, *Making Science Between Nature and Society*. Harvard University Press, 1992, p. 15.

④ Cole, Stephen, *Making Science Between Nature and Society*, Harvard University Press, 1992, pp. 15 – 16.

大,逐步突破原来的实践有限性,进而达到科学知识的“核心”层面,以褪掉原来的社会意象影子,从而成为“客观”的科学理论。

科尔认为:“区分核心知识和前沿知识,对科学社会学家而言是必要的,因为这两个部分有着不同的社会属性。核心知识具有被普遍认可的特性……科学家把核心知识视为正确的,那么也就认为这些知识的内容是自然决定的。但对于前沿知识而言,同一个经验事实,不同的科学家会有不同的结论。科学家没把前沿知识当成真理,它只是科学家对真理的追求。”①正是由于没有区分科学理论的层次,才导致我们对科学知识表述的一系列错误或简单化理解,“如果我们只关注核心知识和科学家对它的态度,那么我们会认为科学就是传统哲学的地盘;但如果我们关注前沿知识,那我们将难以证明传统的观点”。事实上,科尔就点出了传统实在论和社会建构论对科学表述方面的一个症结所在:科学知识本身的结构以及其历史的动态发展,是与科学感性实践同构的,而且它们从同时性角度看都是有限的,但从历时性角度看,又是无限的发展过程。

相对于科学“加工”结构的复杂性,科学理论本身的结构相应也是相当复杂的。我们对科学理论的理解,不应当停留在波普尔单一理论的层面上,而更应像历史主义或奎因等人所描述的那样,将科学视为一个大的知识和信念整体,“从地理和历史这些最偶然的事件,到原子物理学、数学和逻辑,它们都是一个人工的编造物”②。其中,历史主义的“范式”传统给我们理解这种科学结构的复杂性提供了最好的范例。

首先,比如库恩的范式概念,一般认为它包括如下几个方面的内容:

第一,符号系统,这是关于科学共同体普遍认同的基本公式,如 F = MA 的内容;

第二,形而上学假定,它包括的是符号系统借以获得解释意义的基本理念;

第三,范例,是指解决难题的具体模型等。

再如拉卡托斯的科学研究纲领,它的内容包括:

第一,硬核(hard—core)。如哥白尼天文学的硬核是所有行星沿着圆形轨道围绕太阳运行;牛顿物理学的硬核是运动三定律和万有引力定律。

第二,保护带(protective belt)。研究纲领周围的保护措施,如“辅助性假说”和初始条件,其目的就在于保护硬核免受经验批判。

---

① Cole, Stephen, *Making Science Between Nature and Society*, Harvard University Press, 1992, p. 16.

② W. V. Quine, From *A Logical Point of View*, Harvard University Press, 1964, p. 43.

第三,方法论规则。包括反面启示发和正面启示发,它告诉科学共同体成员应该怎样做和不该怎样做。

新历史主义如劳丹(科学研究传统)等人也进一步发展了类似于范式的科学理论理解模式,这和阿尔都塞等人的理解存在一致性。① 笼统而言,“理论一般”,也就是我们所强调的准先验形式(包括以上我们提到的三个主要层面)对应于科学理论的知识形式和方法论内核,而自然实在对应于科学知识的具体内容。但先验形式与自然实在首先形成科学知识的边沿部分,即局域性知识,随着科学实践活动的发展,“存在的不断解蔽和敞开”,局域性知识向核心知识转化(或被新的科学实践所淘汰)。简单来说,科学认识过程中,“自然”起到了决定性的作用,它是人类知识内容的最终依据,传统科学观是站得住脚的;但这种“自然”是人化自然,其本身就带有社会的属性,社会因素与科学认识过程及其成果具有内在关系,这也是建构主义观念中的合理因素。知识与社会的内在关系可以简单概括为,在科学认识过程中,认识主体(科学家)总要借助于一定的先验认知形式作为出发点,而这种先验认知形式是传统认识积淀的产物,它在一定的社会阶段总会固定内化于当时的社会因素之中,社会因素又进入了认知主体形成先验认知形式,这样一来,社会因素就与知识具有了内在关联。然后科学活动通过历史的发展,又超越了个体科学家活动的局限性,在时间的流逝中过滤掉了知识的社会痕迹,才表现为一种“与人无关的客观性”。这样一来,在现实生活中科学,具有一个真实的“双重形象”——作为“整体科学”的理想形象和作为“局部科学”的世俗形象。

所谓“整体”的科学,是指从历史上就开始形成并将继续发展下去的整个科学本身。只有把科学视为一个不断发展的过程,是历史上及现在和未来科学家们共同构成的一个有机的大科学,我们才把握住了科学的本质所在,真正认识了科学是什么。这时候,科学及其产品——科学知识在社会具有了崇高的信誉和权威,它为人类提供了最具客观性、公正性的知识,反映了自然物质世界的真实面貌。科学的客观性形象使之成为真理、公正、正确的代名词,并与客观性、进步密切相关,成为人类文明、社会发展进步的标志。在这种整体科学眼里才出现了我们传统的认知,在理性与真理关系方面就表现为原有的旧理论不断被融入内容更加丰富的新理论体系之中,新理论则由于比旧理论提供了更加精确的说明和预言,从

---

① 限于篇幅等原因,这里不再专门整理诸如科学研究传统或信息域等历史主义的对科学理论的传统类似解读,更具体可参见[美]库恩:《科学革命的结构》,李宝恒等译,上海科学技术出版社 1980 年版,第 158—171 页和[英]伊雷姆·拉卡托斯、艾兰·马斯格雷夫:《批判与知识的增长》,周寄中译,华夏出版社 1991 年版,第 116—244 页。

而日益朝着真理的方向前进。①

而"部分科学",我们在这里指处于某一阶段的科学现状,个体或集团性的科学家具体的科学活动,它更多表现为科学知识社会学所描述的世俗的科学形象,更多体现了科学作为现代社会生产某一领域的特点。由于作为科学认识主体的科学家首先是社会的人,其思想和行为无疑带有社会因素的痕迹,受社会环境、利益的影响。从人类实践活动的特点来看,科学家的研究活动位于物质实践活动和理论实践活动甚至还包括艺术实践活动的包围之中,处于日常生活态度和抽象理论态度的双重困扰之下。即使在理论化的实践活动中,科学家的有限性目的消失了,他能够对理论保持一种中立、客观性的态度,从理论的整体出发思考问题,但他还同时受制于世俗生活态度的影响,其社会行为和理想状态的科学行为是混合在一起的。所以在 SSK 的实地考察中,理想中的科学崇高形象势必落入一个世俗的形象。

事实上,这两部分构成科学的现实形象,一个较为完整的现代社会生活中的科学状态。简单说来,传统实在论科学观代表了一种科学主义的科学观,它洋溢着启蒙运动崇尚理性、确信社会进步的乐观主义精神。在实验与理性为基础的科学方法帮助下,知识与科学的"量化世界"相符合,这也符合传统人们对科学家的形象。这种科学主义更多是人类理论实践活动的产物,其抽象的理论态度尤为明显,它强调科学的绝对客观性,排除了人的因素的存在。于是在科学的世界里,自然是一个量化的世界,如同一个在机器齿轮上转动、用数学方法精确计算的机械装备,这是一个冰冷干枯、死气沉沉的世界。也即"祛魅"的科学世界。② 但实际上,人们在科学探索活动的过程中,是可以感受到科学家往往也是满怀情感、满怀激情的,客观的科学探索的过程同样是充满人性的,萨顿说,"无论科学活动的成果会是多么抽象,它本质上是人的活动,是人的满怀激情的活动","是这样的人性化而且如此的重要"。③

将自然科学视为由单纯科学家和科学家共同体在客观方法指导下进行的探索宇宙的认知活动的看法,是对现代科学的一种幼稚观点,因为在大科学的时代要像科学发展前期那样单凭个人兴趣去独自探索研究的科学时代已不在了,当前的科学是全球性的社会公共活动,它已经渗透到人们社会生活、政治、经济、文化

---

① 陈其荣:《论科学合理性与科学进步》,载《自然辩证法研究》,2002 年第 2 期。

② 黄文贵:《从科学研究的过程和方法看科学的人文特性》,载《江西社会科学》,2003 年第 3 期。

③ [比]乔治・萨顿:《科学史和新人文主义》,陈恒六等译,华夏出版社 1989 年版,第 38 页。

等各领域,科学技术的发展涉及国家、社会和公众理解等基本因素的影响。① 在这方面,科学知识社会学已经对科学的描述生动再现了实际生活中科学活动的现状,让我们看到了科学作为社会性活动为人所忽视的一个方面,而另一种现代性的理解事实上则强调了人类对科学的客观性和理性的描述,在这里传统科学哲学的概念分析、描述与解释等具有重要的意义,结合这两方面,我们就更要以生活世界和形式理性双重角度去分析和追问科学,并与生产劳动结合起来,"生产活动是认识自然的基础"②。

如果我们从20世纪末科学怀疑论(对现代科学合理性、客观性、真理性的全盘否定)、后现代思想家与科学卫士之间科学论战的角度来看待科学形象问题,那是很有启发意义的。科学与反科学、伪科学的论战由来已久,特别是在科学发达国家更是如此,我们应该怎样看待这些问题呢? 从我国的实际情况来看,我们面临着一个非常尴尬的境遇。一方面,科学技术在现实生活中的影响还在日益增大,"科学技术是第一生产力"的观念刚刚深入人心。但另一方面由于一些特殊原因(如缺乏科学的理论态度),我们又常常只是从实用的角度去认识科学,从而片面地强调科学的物质功能目的,使得科学成了"实用的"代名词,并就此等同于技术。这种情况下,我们有资格讨论后现代主义所谓的科学危机以及技术理性的极端发展吗? 事实上,我们在还没有进入对科学深刻理解的时候就又面对着否定科学的思潮,在缺乏科学精神的情况下应该如何看待这些问题呢? 在这方面,其实这既是我们的一个先天缺陷,又是一个可资利用的有利条件,如果能够很好地吸取科学已经出现了的深层文化危机的经验,我们可以少走很多弯路,因此如何评价和看待这些问题,正确理解科学以及技术的现代发展已经是摆在我们面前的一个重大历史问题。因此,也有必要对科学(技术)与现代社会的关系问题做一个较为系统的考察,探索一种更加合理地描述现代社会中的科学形象的方式,这一点无论在理论上还是现实中都具有重要的意义。

### (五) 小结:科学生产的双重维度

人类的科学实践活动包括两个重要方面,即历史性维度和社会性维度(历时性和共时性)。其中,我们的社会生产、社会交往活动都是正在或已经发生了的过程,也就是说"时间性"与人的感性活动直接相关联,它是人的感性活动的重要特点,可以说,历史和社会既是人类活动的产物,又是人类活动的舞台。其中科学实

---

① 王能东:《现代反科学主义思潮的科学文化观》,载《自然辩证法研究》,2003年第8期。

② [奥]霍利切尔:《科学世界图景中的自然界》,孙小礼等译,上海人民出版社2006年版,第9页。

践的社会维度更好理解些，我们的存在、实践生产劳动都不是单独进行的，人的意义在于其生活于社会之中，人与人之间的交往关系。而且，人的社会生活也是与时间不可分离的，否则，现实生活将变为僵死没有生机的某种神秘静止的东西。但传统认识论研究中的时间性维度却常常为人们所忽视，这也是传统科学观的一大缺陷，我们在很大程度上忽视了时间性维度，仍停留在了对科学实践的静态理解上。

从实践的观点看，时间与社会生产、社会交往等是紧密相连的，在时间性与人的社会感性活动直接相关联，当人的对象和人本身都必须在人的感性活动中生成，并获得成为自身的规定时，人的感性活动就是对人的生存本身的"筹划"。在此意义上，人的感性活动构成感性世界的基础，其生成发展过程即"历史性"。①所以，历史是人类活动的产物，而不只是抽象的物质运动或精神运动的结果。与传统时空观从自然角度解释时间、空间问题相对，我们要从人的存在、人的实践活动角度来理解，将时间性、空间性与人类的生产劳动关联起来。时间的意义就在于人的社会生活之中，人的社会生活也是与时间不可分离的，否则，现实生活将变为僵死没有生机的某种神秘东西。实践活动是人类有意识的、自觉的客观活动，而认识活动只是实践活动认识功能的相对独立发展，科学家的科学认识活动更只是其中的一种方式。认识活动是建立在实践活动，特别是物质生产实践活动的基础上，它制约、影响着其他所有的人类活动，我们对科学认识活动的理解，也应以实践为基础，从人的现实存在出发。人作为一种特殊的存在，也是重构其他存在的存在。人类的存在、活动与时间或历史是具有统一性的，因此，"历史从那里开始，思想进程也应从那里开始，而思想进程的进一步发展不过是历史过程在抽象的、理论上的前后一贯的形式上的反映"②。把生存看成是人追求自身本质的历史性活动，就真正赋予了生存理解以历史理性维度。例如在马克思那里，人类的生存论是历史地确定起来的。而且，人的生存必须在是一定的社会前提下，"没有从属人的、活动的以及人本身的社会历史等方面去面对生存"，是难以把握认识论的真正意义的。只有从人们之间发生具体的生产和交往活动的社会关系入手，才能现实地、客观地考察人们的实际生活，人生活于一定社会关系之中，人的实践性存在首先是社会交往关系中的存在。③

---

① 陈立新：《感性活动之为马克思哲学主导原则的意义》，载《湖北行政学院学报》，2002 年第 2 期。

② 《马克思恩格斯选集》第 2 卷，人民出版社 1972 年版，第 122 页。

③ 邹诗鹏：《论马克思的实践生存观》，载《成都大学学报》，2000 年第 4 期。

而且由于不同的认识主体之间往往有不同的认识、不同的思维结构，因而也有彼此之间相互开放、相互对话的必要性。人们在生活实践方式上的通连性，在运用语言符号上的相通性，使得不同认识主体之间又具有相互沟通、相互理解的可能性。① 科学实践以其共时的空间结构建立了与历史的时间—空间结构的同构关系，将历史的信息保存于其空间结构之中。这就使我们能够由现实而知历史，或由历史而知现实。历史过程中各个不同的结构环节就构成了一个有机整体的历史发展之链，而现实就是由这一链条的总和构成的。现实的结构包含历史上的结构在自身之内，并使它们从属于自身。这样，现实就像是积淀起来的历史，而历史则有如逆向拉开的现实。② 认识活动的历时性和共时性共同构成了人类的现实生活，科学认识活动也深深扎根于感性的实际生活。人的感性活动是“整个现存的感性世界的基础”，人是“一些现实的个人，是他们的活动和他们的本质生活条件”，人的精神生活是被意识到了的人们的“现实生活过程”。③

科学认识与自由密切联系起来，人的自由空间限制在人对必然性认识和驾驭能力范围之内，并由此获得合目的性体验，从而获得一种自由感。但由于人类认识与实践的有限性，自由的空间也是有限的。④ 认识主体——人在本质上是社会性的，人的关系活动是一种社会性的活动，这是感性活动的实质所在，人的言行、一举一动都是社会化了的，维特根斯坦关于不存在私人语言的论点亦是此意。而作为认识对象的人化自然也带有社会的属性，是一种社会化的实在。无论科学认识的主体、对象还是活动本身都是社会性的，科学知识无疑会带有社会的痕迹。但这只是知识和社会关系的一方面。在科学认识的动态过程中，人的认识有两个重要特征：认识过程的时间性和认识活动的准先验性；其中，社会性因素更多集中于认识的准先验性，而认识的时间性表现为对社会性因素的“过滤”，表现出知识的客观性。社会因素就内化为一种人类活动的“准先验形式”，它构成了我们认识事物的基本前提，建构科学知识的重要因素。从人类活动的时间性维度来看，一定时期的认识活动只是我们理想化的、抽象出来的某一固定阶段，而并非认识活动的立体结构的全部，人类的活动是时间性和社会性的统一，这种“准先验形式”的先验性只是短暂的甚或只是我们由于理解的需要而抽象出来的。所以，这种先验性也就随着人类的活动发生变化，并与此时的人、社会、自然耦合体保持协调，

---

① 李淑梅：《实践性辩证存在方式与认识的辩证法》，载《南开学报》，2003 年第 1 期。

② 陈晏清、王南湜等：《马克思主义哲学高级教程》，南开大学出版社 2001 年版，第 132 页。

③ 陈立新：《感性活动之为马克思哲学主导原则的意义》，载《湖北行政学院学报》，2002 年第 2 期。

④ 万兰芬：《论海德格尔的时间观》，载《嘉应大学学报》，1999 年第 4 期。

通过时间性维度,认识过程的社会性反而被过滤掉了,展现出认识、科学活动的客观性。劳斯说,世界是呈现在我们实践中的东西,“世界不是处在我们的理论和观察彼岸的遥不可及的东西。它就是在我们的实践中所呈现出来的东西,就是我们试图作用于它时,它所抵制或接纳我们的东西。科学研究与我们所作的其他事情一道改变了世界,也改变了世界得以被认识的方式。我们不是以主体表象对象的方式来认识世界的,而是作为行动者来把握、领悟我们借以发现自身的可能性。”①所以说,知识体现在我们的研究实践之中,而不是表象性理论中的那种完全抽象化的东西,理论是在使用中而非在与世界的静态相符中得以理解的。从具体的科学实践活动来看,科学史上的每一科学发现、科学理论的确立,总是一个完整的历史事件,它不只是当时社会背景下的单一产物,而常常是一长期历史发展、社会积淀的产物。

## 三、现代科学、形而上学与伦理学的归宿

由于现代性“意味着科学思想摒弃了所有基于价值观念的考虑,如完美、和谐、意义和目的。最后,存在变得完全与价值无涉,价值世界同事实世界完全分离开来”②。在对现代理性的理解方面,我们应把“理性本身分解为多元的价值领域,从而毁灭其自身的普遍性”③,恢复启蒙理性的丰富性。如果用韦伯曾区分过的两种合理性的话,就应该是形式合理性和实质合理性的结合,以克服法兰克福学派所断言的“两种理性的失衡或说技术理性的过分膨胀造成的现代技术危机”。只有以价值理性弥合工具理性的极端发展,科学技术才不再被仅仅视为冷漠的工具,人自身才是科学关注的中心,它具有人文意义和人文价值,即伯姆等强调说的:“必须消除真理与德行的分离、价值与事实的分离、伦理与实际需要的分离。”④

### (一)科学合理性:从认知理性到生活世界的合理性

从逻辑实证主义至科学实在论和历史主义,它们都把合理性当作科学哲学的核心问题加以重建,并不断赋予科学合理性以新的意蕴,揭示着科学合理性的多重内涵。虽然科学哲学家们从各个不同角度对科学合理性做了深入的探讨,但这

---

① [美]劳斯:《知识与权利》,盛晓明等译,北京大学出版社 2004 年版,第 23—24 页。

② [法]柯瓦雷:《从封闭世界到无限宇宙》,邬波涛、张华译,北京大学出版社 2003 年版,第 2 页。

③ [德]哈贝马斯:《交往行为理论》,曹卫东译,上海人民出版社 2004 年版,第 237 页。

④ [美]大卫·格里芬:《后现代科学》,马季方译,中央编译出版社 1995 年版,第 237 页。

些讨论似乎并没有使问题得到解决或澄清，甚至像卡萨文等人所说那样连合理性概念本身和基础都变得完全不确定了。以往对合理性问题的讨论，都是认识论思维范式下的产物，对科学合理性讨论基本都属于认知合理性范畴。具体而言，传统科学哲学的合理性辩护以主、客体二分为认识论的基本原则，从认识论和方法论两个角度出发来论证科学合理性，它具体表现为实在论与方法论方面的合理性。但这种认知模式的合理性论证一直局限于理论哲学思维范式之内，没有给出令人信服的解释。随着现代哲学的发展，理论哲学的局限性日益突出，科学合理性研究的视域开始出现转变，"实践"以及"生活世界"理念开始进入科学合理性研究的视野，科学合理性辩护逐渐从认知理性层面转向人类现实生活层面："无论科学会变得多么抽象，它的起源和发展的本质却是人性的。每一个科学的结果都是人性的果实，都对它的价值的一次证实。"①

而且，随着社会学、人类学等社会学科的发展，人们在进行跨学科研究时，合理性问题变得异常复杂起来。② 人们认识到纯粹的理性认识论和方法论探讨，并不能一劳永逸地解决科学合理性问题，必须从新角度重新反思合理性问题，以解决近代哲学留给现代思想的一个众所周知的难题——主客体关系以及相关的二元思维模式。③

历史主义第一次大范围将合理性的范围扩展到了心理学和社会一文化的广阔领域。合理性就不再被视为单纯的认识或知识论问题，为此劳斯指出，"将科学视为实践领域而不是陈述之网，这方面最有影响的尝试非库恩的《科学革命的结构》莫属"④。历史主义学派在解释科学合理性问题上，把它归结为科学家集团的共同信念，以集团的信念、价值观念取代传统经验和逻辑合理性标准。在科学理论选择的过程中，社会、心理因素成为决定因素，"各种规范之间的竞争不是那种由试验解决的战斗"，理论取舍最终分析起来必定是心理学的或社会学的。甚至费耶阿本德直接否定了经验事实在理论选择中的重要作用，"新思想的效忠必须靠论证以外的方法来达到"。在他们看来，科学知识、方法的标准也都是相对的，

---

① ［比］萨顿：《科学的生命》，刘珺珺等译，商务印书馆1987年版，第29页。

② 特别是涉及文化解释学问题，即应如何对其他民族文化现象进行评价时，合理性解释遇到了极大难题，20世纪60年代发生的第一场"合理性论争"正是由温奇在《社会科学的观念》中倡导的解释学社会学引发的一场有关不同文化的"合理性"问题之争（温奇借用了普里查德（E Pritched）对阿赞德人（Zande）巫术研究的案例）；而80年代后又为实在论和社会建构论所延续，形成新的科学"合理性"之争。

③ 董惠芳：《现象学视域中知觉理论向审美知觉的发展》，载《内蒙古大学学报》，2010年第4期。

④ ［美］劳斯：《知识与权利》，盛晓明等译，北京大学出版社2004年版，第27页。

决定问题和提出各种解的合法性的准则等方面通常都是有重要变化的,科学家获得成功正因为他们不允许自己受理性的规律、合理性的标准或永恒不变的自然规律所束缚。①

与此同时,科学知识的合理性也受到前所未有的质疑。特别是社会建构论的出现,它针对传统科学方法的客观性主张,社会建构论试图将合理性纳入社会解释之中,从而取消科学方法论的特殊地位。由此科学哲学开始从回归生活世界理论出发,由理论哲学理路开始向实践哲学方向发展。社会建构论者断言知识内容与社会的生活形式之间有着必然的因果关联,他们相信只有在描述了科学活动的进程及其社会因素,才能呈现出科学知识的内容:从最初科学家提出科学理论开始,它就明显与社会因素相关联,当时的文化与社会变量对科学知识内容的产生有着内在关系,而且,科学知识内在地包含了文化与社会因素;科学理论的评价和接受更是社会建构的产物,它是在科学家个人偏爱及群体利益追求中得以进行的,科学知识本质上是在个人偏爱与群体利益相协商的基础上形成的社会产品,体现了特定群体利益、社会境遇下人们的价值倾向。

针对传统科学方法的客观性主张,社会建构论试图将它纳入社会解释之中,从而取消科学方法论的特殊地位。他们将理性的、不证自明的"逻辑"划归于社会"协商"(negotiation)过程:"推理中所表现出来的强制性特征,是社会强制性的存在方式。"强调正如不存在私人规则一样,也不存在私人发现:"要使发现成为一项'发现',就必须建立起新的公共规则。"②科学家要将自己的科学发现,诉诸观察、实验的可重复性,把它们视为科学判决的最高法庭,但作为划界标准和进行实际检验是两回事,因为只有当发现存在置疑时,可重复性才成为检验标准。所以,实验的可重复性不是一个实验问题,科学事实并不能自己决定支持哪一理论,实验结果的可重复性本身就是社会协商的结果,科学争论结束机制是社会的,不是实验证据,而是处于认识网络中部分的科学家。用社会的秩序网络说明科学观察、实验在科学活动中的实际作用:实践中规律如何确定下来,"不是世界的统一性影响我们的意识,而是我们体制化的信念的统一性影响世界"③。

事实上,社会建构论昭示了现代哲学发展的一条基本理路。这同马克思对感性物质实践的强调,以及海德格尔对此在在世结构的分析、波兰尼的"意会知识"(tacit knowledge)、实用主义、维特根斯坦的语言游戏和生活形式理论试图把知识

---

① 刘高岑:《当代科学合理性理论的困境与出路》,载《科学技术与辩证法》,2000年第3期。

② H. Collins, *Changing Order*, London: London & Beverlyhills, 1985, p. 18.

③ H. Collins, *Changing Order*, London: London & Beverlyhills, 1985, p. 148.

与行动的效果结合起来都意在克服传统表象主义、理论优位的知识观一脉相通。社会建构论者借鉴了维特根斯坦对语言游戏和生活形式的分析，从理论上把它引入了知识社会学研究，在实践方面把它向常人方法学方面引导，发展成为一种激进的社会研究观点。在表现形式上至少有科学知识社会学、常人方法学（ethnomethodology）、科学的修辞研究（rhetorical studies of science）、符号人类学、女性主义理论、现象学社会学思想的根源。随着后经验主义科学哲学的发展，社会、历史等科学的外部因素越来越受到普遍关注，逻辑实证主义片面强调逻辑分析的方法的局限性逐渐为人们所认识，并逐渐克服了传统静态研究的缺陷。

以上我们在分析科学哲学合理性问题时，分别表明了认知范式合理性与新近合理性研究中的一些基本困境，即知识合理性的实在论辩护和方法论的归纳辩护难题。事实上，这种合理性困境在科学哲学中正如拉卡托斯借鉴康德的话：没有科学史的科学哲学是空洞的，没有科学哲学的科学史是盲目的。以上我们所分析的科学合理性模式都面临着这样的困境：如果一种科学哲学充分地说明了科学合理性，那么它在理解科学史时是以辉格式解释（ whig understanding）为代价的；如果一种科学哲学成功地理解了科学史，则这种科学哲学对科学合理性理论的建构是不完整的。进一步讲，正是由于传统知识论把人从现实生活实践中抽象出来，变为单纯的认识者，抽象化为纯粹的意识者，又从自我封闭的意识主体出发建构认识论体系，在抽象的主体意识中寻求知识合理性。其实质就是哲学家们通过思维的抽象，把人的理论认识活动从感性实践生活中脱离出来，使之成为凌驾于实践之上的独立力量，在狭隘理智范围内对知识基础和本质进行固定化、绝对化的理解。这种思维和存在分离和统一造成的合理性问题，是一种由近代形而上学思维方式造成的结果，是“在想象中脱离生活的性质和根源的哲学意识”。要批判这种虚幻的哲学意识，使哲学研究从形而上学思想禁锢中解放出来，就要揭示认识的“生活的性质和根源”，使认识论向人的现实生活世界回归，“把人的世界和人的关系还给人自己”。①

科学认识活动是一个具体的、感性的现实过程，它是全面的、立体的多维结构，而并非传统所理解的单一的线性一维模式。科学知识只是人类生活的一种话语，“中心问题已不再是科学中的陈述是否是真正的知识，而是人们已开始将科学看作是科学史及文化史中的一个现象，因而亦与对世界的总体看法紧密相关”②。

科学不仅是一种理论活动，更是一种实践活动，以人类实践为基础的知识论，

---

① 李淑梅：《马克思主义认识论对形而上学的超越》，载《教学与研究》，2002 年第 12 期。

② ［德］汉斯·波塞尔：《科学：什么是科学》，李文潮译，上海三联书店 2002 年版，第 239 页。

才能克服传统抽象的纯理论态度造成的合理性困境。在科学合理性的解释中，首先涉及的就是对科学本身的理解问题。对科学的理解，事实上我们也经历了一个从“知识型”科学到“社会型”科学的过程。同时，随着科学的体制化以及科学家社会角色的形成，科学进入了社会大系统，积极介入了社会活动，影响社会，与社会开始融而为一，科学社会化、社会科学化，成为当今时代的特点。也正如巴恩斯说描述的，“社会变革与文化变革看起来确实在走向融合，构成与传统单一社会发展不同的方面。其中最大最明显的事例通常就是指‘工业的兴起’和‘科学的兴起’，他们都发生在近三个半世纪里，科学与工业看似并行发展并在短期内生产了巨大影响”①。所以合理性的探索，必须重新考虑科学的社会建制这一大科学时代的特点。只有这样，传统认识论所持有的抽象合理性才能得到克服。

事实上，相对于传统认识论，人们的着眼点确实开始转向了人们的日常生活、实践活动，它们更多的是把科学看作一种社会现象，一种社会活动，而不再是单纯的知识，这是它们超出传统观念之处。齐曼说：“在相互竞争的模型或类比之间的选择不可能在逻辑上自动的实现：它最终取决于人类的评价。这种选择常常通过某种‘约定’或社会性理解（即只有某个特定的系统应该被传授和使用）来解决。”②在这些因素中，社会、价值观念逐渐成为人们研究合理性的主要关注点。如库恩的“范式”概念，它不仅仅再是指由科学定律、规则方法组成的知识结构，还应包括由科学共同体世界观所构成的各种社会因素、心理因素和文化因素。再如普特南，就不同意逻辑经验主义者的认知合理性传统，他强调科学是一种社会行为，它只能在文化共同体的内部进行，合理性与文化习俗规范的确定性相关。针对理性主义对自然作用的强调，建构主义将科学活动的相关问题都归结于人类社会方面，即科学问题最终都能划为社会意象。在其偏执的理论探索中，它在一定意义上也具有纠偏的效果，促使我们从纯理论的态度中警醒。又如新近兴起的科学技术人类学（The Anthropology of Science and Technology），通过人类学考察科学家人群和他们的生存状况，描述其科学观、文化观、价值观，具体说明科学创造的现实情况。这些研究都潜在地表明一点，理论活动并不具有一种独立于人类实践活动的地位，它源于生活，服务于生活，人类生活才是实现胡塞尔理想的最终依据，在生活世界中，科学真理和人类价值才能最后合而为一，科学合理性才能得以彰显。所以，我们的科学研究不应只是对发现的描述，“它的目标就是解释科学精神的发展，解释人类对真理的反映的历史、真理被逐步发现的历史以及人们的思

---

① Barry Barnes, *About Science*, Basil Blackwell Ltd, 1988, p. 1.

② ［英］约翰·齐曼：《元科学导论》，刘珺珺等译，湖南人民出版社 1988 年版，第 80—81 页。

想从黑暗和偏见中逐渐获得解放的历史,而应在科学史中发现那些永恒的内容"①。

(二)科学知识伦理学的回归:两种现代性的融合

自由是现代性的核心问题之一,启蒙运动以来人们对理性、科学的追求,都是以自由为根本基点的。但实际上,这一"自由"原则却被一种"知性"原则所替代,因为现代性的理性主义发展成了一种对象性的逻辑,这具体表现为控制和对主体之外世界的征服,"从而导致人的社会生活共同体的分裂和伦理总体性的瓦解",以至于"在现代世界中的解放,也必然会变成一种不自由,因为,社会失去控制的反思力量已经获得独立,而只有通过主体性的征服性的暴力,才能实现社会的一体化,这样的现代世界受到了错误的同一性的折磨,原因在于在日常生活和哲学之中,现代世界已经把一种有限设定为了绝对的东西"②。正是由于"现代性之中根本不存在关于人意义世界的秩序"③,这样所谓的意义也只是作为主体的人类加之于其上的,自然世界本身事实上是无所谓意义和价值的。这就是科学史之父萨顿那句很有代表性的话:"科学追求真,伦理追求善,艺术追求美。"换句话说,自然科学与其他社会文化,诸如伦理、艺术等相比,其关注的中心主要是有关事实真假问题的判断,而不涉及求善的价值判断或求美的审美判断。

一方面,人们强调科学在认识自然和增进人类自由过程中发挥的作用,在反对封建神权中发挥作用。另一方面,人们又在无意中树立起了一个新的"霸权",这在解放自身的过程中又给自由添加了一个深重的翅膀。多尔迈这样描述这种状况:"当积极的谋划被当成对自然束缚的平衡时,我们时代的人的理性孕育了一种新的、更完整的束缚,甚至可以说是一种新的神话。"④所以,我们的问题是:"怎样从现代性的知性原则回归自由原则呢?"从现代性的两重属性来看,我们认为科学知识伦理学应该成为科学新的发展方向和终极目标,只有这样才能实现现代性初设的"自由"。

事实上,黑格尔早已深刻地指出过这个问题:现代性的问题是伦理总体性的丧失,现代市民社会的发展和现代性逻辑的深入发展导致了社会生活的世俗化,也就是说现代社会成了一个分裂的社会:一方面是人类精神和客观现实的分离;

① [比]萨顿:《科学的生命》,刘珺珺等译,商务印书馆1987年版,第18页。
② 转引自贺来:《从形而上学现代性到后形而上学现代性》,载《厦门大学学报》,2009年第3期。
③ Louis Dumont, *Essays on Individualism*, University of Chicago Press, 1986, p. 262.
④ [美]多尔迈:《主体性的黄昏》,万俊人等译,上海人民出版社1992年版,第49页。

另一方面是人类社会自身的分裂。市民社会作为一个充满物质和欲望的领域，是按照知性的必然性原则构成的一个独立的客观体系。这对于人类精神来说，是一个完全陌生的世界，“不仅如此，市民社会的扩张还导致古代共和国和基督教精神共同体的瓦解，个人失去了将他们联系在一起的精神纽带，个人成了私人，成了相互分离的精神单子”①。在黑格尔那里，他只能将这些最终归结于理性本身的发展，所以，并不是现代自然科学决定了现代性的本质，而是现代性对世界的规约方式，也即现代生产方式决定了科学的现代本质。也正是现代社会的生产关系需求才将“世界把握为纯粹对象”以及生产材料的方式，在这幅主客对立的世界图景中实现了伽达默尔所谓的“对自然过程的统治”。② 从这一角度看，这种现代性决定了科学与技术的发展与异化，而现代社会的结束，确如华勒斯坦所言，“现代性之终结”只是技术现代性，而人类自我解放的现代性却“仍未完成”，即“现代性已不再是救星、而变成了一个恶魔”。③

启蒙现代性传统下的传统自然科学观是一种抽象的认识论。在主客二分的维度中，它所关注的中心是人与自然的关系，即主体如何认识客体，人如何发现自然规律从而改造自然界的问题。但正如我们以上所分析过的，这种表象主义认识论坚持的是一种抽象的自然观，它把自然和社会都做了抽象化、简单化的理解。而且，对实践过程中人与自然之间的关系，它更强调的是客体方面，并且认为存在于我们之外的这些外部实在，可以独立于人们的实践活动，是与人类无关的。马克思说：“人们决不是首先‘处在这种外界物的理论关系中’。正如任何动物一样，他们首先是要吃、喝等，也就是说，并不‘处在’某一种关系中，而是积极地活动，通过活动来取得一定的外界物，从而满足自己的需要。”④这也就是说，生存是一切人类面临的前提性问题，生存绝不是一种静观式的纯粹认识论态度，而是一种实践态度，人类是在基本的活动形式社会生产中解决自己的生存问题的。思辨的哲学要想真正进入人的现实生活之中，就必须彻底摈弃实体性思维的方式，在人与世界实质性的相互关系中认识和把握人与世界。因为形而上学的理论抽象思维只是“脱离现实”的、抽象的静态认知，“从观念出发来解释实践”，这颠倒了观念

---

① 张以明：《走向实践的共同体》，载《现代哲学》，2007 年第 4 期。

② 夏林：《资本对现代世界图景的塑造》，载《浙江社会科学》，2007 年第 9 期。

③ 参见[美]华勒斯坦：《自由主义的终结》，郝明伟等译，社会科学文献出版社 2002 年版，第 125—127 页。

④ 《马克思恩格斯全集》第 19 卷，人民出版社 1963 年版，第 405 页。

与实践的关系。[①] 形而上学思维方式追求的是关于一切存在者存在的正确性意义上的真理即知识，而后形而上学思维方式追求的则是使一切知识作为知识成为可能的“林中空地”的敞开，也就是说，后形而上学思维从知识出发，以知识为起点，通过不断的“返回步伐”返回到使知识成为可能的可能性本身。

综观现代科学的历史，以及从逻辑实证主义的科学观到后现代科学观的发展，尽管其中反映出对于科学进步问题的认识发展，但均未超出表象主义的认识论领域，并且存在不可克服的困难；由于它们忽视科学作为人类活动所具有的社会性与实践性，因而无法根本解决科学进步的合理性问题。探讨科学观的模式问题，我们不能仅仅停留在认识论的范围内，必须看到：科学是一个复杂的社会、文化系统，它与社会诸因素有着复杂的联系。科学的目标并非是超越社会、超越文化的，它必然带有社会性、文化性的特点。因此，我们必须考虑到现代科学中的各种复杂因素，其中包括科学认识与科学实践的关系、科学的认识功能与社会功能的关系，特别是在科学知识创新与社会应用过程中技术理性与价值理性的相互关系等问题。只有这样，才能克服以往科学问题探讨中由于无视社会因素的作用所带来的困难。

造成以往科学观的探索局限于认识论内部的主要原因在于，科学界占主导地位的科学观是理想主义的科学观。这种科学观主张：科学的目的仅仅是追求客观世界的本质和规律性，科学家的职责只是提出科学问题，提出并验证假说，预见和发现科学事实，以及不断发展科学中的数学理性、实验理性、逻辑理性和技术理性，等等。正如爱因斯坦所说，“对于科学家，只有‘存在’，而没有什么价值”[②]。虽然这种理想主义科学观的积极价值在于它强调了人类理性在科学认识中的巨大作用，强调了科学的认识功能及其所反映规律的价值中立性，但是，这种科学观却完全忽略了科学作为人类越来越重要的社会活动的特征与功能。实际上，在理想主义统治科学界的同时，另外一种思潮即功利主义和技术理性至上的思潮则在技术应用领域日益占主导地位。功利主义科学观继承了主客二分思想以及近代哲学倡导的人类征服自然的传统观点，把客体（自然界）仅仅看成是与主体（人类）对立的纯粹外物，看成是人从外部进行实验操作并使之“招供”的对象，而科学不过是人类把握自然以致征服自然的手段或工具。尽管这种观点确认了主体认

① 李炳林：《马克思哲学实践——生活恩维方式的创立及其革命性意义》，载《西安建筑科技大学学报》，2003 年第 2 期。

② ［德］爱因斯坦：《爱因斯坦文集》第 3 卷，徐良英译，商务印书馆 1977 年版，第 280 页。

识并改造客体的能力,并且使人类第一次把物质生产过程变成科学在生产中的应用。① 但是在它的影响下,人们仅仅强调科学的物质价值和经济价值,却完全忽视了它们本来应有的人文价值。由此导致技术理性取代了价值理性,而成为科学理性结构中决定性的甚至似乎是唯一的要素。这种状况事实上只能导致人类丧失自然主人的地位。

在这里,一方面是理想主义科学观仅仅关心科学内部的认识论问题,另一方面是功利主义的科学观仅仅关心科学应用的可能性和效用性问题。这两种观念都把科学的相对独立性及其所反映规律的价值中立性绝对化,都忘记了科学最根本的出发点和归宿乃是对于人类终极价值的关怀,从而表现出科学家社会责任感的日益淡化。其结果造成了技术理性的日益膨胀,以及科学世界和人文世界的迅速分离。因此,科学的创造主体和应用主体为了求"真"或求"效用"而不顾其他,没有谁去关心科学创新与应用的社会后果问题,也没有什么人去思考科学的人文价值问题。

由于人类本身是不可分割地包容在世界中的,物质和意识之间不存在根本的分歧,因而意义和价值不仅是世界的组成部分,也是我们的组成部分。如果人们采取一种非道德的态度运用科学,世界终将以一种毁灭的方式报复科学和我们人类自身。因而,后现代科学要求消除真理与德行的分离、价值与事实的分离、伦理与实际需要的分离,是有道理的。当然,要消除这些分离,就必须对我们认识知识的整个态度进行一场巨大的革命。到目前,这样一种变革是必要的,也是人们企盼已久的。② 科学技术被排斥在价值领域之外,以至于出现真与善和美、事实与价值之间的分离,阿格尼丝·赫勒认为,事实与规范(价值)之间不一致这个现代思想中著名的逻辑/认识论问题,源自作为支配性世界解释的科学的出现,源自真与善之间的相互松绑。③

科学首先是一种社会实践活动,一种社会建制,它是由作为价值载体的人来实现的。"所谓的科学的'价值中立性'只有相对于科学中的纯粹自然法则才是正确的。所以,科学不是一种超越价值的事业,更精确地讲,其价值不同于真理纯粹的理智价值……社会因素对科学产生的影响是实质性的,而非肤浅的。科学不是真理不偏不倚的裁判,它不能无视相互争斗的社会力量,科学被认为是一个相当偏私的参与者,利用自己的地位使某些社会、政治和经济力量合法,而使另一些力

---

① 《马克思恩格斯全集》第47卷,人民出版社1978年版,第576页。

② [美]大卫·格里芬:《后现代科学》,马季方译,中央编译出版社1995年版,第95页。

③ 邓永芳:《西方科学文化现代性论析》,载《重庆社会科学》,2007年第2期。

量非法。”①更为重要的是,科学技术统治论的命题作为隐形意识形态,甚至可以渗透到非政治化的广大居民的意识中,并且可以使合法性力量得到发展。这种意识形态的独特成就就是,它能使社会的自我理解同交往活动的坐标以及同以符号为中介的相互作用的概念相分离,并且能够被科学的模式代替。② 培根以后,现代科学技术把实践理解为了一种技术性的功利性活动,就消解了亚里士多德传统实践哲学中“理论”(或科学)对人类终极关怀的关注。这种科学观事实上是强调了实践的泛化,实践成为一种纯功利性活动,“功用主义、效用……他们的原则、他们的上帝乃是最实践的处事原则”③。这样的实践观和科学观就导致了真理与德行的分离、价值与事实的分离。

对这一问题,普特南进一步指出,自然科学在经验与规范之间做出预设的同时,也预设了认识论上事实与价值的问题。较之于休谟等人的价值观念不同,普特南是在更宽泛意义上进行讨论的,受到皮尔士等实用主义影响,他也是在这种传统哲学的背景下来理解价值与科学问题的。为了解析清楚事实与价值的融合可能性,普特南用了一个新的伦理学概念——混杂(thick)来给以说明,他说:“如果我们观察我们的整个语言的词汇,而不是被逻辑实证主义者认为足以描述事实的极小的部分,即使在个别谓词的层次上,我们也会发现事实与价值(包括伦理的、美学的和每一种其他的价值)之间的一种更为深刻的纠缠。”④在普特南看来,实证主义或科学主义对二分法的痴迷,是“非认知主义和相对主义的变种”,而“一旦我们认识到我所谓事实与价值的缠结,非认知主义就垮掉了,而来自于当代的科学主义的相对主义则威胁要把伦理判断多得多的东西扔进只从某种或另一种局部的观点看才是有效的真理的行囊”。⑤ 科学的价值问题是和历史、文化的发展相关的,正是这些历史文化传统才支撑前来科学的价值,这是一体的,“每一个事实都含有价值,而我们的每一个价值又都含有某些事实”⑥。这样,事实与价值、科学认知与伦理、真理与意义都是融于一体的。

---

① [美]大卫·格里芬:《后现代科学》,马季方译,中央编译出版社1995年版,第12页。
② [德]J.哈贝马斯:《作为“意识形态”的技术与科学》,李黎、郭官义译,学林出版社1999年版,第63页。
③ [德]费尔巴哈:《费尔巴哈哲学著作选集》(下卷),荣震华、李金山等译,商务印书馆1984年版,第146页。
④ [美]普特南:《事实与价值二分法的崩溃》,应奇译,东方出版社2006年版,第43页。
⑤ [美]普特南:《事实与价值二分法的崩溃》,应奇译,东方出版社2006年版,第53页。
⑥ [美]普特南:《理性、真理与历史》,童世骏、李光程译,上海译文出版社2005年版,第223页。

要克服现代性“权利问题”带来的问题，即福柯所谓知识“是一种权力机制”①，伦理学维度是至关重要的。实际上现代科学不仅要关心人与自然之间的关系，更要关注于对人与人之间关系，只有人才是哲学关注的中心问题。传统的认识论和科学观正是由于没有意识到作为自己基础的社会存在的作用，因而是一种无根的认识论。这就涉及我们所要强调的第二个方面，对人与人之间关系，即社会关系的认识。马克思主义实践论集中强调的正是人与人之间的关系，马克思写道：“为了进行生产，人们相互之间便发生一定的联系和关系；只有在这些社会联系和社会关系的范围内，才会有他们对自然界的影响，才会有生产。”②对启蒙现代性的超越，首先要做的就是纠正这两种极端的观点，将两者有机统一起来。从现代哲学的发展来看，现代西方哲学的主体间性研究，已经使得认识论研究的视野深入到了人与人之间的“伦理关系”问题上，科学知识伦理学应该成为认识论新的方向和目标。③

例如，在海德格尔那里，他关注的核心问题不是知识，而是存在。他更关心的是我与他人之间的生存上的联系，也即我与他人之间的共同存在。自我作为“此在”是在世之在，是处于他人之中的，他人构成我所必需的生活环境，因而自我先在性地包容着他人。自我和他人通过语言在“意义世界”中相遇，只有在存在境遇之中知识才能获得意义。④ 伽达默尔在将解释学提升到本体论地位的时候，特别强调了语言的本体论意义，并以此来借助语言获得共同性。伽达默尔说，语言“并不只是一种工具，或者只是人类天赋所有的一种特殊能力；宁可说它是中介，我们一开始就作为社会的人生活在这种中介之中，这种中介展示了我们生活于其间的那种全体性”⑤。正是在语言中“我”与世界相互联结，构成了世界整体。这样，真理就不再是预先存在的，而是在对话中才生成的，而且它不是在对话的一方中存在的，而是对话双方相互作用的结果。所以，真理也不是对客观事物的本质的揭示，而是在对话中意义的展现，这样，在知识（真理）与伦理（自由）的关系上，我们也就有了重新的认识，它们统一于科学的实践过程之中。⑥

---

① ［法］福柯：《性经验史》，佘碧平译，上海人民出版社 2000 年版，第 7 页。

② 《马克思恩格斯选集》第 1 卷，人民出版社 1995 年版，第 344 页

③ 这里我们所说的伦理学并不是普通意义上强调人与人道德关系方面的“伦理”学。这种知识“伦理学”的说法主要针对了传统认识论对人与自然关系的过于注重，所以我们想要克服这种倾向，就相对于此又提出了关于人与人之间的主体关系在认识中的作用问题。

④ 许朝旭：《从建构到对话中的建构》，载《厦门大学学报》，2003 年第 4 期。

⑤ ［德］伽达默尔：《论科学中的哲学要素和哲学的科学特性》，姚介厚译，载《哲学译丛》，1986 年第 3 期。

⑥ 许朝旭：《从建构到对话中的建构》，载《厦门大学学报》，2003 年第 4 期。

使得人类回归真正的生活世界,科学与技术批判也是一个重要方面,科学的技术化作为现代性的重要方面,纯粹技术理性的蔓延是造成现代社会诸多问题的关键因素之一,正是“技术化遗忘了生活世界”,换作伽达默尔的表述就是,“问题在于我们忽略了语言(对话)和文本(解释)作为所有理解的前提”①。因为在传统观念中,求真一直是西方哲学关注的中心问题,而真理又是对必然性的认识,自由则以人的真理性认识为前提,只有获得对事物的真理,我们才能最终得到自由。从人类实践活动的角度来看,这只是单纯的理论视角,在现实的社会实践活动之中,人类的认识与伦理、审美等活动都是融于一体的,在这一意义上,自由是真理的基础。而情感、道德等人文问题并不能排除于现代性的考虑之外,即使是近代之初人们在“鼓吹”理性主义的时候,其实也没有完全遗忘人类理性之外其他因素的意义和价值,“他们没有刻意贬低情感或激情”,而且,科学与哲学等也是相得益彰、和谐共处的,“这是一个科学的时代,也是哲学的时代,一个启蒙的时代。科学家就是哲学家,大部分哲学家也是科学家,而他们都是启蒙的”②。这也是历史的发展的悖论,现代性逻辑展开的悖论,在文艺复兴和人文主义运动中诞生的近代科学曾经使得人类从封建神学的统治下解放出来,并且在解放人的劳动、改善人类生活状况方面发挥了重大作用,但理性与科学技术的发展在超出原来设想的过程中,也带来了意想不到的一系列问题,理性的单维度极端发展,科学与技术的异化。这也是人们不断呼吁回归现代性的多维度、回归生活世界的原因,现代性形成的科学世界只是理论思维的一个抽象产物。

站在科学实践活动的角度来看,科学世界也正是科学思维的一种理论建构,是对部分实践活动的形式化描述。但在现实社会中,包括科学活动中,真理与价值是统一于社会实践活动之中的,是一体的,所以我们不仅要阐明了科学认识活动的整个过程,也要阐明科学价值的创造活动发生与发展的机制以及方法论原则。但很显然,这一要求已经超越了单纯认识论的领域而进入实践论和价值论的领域,这才是科学共同体活动的真实状况,无论是科学认识论或者科学社会学,以及其他学科,也只能说明部分人类实践活动的局部情况。这是理论思维本身的特征所决定的,但我们要在这一视角的研究之后注意到其局限性,在理论解释学的基础上融合库恩以来的实践解释学,从而将科学与技术、科学精神与人文精神、理性与伦理价值等人为活动诸多维度在科学实践的平台上统一起来,彰显现代性视

---

① Niklas Luhmann, “The Modernity of Science”, *New German Critique*, 1994, No. 61, p. 17.

② Henry Steele, *The Empire of Reason: How Europe Imagined and America Realized the Enlightenment*, Ancher Press, 1977.

域下科学的认识论与伦理价值论、社会维度与历史维度、功利化的经济效应与非功利化的生态效应之间的有机统一性。①

简言之,我们对现代性的反思亦应站在历史的维度,将其视为一个历史性的延续发展的现象,不能简单将启蒙现代性与20世纪以来的现代性等同起来,其中的历史时间和可见观念都发生了根本性的转变。② 只有这样,我们对科学的人文价值的定位才是可能的:面对现代科学发展中价值理性的缺失和人文精神的失落,我们也应该汲取反科学主义思潮和技术批判理论的合理内核,进而确立价值理性在科学理性结构中主导和决定性的地位;同时,以对人类的终极关怀为最高准则,以高度的社会责任感对种种新兴的科学发现及其应用后果进行超前预测研究并加以合理而适度的社会控制,不仅在科学创新与应用活动的开始阶段,而且在活动的全过程中始终关注它的全部效应及其对于人类生存与发展的现实的与潜在的、直接的与间接的、近期的与长远的影响。只有这样,才能保障科学知识创新与社会应用活动的健康发展,防止科学自身在社会运行过程中的异化。当然,我们从现代性角度对于这个理解模式的探讨仅仅还是开始。人们有必要对整个20世纪的科学观和科学进步模式进行系统和深刻的反思,努力寻求把科学的技术理性和价值理性有机结合起来的途径,着手建立能够为全体进步人类共同接受的新价值观。这是摆在所有哲学家、科学家、伦理学家和世界上一切有识之士面前的艰巨而急迫的任务。因此,"我们必须使科学人文主义化,最好是说明科学与人类其他活动的多种多样关系——科学与我们人类本性的关系"③。在此意义上,亚里士多德的传统伦理学思想还是具有现代性意义的,整个科学实践活动亦有追求伦理道德、社会公正和审美愉悦的内在要求,它也是拥有内在目的性与自身的超功利的自由活动,是一种最高的善的活动,在本质上具有道德、伦理与政治关怀。这也从科学史的角度回应了马克思对科学人化的呼吁:"人的自然科学或关于人的自然科学,是同一个说法。"④

---

① 这样,科学的真理原则才与价值原则得以统一,并阐明了科学及其价值的创造与发生机制的内在逻辑,从而也超越了单纯认识论的领域进入实践论和价值论领域。在现代性反思基础上把科学的技术理性和价值理性有机结合起来的途径,着手建立能够为全体进步人类共同接受的新价值观。参见李建珊、贾向桐:《科学哲学的价值论转向——科学进步模式新探》,载《南开学报》(哲学社会科学版),2001年第1期。

② Ronald Schleifer, *Modernism and Time*, Cambridge University Press, pp. 7 – 8.

③ [比]萨顿:《科学的生命》,刘珺珺等译,商务印书馆1987年版,第51页。

④ 马克思:《1844年经济学哲学手稿》,人民出版社1985年版,第85—86页。

# 主要参考文献

**中文文献：**

《马克思恩格斯选集》第1、2、3、4卷，人民出版社1995年版。

《马克思恩格斯全集》第3卷，人民出版社1979年版。

《马克思恩格斯全集》第46卷，人民出版社1979年版。

《马克思恩格斯全集》第42卷，人民出版社1972年版。

[古希腊]亚里士多德：《形而上学》，吴寿彭译，商务印书馆1997年版。

[古希腊]亚里士多德：《尼各马可伦理学》，苗力田译，中国社会科学出版社1999年版。

[德]海德格尔著，孙周兴选编：《海德格尔选集》，上海三联书店1996年版。

[德]黑格尔：《历史哲学》，王造时译，上海书店出版社1999年版。

[德]黑格尔：《哲学史讲演录》，贺麟、王太庆译，商务印书馆1978年版。

[德]黑格尔：《逻辑学》，梁志学译，人民出版社2000年版。

[德]阿格尼丝·赫勒：《现代性理论》，李瑞华译，商务印书馆2005年版。

[德]康德：《未来形而上学导论》，庞景仁译，商务印书馆1978年版。

[德]马克斯·舍勒：《资本主义的未来》，罗悌伦译，生活·读书·新知三联书店1997年版。

[德]哈贝马斯：《后形而上学思想》，曹卫东、付德根译，译林出版社2001年版。

[德]哈贝马斯：《现代性的哲学话语》，曹卫东译，译林出版社2004年版。

[德]哈贝马斯：《交往行为理论》，曹卫东译，上海人民出版社2004年版。

[德]J.哈贝马斯：《作为"意识形态"的技术与科学》，李黎、郭官义译，学林出版社1999年版。

[德]伽达默尔：《真理与方法》，洪汉鼎译，上海译文出版社2004年版。

[英]安东尼·吉登斯:《现代性与自我认同》,赵旭东等译,生活·读书·新知三联书店 1998 年版。

[英]安东尼·吉登斯:《现代性的后果》,田禾译,译林出版社 2000 年版。

[英]安东尼·吉登斯、克里斯多弗·皮尔森:《现代性——吉登斯访谈录》,胤宏毅译,新华出版社 2001 年版。

[美]M. 克莱因:《古今数学思想》,张理京等译,上海科学技术出版社 1979 年版。

[美]M. 克莱因:《西方文化中的数学》,张祖贵译,复旦大学出版社 2004 年版。

[加]查尔斯·泰勒:《黑格尔》,张国清、朱进东译,译林出版社 2002 年版。

[英]弗里斯比:《现代性的碎片》,卢晖临、周怡、李林艳译,商务印书馆 2003 年版。

[德]马克斯·韦伯:《新教伦理与资本主义精神》,于晓、陈维刚等译,生活·读书·新知三联书店 1987 年版。

[德]马克斯·韦伯:《学术与政治》,冯克利译,生活·读书·新知三联书店 1998 年版。

[英]怀特海:《科学与近代世界》,何钦译,商务印书馆 1989 年版。

[美]理查德·罗蒂:《哲学和自然之镜》,李幼蒸译,商务印书馆版 2003 年版。

[匈]卢卡奇:《历史和阶级意识》,张西平译,重庆出版社 1990 年版。

[德]齐美尔:《金钱、性别、现代生活风格》,顾仁明译,学林出版社 2000 年版。

[德]齐美尔:《时尚的哲学》,费勇、吴燕译,文化艺术出版社 2001 年版。

[英]伯林:《反潮流:观念史论文集》,冯克利译,译林出版社 2002 年版。

[法]笛卡尔:《第一哲学沉思集》,庞景仁译,商务印书馆 1986 年版。

[美]伯特:《近代物理科学的形而上学基础》,徐向东译,北京大学出版社 2003 年版。

[法]柯瓦雷:《从封闭世界到无限宇宙》,邬波涛、张华译,北京大学出版社 2003 年版。

[法]柯瓦雷:《牛顿研究》,张卜天译,北京大学出版社 2003 年版。

[英]柯林伍德:《自然的观念》,吴国盛等译,北京大学出版社 2006 年版。

[英]劳埃德:《早期希腊科学:从泰勒斯到亚里士多德》,孙小淳译,上海科技教育出版社 2004 年版。

[德]文德尔班:《哲学史教程》上卷,罗达仁译,商务印书馆 1997 年版。

[德]E. 策勒尔:《古希腊哲学史纲》,翁绍军译,山东人民出版社 1992 年版。

[德]H. 赖欣巴哈:《科学哲学的兴起》,伯尼译,商务印书馆 2004 年版。

[美]库恩:《哥白尼革命》,吴国盛等译,北京大学出版社 2003 年版。

[美]杜布斯:《文艺复兴时期的人与自然》,陆建华等译,浙江人民出版社 1988 年版。

[美]霍尔顿:《物理科学的概念和理论导论》,张大卫等译,人民教育出版社 1982 年版。

[美]伯纳德·巴伯:《科学与社会秩序》,顾昕等译,生活·读书·新知三联书店 1991 年版。

[美]托比·胡弗:《近代科学为什么诞生在西方》,周程、于霞译,北京大学出版社 2010 年版。

[英]亚·沃尔夫:《十六、十七世纪的科学、技术和哲学史》,周昌忠等译,商务印书馆 1985 年版。

[英]贝尔纳:《科学的社会功能》,陈体芳译,商务印书馆 1982 年版。

[美]默顿:《17 世纪英国的科学技术与社会》,范岱年译,四川人民出版社 1986 年版。

[英]梅森:《自然科学史》,周熙良译,上海译文出版社 1979 年版。

[英]W. C. 丹皮尔:《科学史及其与哲学和宗教的关系》,李衍译,商务印书馆 1975 年版。

[比]乔治·萨顿:《科学史和新人文主义》,陈恒六等译,华夏出版社 1989 年版。

[比]乔治·萨顿:《科学的历史研究》,刘兵等译,科学出版社 1990 年版。

[比]乔治·萨顿:《科学的生命》,刘珺珺等译,商务印书馆 1987 年版。

[美]麦克莱伦第三、哈罗德·多恩:《世界科学技术通史》,王鸣阳译,上海科技教育出版社 2005 年版。

[美]普特南:《理性、真理与历史》,童世骏、李光程译,上海译文出版社 2005 年版。

[英]休谟:《人性论》,关文运译,商务印书馆 1980 年版。

[德]胡塞尔:《欧洲科学的危机与超验论的现象学》,张庆熊译,商务印书馆 2005 年

[美]劳丹:《进步及其问题》,刘新民译,华夏出版社 1999 年版。

[英]卡尔·波普尔:《科学知识进化论》,纪树立译,生活·读书·新知三联书店 1987 年版。

[英]卡尔·波普尔:《客观知识》,舒炜光等译,上海译文出版社 1987 年版。

[德]汉斯·波塞尔:《科学:什么是科学》,李文潮译,上海三联书店2002年版。

[美]马尔库塞著,张峰、吕世平:《单向度的人》,重庆出版社1993年版。

[美]库恩:《必要的张力》,纪树立译,福建人民出版社1981年版。

[美]库恩:《科学革命的结构》,李宝恒等译,上海科学技术出版社1980年版。

[英]艾伦·查尔默斯:《科学究竟是什么》,邱仁宗译,商务印书馆2007年版。

[加]威廉·莱斯:《自然的控制》,岳长龄等译,重庆出版社2007年版。

[日]今村仁司:《阿尔都塞——认识论的断裂》,牛建科译,河北教育出版社2001年版。

[美]大卫·格里芬:《后现代科学》,马季方译,中央编译出版社1995年版。

[美]芒福德:《机械的神话》,钮先钟译,黎明文化事业股份有限公司1972年版。

[荷兰]舒尔曼:《科技文明与人类未来》,李小兵等译,东方出版社1995年版。

[美]黛安娜·克兰:《无形学院——知识在科学共同体的扩散》,刘珺珺、顾昕、王德禄译,华夏出版社1988年版。

[德]绍伊博尔德:《海德格尔分析新时代的技术》,宋祖良译,中国社会科学出版社1993年版。

[英]约翰·齐曼:《元科学导论》,刘珺珺等译,湖南人民出版社1988年版。

[美]本戴维:《科学家在社会中的角色》,赵佳苓译,四川人民出版社1988年版。

[美]科恩:《科学中的革命》,鲁旭东等译,商务印书馆1998年版。

[美]罗杰·G. 牛顿:《何为科学真理:月亮在无人看它时是否在那儿》,武际可译,上海科技教育出版社2001年版。

[德]维尔默:《论现代和后现代的辩证法——遵循阿多诺的理性批判》,钦文译,商务印书馆2003年版。

[英]斯诺:《两种文化》,陈克艰等译,上海科学技术出版社2003年版。

[英]斯诺:《对科学的傲慢与偏见》,陈恒六等译,四川人民出版社1987年版。

[德]卡尔·雅斯贝斯:《时代的精神状况》,王德峰译,上海译文出版社1997年版。

[美]弗洛姆:《健全的社会》,欧阳谦译,中国文联出版公司1988年版。

[德]霍克海默、阿多尔诺:《启蒙辩证法》,洪佩郁、蔺月峰译,重庆出版社1978年版。

[美]芬伯格:《可选择的现代性》,陆俊译,中国社会科学出版社2003年版。

［法］福柯：《词与物》，莫伟民译，上海三联书店2001年版。

［美］劳斯：《知识与权利》，盛晓明等译，北京大学出版社2004年版。

［英］拉卡托斯：《科学研究纲领方法论》，兰征译，上海译文出版社1999年版。

**英文文献：**

Cole, Stephen, *Making Science Between Nature and Society*, Harvard University Press, 1992.

Barry Barnes, *About Science*, Basil Blackwell Ltd, 1988.

M. Calinesen, *Five Faces of Modernity*, Duke University Press, 1987.

Andrew Pickering, *Science as Practice and Culture*, The University of Chicago Press, 1992.

J. R. Brown, *Scientific Rationality: the Sociological Turn.* D. Reidel publishing company, 1984.

Zygmunt Baurnan, *Modernity and Ambivalence*, Cambridne: Polity, 1991.

D. Bloor, *Knowledge and Social Imagery*, The University of Chicago Press, 1991.

D. Kolb, *The Critique of Pure Modernity*, Chicago: The University of Chicago Press, 1986.

Feyerabend, *Aganst Method :Outline of an Archistic Theory of Knowledge*. London: rso, London, 1979.

Stephen Gaukroger, "Science, Religion and Modernity", *Critical Quarterly*, 2005 (4).

Giere. R, *Science without Laws*, Chicago: The University of Chicage Press, 1999.

Gorman, *Simulating Science*, Indianapolis: Indiana University Press, 1992.

Wendy Wheeler, *A New Modernity?* London: Lawrence&Wishart, 1999.

Stephen Toulmin, *Return To Reason*, Cambridge: Harvard University Press, 2001.

D. Lindberg, *The Beginnings of Western Science*, Chicago: University Of Chicago Press.

L. Laudan, *Science and Values*, Berkeley: University of California Press, 1984.

León Olivé, *Knowledge, Society and Reality: Problems of The Social Analysis of Knowledge and of Scientific Realism*, Amsterdam – Atlanta, GA, 1993.

J. Rouse, *Knowledge and Power*, Cornell University Press, 1987.

Jane Greory & Steve Miller, *Science in Public: Communication, Culture, and Credibility*, Plenum Press, 1998.

I. Hacking, *Representing and Intervening*, Cambridge University Press, 1983.

I. Hacking, *The Social Construction of What?*, Cambridge, Mass: Harvard University Press, 1999.

Niklas Luhmann, "The Modernity of Science", *New German Critique*, 1994.

M. James, *Concepts of Space*, Harvard university press, 1954.

Newton - Smith. W, *The Rationality of Science*, Boston: Routledge & Kegan Paul, 1981.

M. Polany, *Science, Faith and Society*, The University of Chicago Press, 1964.

Michael. Lynch, Steve. Woolgar, *Representation in Scientific Practice*, The MIT Press, 1990.

M. Foucault, *Power/Knowledge*, The Harvester Press, 1980.

H. Collins, *Changing Order*, London: London & Beverlyhills, 1985.

H. Collins, "Stages in The Empirical Programme of Relativism", *Social Studies of Science*, 1981(11).

H. Putnam. *Mathematics, Matter and Method*, Cambridge: Cambridge University Press, 1975.

H. Putnam, *The many faces of realism*, Lasalle Illinois, 1987.

Peter Halfpenny, "Rationality and the Sociology of Scientific Knowledge", *Sociological Theory*, 1991(9).

Peter Riggs, *Whys and Ways of Science*, Melbourne University Press, 1992.

Parkinson, *The Renaissance and Seventeenth - century Rationalism*, Routledge, 1993.

Sergio Sismondo, *Science Without Myth*, State of University of New York Press, 1996.

Stephan Fuchs, *The Professional Quest for Truth, A Social Theory of Science and Knowledge*, State University of New York Press, 1992.

Stephan Fuchs, "The Social Organization of Scientific Knowledge", *Sociological Theory*, 1986(4).

Stephen Toulmin, *Return To Reason*, Cambridge: Harvard University Press, 2001.

Tom Sorell, *Scientism: Philosophyand the Infatuation with Science*, Routledge, 1999.

Jesse. Macy, "The Scientific Spirit in Politics", *The American Political Science Review*, 1917(11).

M. Mulkay, *Science and The Sociology of Knowledge*, George Allen & Unwin ltd, 1979.

T. J. Rivers, *Contra Technologiam: The Crisis of Value in A Technological Age*, University Press of America, 1993. .

Steve Woolgar, *Science: The Very Idea*, London and New York: Tavistock Publications, 1988.

W. V. Quine, *From A Logical Point of View*, Harvard University Press, 1964.

# 后记

将自然科学、技术与现代社会三个维度结合在一起是本书的一个基本思路，但自然科学仍是本书透视整个时代与社会的立足点，现代性构成它们之间的共同平台。通过对自然科学产生与发展的现代性视角分析，作者试图展示自然科学与技术在现代社会中的明暗结构与特质。但限于能力有限，这一目标一直未能实现。在这一工作的进行过程中，感谢中央编译出版社的大力支持，他们为本版出版做出了很大的努力。可惜这次时间特别紧急，又赶在期末各种杂事缠身，自己竟根本没有时间进行修改，只好仍沿用之前提交的最后修改稿，在交稿前作者只能将热情读者反馈的意见和一些明显笔误和疏忽等问题做了些修正，但学界最新发展动态无暇多顾，这显得本文文献和内容等方面更新不够。为了弥补这一方面的问题，作者只好临时将一些平时积累的资料，以及已经发表过的文字匆匆做了一点补充，希望能够起到些效果，不当之处望读者谅解。感谢所有与这一著作相关的人，正是大家的鼓励、关爱和宽容促成了本书的成长，谨以此书致谢！限于水平有限，加之时间仓促，难免还存在诸多不足和问题，恳请方家指正！

贾向桐